普通高等教育"十三五"规划教材
高等院校计算机系列教材

U0172582

软件测试实用案例教程

主　编　张　硕　陈苏红　梁　洁

华中科技大学出版社
中国·武汉

内容简介

本书主要介绍了软件测试的一般原理和各种测试方法,并适当加入了目前测试领域的各种先进理论和技术,以方便读者了解前沿的测试理念和技术。本书精心设计了浅显易懂的测试案例,甄选了开源测试工具,加入了 Python 相关测试内容,方便读者快速了解工具使用方法及其在软件测试中扮演的角色。本书兼顾了软件评测师和 ISTQB(国际软件测试资质认证委员会)的考试大纲,理论与实践并重,为获取软件测试职业证书奠定了基础。

本书可以作为高等院校软件工程专业、计算机科学与技术专业、计算机应用专业,以及其他相关专业的本科生教材,同时可供计算机软件专业以及其他相关专业的科研人员、软件开发人员、软件测试人员以及相关大专院校的师生参考。

图书在版编目(CIP)数据

软件测试实用案例教程/张硕,陈苏红,梁洁主编.—武汉:华中科技大学出版社,2020.1(2024.1重印)
ISBN 978-7-5680-5949-7

Ⅰ.①软⋯ Ⅱ.①张⋯ ②陈⋯ ③梁⋯ Ⅲ.①软件-测试-教材 Ⅳ.①TP311.55

中国版本图书馆 CIP 数据核字(2020)第 011538 号

软件测试实用案例教程   张　硕　陈苏红　梁　洁　主编
Ruanjian Ceshi Shiyong Anli Jiaocheng

策划编辑:范　莹
责任编辑:陈元玉
封面设计:原色设计
责任监印:徐　露
出版发行:华中科技大学出版社(中国·武汉)　　　　电话:(027)81321913
　　　　　武汉市东湖新技术开发区华工科技园　　　　邮编:430223
录　　排:武汉市洪山区佳年华文印部
印　　刷:武汉邮科印务有限公司
开　　本:787mm×1092mm　1/16
印　　张:14.75
字　　数:359 千字
版　　次:2024 年 1 月第 1 版第 3 次印刷
定　　价:39.80 元

前　　言

随着计算机和互联网的蓬勃发展,计算机软件正被运用于各个行业和领域。目前,软件产品的质量问题越来越受到人们的关注,软件测试技术也得到了快速发展,软件测试需求增加并且多样化。近几年来,随着物联网、大数据、移动技术等的迅猛发展,软件测试技术也在不断变革以适应这些变化。在多年的教学过程中,由于受软件测试书籍的理论性强及工具运用的门槛高等影响,所以测试软件难以在课堂上讲解,实践起来也较困难,这些是我们想要做出改变的动力。现在,为了让测试理论付诸实践,实验易于开展,我们撰写了本书。

本书介绍了软件测试的一般原理和各种测试方法,理论讲解循序渐进,适合读者逐步掌握软件测试的基本方法以及软件测试设计的精髓。除基础知识外,本书还适当加入了目前测试领域的各种先进的技术和理论,以方便读者了解前沿的测试理念和技术。

本书精心设计了浅显易懂的测试案例,重点关注黑盒测试、白盒测试、单元测试、集成测试、系统测试、功能测试、性能测试,尽量做到涉及面广、重点突出。在设计案例时,也以消耗较少的计算机资源且便于实操为原则,方便读者快速地了解工具的使用方法及其在软件测试中扮演的角色。本书结合近几年软件测试技术的发展,重点介绍了一些比较流行的软件测试方法与测试工具。在甄选测试工具时,考虑到商业软件应用的范围以及对使用条件有一定的要求等情况,对国内外主流的开源软件测试工具进行了全面分析和研究,并通过教学实践的检验,最终确定了本书的开源测试工具。开源测试工具相较于商业工具而言,其伸缩性强,并易于裁减和扩充,无论是作为学习工具还是教学工具都很好上手。在介绍测试工具时,也使用了大量的代码和详细的操作说明,方便读者进行实践和演练。

本书的特色主要有以下四点。

(1) 随着 Python 运用的越来越广泛,Python 在测试领域也扮演着越来越重要的角色。本书顺应 Python 的发展,在第 5 章中讲述了基于 Python 的单元测试以及 UnitTest 和 Coverage 两个工具的使用;在第 6 章中讲述了集成测试的技术等内容;在第 8 章中讲述了基于 Selenium 的自动化测试工具,构建了基于 Python＋Jenkins＋Selenium 的持续交付体系。

(2) 随着大数据、人工智能、物联网等技术的发展,软件更加多样化、复杂化,这也对测试人员提出了新的要求和挑战。第 9 章撰写了实用软件测试技术,讲解了 Web 应用系统测试、嵌入式测试、大数据测试、手机测试等不同类型的测试技术、方法和策略。

(3) 本书兼顾了软件评测师和 ISTQB 的考试大纲,理论与实践并重,为获取软件测试职业证书奠定了基础。本书重点介绍了 UnitTest、Coverage(第 5 章),Jenkins(第 6 章),JMeter(第 7 章),Selenium(第 8 章),这些开源工具都是企业中普遍使用的工具,掌握这些工具有利于测试人员的职业发展。

（4）本书提供了相应的测试代码、工具操作视频，以及全套软件测试文档，供读者阅读及下载使用。

本书由张硕、陈苏红、梁洁主编。其中张硕编写第 3～6 章、第 9 章，陈苏红编写第 1 章、第 2 章、第 7 章、第 8 章，梁洁编写第 10 章。

本书的宗旨是提高软件测试课程的教学质量，让学生真正"学以致用"，并紧跟时代步伐。本书具有内容组织科学、合理、系统，理论与实践并重的特点，同时课后配有相应的习题供读者思考、练习与巩固。

感谢武昌首义学院的领导和同事的支持与帮助，感谢郑昱参与本书的审稿工作，感谢华中科技大学出版社为本书辛勤付出的所有编辑们。

由于编者水平有限，书中难免存在不妥与疏漏之处，恳请广大读者批评指正。

部分软件测试工具使用操作视频请扫描以下二维码。

编　者

2019 年 9 月

目　　录

第1章 软件测试概述

【学习目标】

软件测试是软件开发过程中的一个重要组成部分,其直接目的就是对软件产品(包括阶段性成果)进行验证与确认,尽快尽早地发现软件缺陷(包括各种问题);其根本目的是保证及提升软件产品的质量。本章将围绕为什么要进行软件测试、什么是软件测试、如何开展软件测试三个方面进行介绍。通过本章的学习:

(1)理解软件测试的必要性。

(2)掌握软件测试的概念。

(3)熟悉软件测试过程。

1.1 为什么要进行软件测试

由于技术人员、团队人员的沟通及第三方工具等因素,软件产品或多或少存在错误或问题,采用先进的方法、技术并执行完善的开发流程,可以大大减少错误的引入,但是不可能完全杜绝软件中的错误,这些引入的错误都需要通过测试来发现。

在人们的日常生活中,软件无处不在,我们在不同的场合都有可能会不知不觉地使用软件,如日常生活中的手机、电视机、电冰箱、洗衣机等。同时,我们在使用软件时,或多或少会碰到一些不愉快的事情,如操作不灵活、操作失效、信号显示不对等问题。2002 年 7 月,北京首都国际机场由于软件缺陷而影响通信运输,造成航班无法起飞,大批旅客滞留机场。2008 年北京奥运会官方网站第二阶段售票,不到半小时,由于性能问题不能承受过多的同时在线购票,造成系统瘫痪,不得不停止对外服务。但软件问题引起的麻烦远不止这些,造成的危害可能非常严重。有时仅仅因为软件系统中的一个很小的错误而带来灾难性的后果,例如,2011 年 7 月 23 日,由于温州南站信号设备在设计上存在严重缺陷,遭雷击发生故障后,导致本应显示为红灯的区间信号错误地显示为绿灯,造成由北京南站开往福州站的 D301 次列车与杭州站开往福州南站的 D3115 次列车发生追尾事故,造成 40 人死亡、172 人受伤,中断行车 32 小时 35 分,直接经济损失 19371.65 万元。

下面介绍的软件质量事故,都是曾经发生的真实事件,这些事件阐述了一个简单又非常重要的命题——软件测试的必要性。

1.1.1 致命的辐射治疗

辐射剂量超标事件发生在 2000 年的巴拿马城(巴拿马首都)。从美国 Multidata 公司引入的治疗规划软件,其(辐射剂量的)预设值有误。一些患者在接受超标剂量的治疗后,至少有 5 人死亡。后续几年中,又有 21 人死亡,虽然很难确定这 21 人中有多少人是死于癌症本身,还是辐射剂量超标引发的后果。

1.1.2 消失在太空

在制造火星气候轨道探测器时,一个 NASA 的工程小组使用的是英制单位,而不是预定的公制单位。这会造成探测器的推进器无法正常运作。正是因为这个 bug(程序缺陷),1999 年探测器从距离火星表面 130 英尺(1 英尺＝0.3048 米)的高度垂直坠毁。此项工程成本耗费 3.27 亿美元,还不包括耗费的时间(该探测器从发射到抵达火星耗时将近一年。)

1.1.3 阿丽亚娜 5 型火箭的悲剧处女秀

1996 年 6 月 4 日,阿丽亚娜 5 型火箭的首航,原计划将运送 4 颗太阳风观察卫星到预定轨道,但因软件引发的问题导致火箭在发射 39 秒后偏离轨道,从而激活了火箭的自我摧毁装置。阿丽亚娜 5 型火箭和其他卫星在瞬间灰飞烟灭。

后来查明事故的原因是:代码重用。阿丽亚娜 5 型火箭的发射系统代码直接重用了阿丽亚娜 4 型火箭的相应代码,而阿丽亚娜 4 型火箭的飞行条件和阿丽亚娜 5 型火箭的飞行条件截然不同。此次事故损失 3.7 亿美元。

1.1.4 导弹入侵误报事件

1980 年,北美防空防天联合司令部曾报告称美国遭受导弹袭击。后来证实,这是反馈系统的电路故障问题,是反馈系统软件没有考虑故障问题引发的误报。

1983 年,苏联卫星报告有美国导弹入侵,但主管官员的直觉告诉他这是误报。后来事实证明的确是误报。

幸亏这些误报没有激活"核按钮"。在上述两个案例中,如果对方真的发起反击,"核战争"将全面爆发,后果不堪设想。

通过以上两个例子,可以看出软件发生错误时对人类生活所造成的影响,有的甚至会带来灾难性的后果。软件测试可以降低这种风险,它在一定程度上解放了程序员,可使他们更专心于解决程序的算法效率问题。同时软件测试也减轻了售后服务人员的压力,交到他们手里的程序再也不是那些"一触即死机"的定时炸弹,而是经过严格检验的完整产品。同时,软件测试的发展对程序的外形、结构、输入/输出的规约和标准化提供了参考,并推动了软件工程的发展。

因此,回答"为什么要进行软件测试?"答案很简单,就是为了保证软件质量。首先,软件总存在缺陷,只有通过测试,才可以发现软件缺陷。也只有发现了缺陷,才可以将软件缺陷从软件产品或软件系统中清理出去。其次,软件中存在的缺陷给我们带来的损失是巨大的。再次,测试是所有工程学科的基本组成单元,自然也是软件开发的重要组成部分。最后,经验表明,测试人员水平越高,找到软件问题的时间就越早,软件就越容易更正,产品发布之后越稳定,公司赚的钱也越多,微软公司就是一个典型的例子。

1.2 什么是软件测试

购买商品时,会发现商品上贴有一个质量检验标签,这其实就是质量的检验结果。软件测试就好比商品的质量检验工作,是对软件产品和阶段性工作成果进行质量检验,力求发现其中的各种缺陷,并督促修正缺陷,从而控制和保证软件产品的质量。因此,软件测试是软件公司提高软件产品质量的重要手段之一。但要给软件测试下一个定义,可能未必是一件简单的事情,仁者见仁,智者见智,观点很多。下面我们从软件测试学科形成的过程来理解软件测试的正反两个方面的含义,并分析软件测试的不同观点,最终给出软件测试的完整定义。

1.2.1　软件测试学科的形成

　　19 世纪 50 年代前,软件开发还停留在小作坊时代,软件开发就等于编码,软件工程的概念及思想还没有形成,也就是没有明显的分工,软件开发过程混乱、随意,测试和调试经常混淆,更没有独立的软件测试,直到 1957 年,软件测试才开始区别于调试,作为一种发现软件缺陷的独立活动而存在。但那时的软件测试往往在软件编码完成后才进行,默认为是软件生命周期的最后一项活动,且投入少,也缺少有效的测试方法,软件测试并没有得到重视。

　　直到 1972 年,软件测试领域的先驱者 Bill Hetzel 博士在美国的北卡罗来纳大学(University of North Carolina)组织了历史上第一次正式的关于软件测试的会议。从那以后,软件测试才经常出现在软件工程领域的研究与实践中,即软件测试作为一门学科正式诞生。

　　1973 年,Bill Hetzel 博士正式为软件测试下了一个定义:软件测试就是为程序能够按预期设想那样运行而建立足够的信心。后来,随着软件测试学科的发展,Bill Hetzel 博士觉得原先的定义不够清楚,理解起来也比较困难,所以在 1983 年把软件测试的定义改为:软件测试是一系列活动以评价一个程序或系统的特性或能力并确定是否达到预期的结果。在上述软件测试的定义中,我们可以获得如下几点信息。

　　(1) 测试是为了验证软件"可以工作",即验证软件执行的正确性。

　　(2) 测试的目的就是验证软件是否符合预期,预期一般体现为需求定义和软件设计。

　　(3) 软件是否符合用户需求,即验证软件产品能否正常工作。

　　在这之后,软件测试有了很大的发展,不仅制定了国际标准,而且与软件开发流程融合成一体。软件测试成了软件开发活动中不可缺少的一部分,由专门的角色来承担相应的工作,具有重要的影响力。一直到现在,软件测试已经逐渐形成一门独立的学科,在许多大学里都开设了相关专业或相关课程,越来越得到学术界、行业的关注。

　　综上所述,软件测试的发展可以归纳为以下三个阶段。

　　初级阶段(1957—1971):测试通常被认为是对产品进行事后检验,缺乏有效的测试方法。

　　发展阶段(1972—1982):1972 年第一次关于软件测试的正式会议,促进了软件测试的发展。

　　成熟阶段(自 1983 年起):形成国际标准 Std 829—1983,形成一门独立的学科和专业,成为软件工程学科中的一个重要组成部分。

　　兴起阶段(近 20 年来):随着计算机和软件技术的飞速发展,软件测试技术的研究也取得了很大的突破。许多测试模型(V、W、H 模型等)产生,自动化测试技术的发展,涌现出了大量的软件测试工具,如功能测试工具、Web 测试工具、性能测试工具、测试管理工具、代码检查工具等。以软件测试服务为主导的软件测试产业已经兴起。

1.2.2 软件测试的正反两种思维

从第 1.2.1 节的内容可以看出,Bill Hetzel 博士是正向思维的典型代表,但是他的观点还是受到了一些权威人士的质疑和挑战,其中的代表人物就是 Glenford J. Myers。Glenford J. Mysers 认为测试不应着眼于验证软件是正常的,相反,应更多地去发现错误。Glenford J. Myers 认为,从常规的心理学角度看"验证软件是正常的"很不利于测试人员发现错误。因此在 1979 年,Glenford J. Myers 提出了"测试是为了证明程序有错,测试就是为了发现错误,而不是证明程序无错误"。发现了问题说明程序有错,若没有发现问题,并不能说明问题不存在,只是至今未发现软件中的潜在问题。从这个定义可以看出,我们的软件程序默认都是有问题的,一次成功的测试应该是发现了新问题的测试。Glenford J. Myers 的观点"测试的目的是证伪"与 Bill Hetzel 的观点"测试是试图验证软件的正确性"正好相反,前者丰富了软件测试理论,促进了软件测试学科的发展。

固然,Glenford J. Myers 的定义是引导人们证明软件"不能正常工作",那么作为测试者,应从反向思维方面,以破坏软件系统为目的进行相关测试,以发现各种问题。所以,从这个层面,作为测试者会尽量选择让程序出错的测试数据,这样的测试才有意义,对提升软件质量更有帮助。

1.2.3 软件测试的其他观点

1. 基于狭义论和广义论的观点

狭义的软件测试是测试仅在编码完成之后、维护阶段之前开展,通过运行程序发现错误。这种意义上的测试不能在代码之前发现系统需求、软件设计上的问题,如果需求与设计上的问题遗留到后期,就会造成大量的返工,不但增加了软件开发的成本,而且延长了软件开发的周期等。为了更早地发现问题,将测试延伸到需求评审、设计审查中,认为软件生命周期的每一个阶段中都应包含测试,尽早发现错误并加以修正。这种将测试和质量保证合并起来,并延伸后的软件测试,被认为是一种软件测试的广义概念。

2. 基于测试标准论的观点

软件测试的标准论认为软件测试是"验证(verification)和有效性确认(validation)"活动构成的整体,即软件测试＝V&V。验证是检验软件是否已正确地实现了产品规格说明所定义的系统功能和特性。有效性确认是确认所开发的软件是否满足用户真正需求的活动。有了验证和有效性确认活动对正确地构建一个软件产品和构建一个正确的软件产品都有了保障,从而实现更高质量的交付。

3. 基于经济成本的观点

"一个好的测试用例在于发现至今未发现的错误",这体现了软件测试的经济成本观点。软件测试的成本一直是业界关注的问题之一。从辩证统一的观点来看,不充分的测试是不负责任的;过分的测试是一种资源的浪费,同样也是一种不负责任的表现。实际操作中的困难在于:如何界定什么样的测试是不充分的,什么样的测试是过分的。在目前的软件测试技术状况下,唯一可用的答案是:制定最低测试通过标准和确定测试内容,然后具体问题具体分析。对于相对复杂的产品或系统来说,零缺陷是一种理想,应在测试成本范围内进行更充分的测试和更全面的质量评估。

4. 基于风险的观点

软件测试的风险论认为,测试是对软件系统中潜在的各种风险进行评估。对应这种观点,制定基于风险的测试策略,首先评估测试的风险,软件功能存在缺陷的概率有多大? 哪些是用户最常用的 20% 的功能? 如果某个功能出现问题,其对用户的影响有多大? 然后根据风险大小确定测试的优先级。优先级高的测试优先执行。一般来说,用户最常用的 20% 的功能测试会完全执行,而用户不常用的 80% 的功能就不执行或部分执行。

1.2.4　软件测试的完整定义

Glenford J. Myers 的软件测试定义虽然受到了业界的普遍认可,但也存在一些问题。例如:一方面,只强调软件测试的目的是寻找缺陷,就可能使测试人员忽视了软件产品的某些基本需求或客户的实际需求,测试活动可能会存在一定的随意性和盲目性;另一方面,测试的目的就是找错误,容易让软件开发人员形成一个错误的印象,认为测试人员的工作就是挑毛病。

Bill Hetzel 博士的软件测试定义可能让软件测试活动的效率降低,甚至缺乏有效的方法开展测试活动。但是他的定义得到了国际标准的采纳,例如,在 IEEE 1983 of IEEE Standard 729 中对软件测试下了一个标准的定义:即用人工或自动手段来运行或测定某个系统的过程,其目的在于检验它是否满足规定的需求或弄清楚预期结果与实际结果之间的差别。可以看出,IEEE 给出的定义明确提出了软件测试是以检验是否满足需求为目标的。

Bill Hetzel 博士是正向思维的典型代表,而 Glenford J. Myers 是反向思维的典型代表,长期的软件工程实践表明,正反思维经常相辅相成,前者体现了通过测试可以度量产品质量,后者体现了通过测试可以找到问题,进而改进方法、技术去解决问题,最终提升软件质量。在实际生产活动中,应根据实际情况来确定两者的权重。若是在国防、航天、银行等容不得丝毫错误的软件中,更强调前者,且一旦发现问题就立即修复,最终再验证软件的正确性,以非常高的质量交付产品;若是一般的软件应用,则可以强调后者,质量目标定位在"用户可接受的水平",以降低软件开发的成本,加快软件开发的速度,更有利于市场的扩张。

软件测试的完整定义应既包含正向思维,又包含逆向思维,即测试不仅要验证软件的各种特性满足需求,还要尽早及尽可能地找出缺陷;既验证了我们开发一个合格的产品,即达到用户需求的产品,又保证了我们在生产软件产品的活动中执行了各个环节的正确性,找出其中的问题,促进问题的解决,从而提升软件质量。

从软件测试的定义可以看出,软件测试的目的不仅要验证软件的各种特性来满足用户的需求,而且要找出缺陷。找出缺陷并修复缺陷,从而达到提升软件质量的根本目标。

1.2.5　软件测试的原则

实践表明,软件系统往往结构复杂,功能繁多,加之开发团队的技术、合作存在不足,因此软件系统在构建过程中极易出现问题。而软件测试从前面的定义可以看出,不仅要证明软件特性符合预期,还要找出其中的各种问题并加以解决,从而促进软件质量的提升。所以在开展测试工作时应把握一些经验性原则。

(1)所有的测试应该追溯到用户需求。正如我们所知,软件测试的直接目标在于揭示错误。而最严重的错误(从用户角度上看)是那些程序不能满足用户需求的错误。

(2)应该尽早地和不断地进行软件测试。由于原始问题的复杂性、软件的复杂性和抽象性、软件开发各个阶段的多样性,以及参加开发的各种层次人员之间的配合关系等因素,使得开发的每个环节都可能产生错误,所以不能把软件测试看成是软件开发的独立阶段,而应该将它贯穿到软件开发的各个阶段。坚持软件开发各个阶段的技术评审,这样才能在开发过程中尽早地发现错误并预防错误,让软件错误尽量在早期发现,杜绝某些隐患,提高软件质量。

(3)80/20原则,即80%的缺陷出现在20%的功能模块上。充分注意程序测试中的群集现象。测试时不要以为找到程序中的几个错误,问题就已经解决,不需要继续测试了。经验表明,测试后程序中残存的错误数目与该程序中已发现的错误数目或检错率成正比。根据这个规律,应当对错误群集的程序段进行重点测试,以提高测试投资的效益。在测试软件程序时,若发现的错误越多,则残留在程序中的错误数目可能就越多,这种错误群集性现象已为许多程序的测试实践所证明。例如美国IBM公司的OS/370操作系统中,47%的问题仅与该系统4%的程序模块有关。这种现象对测试很有用。如果发现某一程序模块比其他程序模块有更多的程序错误趋向,则应该花更多的时间和代价测试这个程序模块。

(4)投入/产出原则。根据软件测试的经济成本观点,测试时,要找出软件中所有的错误和缺陷是不可能的,也是软件开发成本所不允许的,因此软件测试不能无限期地进行下去,应适时终止。即不充分的测试是不负责任的;过分的测试是一种资源浪费,同样也是一种不负责任的表现。因此,在满足软件预期的质量标准要求时,应确定质量的投入/产出比。

(5)测试应该从"小规模"开始,逐步转向"大规模",即渐增式build测试。

(6)设立独立的测试部门或委托第三方机构测试。由于思维定势和心理等因素,软件开发工程师一般难以发现自己的错误,同时要揭露出自己程序中的错误也是一件非常困难的事情。因此,测试一般由独立的测试部门或第三方机构进行,但需要软件开发工程师的积极参与。

(7)回归测试。由于修改了原来的缺陷,有可能导致新的缺陷产生,因此修改缺陷后,应集中对软件可能受影响的模块/子系统进行回归测试,以确保修改缺陷后不引入新的软件缺陷。

1.3　如何开展软件测试

前面讲述了软件测试的必要性,了解了软件测试学科的发展过程及软件测试的各种观点,也诠释了软件测试的含义。那么,到底如何开展软件测试呢?要开展软件测试,首先要明确测试与开发之间的关系、软件测试的模型与过程及软件测试生命周期,从而形成软件测试活动的指导思想,进而很好地开展软件测试活动。另外,关于如何开展软件测试工作,不是一章就能全面阐述清楚的,后续章节都会具体开展软件测试工作的某些方面,在此从专业化软件测试流程的角度介绍软件测试工作如何开展。

1.3.1　测试与开发之间的关系

在软件测试的狭义论中提到,测试仅仅是在编程完成之后、维护之前的一项特定活动,这种观点主要是基于传统的软件开发模型(如瀑布模型)而言的,如图 1-1 所示。但是瀑布模型仅存在于传统的软件工程中,有极大的局限性,与当今软件开发的持续迭代、敏捷方法都存在冲突,不符合当今软件工程的实际需求。人们普遍认为软件测试贯穿于整个软件生命周期,从需求分析、设计开始,测试就介入软件产品的开发活动或项目实施中。测试人员借助需求定义、讨论和审查,不仅要发现需求定义的问题,而且要了解产品设计的特性、用户的真正需求,明确测试需求与目标,准备测试用例并策划测试活动。同理,在软件测试设计阶段,测试人员可以了解系统的设计,明确系统是如何实现的或构建在什么样的运行平台上,进而评估系统的可测试性,检查系统设计是否合理,是否符合可靠性、可维护性等需求。在软件编码阶段,测试人员可以根据详细设计文档设计编码级的测试用例,开发测试代码,搭建单元测试环境,做好代码测试执行的准备工作。接着,随着系统各个功能模块编码及测试的不断交织,系统的功能或非功能特性也越来越趋于完善,直到软件产品的交付。这样的软件测试和开发看上去同始同终,贯穿于软件的整个生命周期,如图 1-2(W 模型)所示。

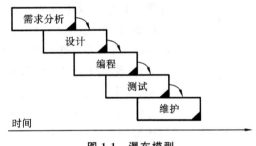

图 1-1　瀑布模型

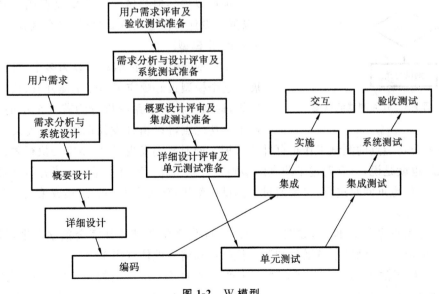

图 1-2　W 模型

按照 W 模型进行的软件测试实际上是软件开发过程中各个阶段的可交付产品(即输出)的验证和确认活动。在开发过程中的各个阶段,需要进行需求评审、概要设计评审、详细设计评审,并完成相应的验收测试、系统测试、集成测试和单元测试等工作。

W 模型让我们树立了一种新的观点,即软件测试并不等于程序的测试,不应仅仅局限于程序测试的狭小范围内,而应贯穿于整个软件开发周期。因此,需求阶段、设计阶段和编码阶段等所得到的文档,如需求规格说明书、系统架构设计书、概要设计书、详细设计书、源代码等都应成为测试的对象。也就是说,测试与开发是同步进行的。W 模型有利于尽早、全面地发现问题。例如,需求分析完成后,测试人员就应该参与到对需求的验证和确认活动中,尽早地找出需求方面的缺陷。同时,对需求进行测试也有利于及时了解项目难度和测试风险,及早采取应对措施,这将显著减少总体测试时间,加快项目进度。

1.3.2　软件测试的模型与过程

从 W 模型可以看出,软件测试的整个过程是非常丰富的,可以从软件项目立项开始,经历用户需求评审及验收测试准备、需求分析与设计评审及系统测试准备、概要设计评审及集成测试准备、详细设计评审及单元测试准备、单元测试执行、集成测试执行、系统测试执行、验收测试执行等阶段。我们知道,软件开发通常要经历需求分析、概要设计、详细设计、编码等环节,那么从开展单个阶段的测试工作来看,也可以将该测试工作分解为测试需求分析并制订测试计划、测试设计(测试用例设计)、测试程序与环境的准备、测试执行、测试记录、测试分析、测试总结,如图 1-3 所示。

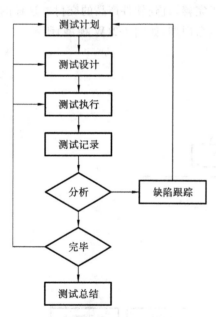

图 1-3　软件测试流程图

也可以将某项测试活动简单地看成是测试准备(以测试设计为核心)、测试执行,那么就有了如图 1-4 所示的 X 模型。

X 模型反映了测试活动可以为多个,可以并行开展。这个模型正好顺应了当今敏捷开发、快速迭代的思想,即通常将一个系统拆分为若干个小的功能点,若干个功能点可以由开发团队组织相关人员并行开发,并且各个功能点的测试工作也可并行开展。同时我们发现,X 模型中的执行测试在编码之前完成,也就是说,只有通过了测试的编码才可能完成。X 模型还反映了并行开发与测试中的集成工作也可同时进行,只要通过了测试的编码,就可采取一定的集成策略将部分功能点优先集成起来。

也有专家提出了 H 模型,如图 1-5 所示。H 模型将测试活动完全独立出来,形成一个完全独立的流程,将测试准备活动和测试执行活动清晰地体现出来。

图 1-5 所示的 H 模型演示了在整个生产周期的某个层次上的一次"微循环"测试。图中的其他流程可以是任意开发的流程,例如设计流程和编码流程,也可以是其他非核心开发

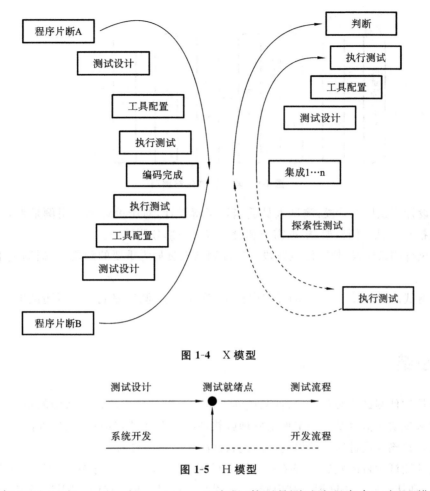

图 1-4　X 模型

图 1-5　H 模型

流程,例如 SQA(software quality assurance)流程,甚至是测试流程本身。由 H 模型可知:

(1) 软件测试不仅指测试的执行,还包括很多其他活动。

(2) 软件测试是一个独立的流程,贯穿于产品的整个生命周期,与其他流程并发进行。

(3) 软件测试要尽早准备,尽早执行。

(4) 软件测试是根据被测软件的不同而分层次进行的。不同层次的测试活动可以按照某个次序先后进行,但也可能是反复的。

1.3.3　软件测试生命周期

软件测试的模型与过程可以看成是提高测试效率及降低测试成本,测试过程和软件开发过程都应贯穿于软件过程的整个生命周期,它们是相辅相成和相互依赖的,而软件测试也有自己的生命周期。

软件测试生命周期是指从测试项目计划建立到 bug 提交的整个测试过程,主要包括测试需求分析、制定测试计划、设计测试用例、执行测试、测试评估等 5 个阶段(见图 1-6)。

(1) 测试需求分析阶段:测试人员了解需求,对需求进行分解、分析,得出测试需求。

(2) 制订测试计划阶段:根据测试需求编写测试计划/测试方案。

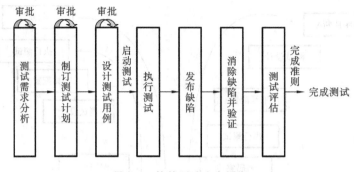

图 1-6　软件测试生命周期

（3）设计测试用例阶段：测试人员适当地了解设计，对于设计测试用例是很有帮助的，测试人员搭建测试用例框架，根据需求和设计编写一部分测试用例。

（4）执行测试阶段：执行测试阶段是软件测试人员最为重要的阶段，根据测试用例和计划执行测试。

（5）测试评估阶段：在执行的过程中记录、管理缺陷，测试完成后撰写测试报告，进行测试评估。

1.4　小结

本章从软件测试的必要性、软件测试到底是什么以及软件测试怎么做的角度来组织相关内容。从现实生活以及一些案例出发理解软件缺陷存在的普遍性，而软件测试的直接目的即是发现缺陷并促进缺陷的修复。因此软件测试是有必要的。

从软件测试学科的发展历程了解了软件测试概念的演进。关于软件测试的含义有不同的观点，分别从不同的角度揭示其内涵，不能说某一种观点是错误的，从某种意义上，这些关于软件测试的观点都是正确的，关键看在什么前提条件下。软件测试的完整定义应既包含正向思维，又包含逆向思维，即测试不仅要验证软件的各种特性满足需求，还要尽早及尽可能地找出缺陷；既验证了我们开发一个合格的产品，即达到用户需求的产品，又保证了我们在生产软件产品的活动中执行了各个环节的正确性，找出其中的问题，促进问题的解决，从而提升软件质量。

关于如何开展软件测试，可能一句话道不尽，但我们从测试与开发之间的关系、软件测试的过程与模型、软件测试的生命周期了解到，软件测试的开展自有其规律，首先要树立正确的软件测试思想，明确专业化软件测试开展的流程，在具体的项目中认真实践之。

习题 1

一、选择题

1. 软件测试的直接目的是（　　　）。

A. 评价软件的质量　　　　　　　　B. 发现软件的错误

C. 找出软件中所有的错误　　　　D. 证明软件是正确的

2. 下列关于软件测试的叙述中,错误的是(　　)。

A. 软件测试可以作为度量软件与用户需求间差距的手段

B. 软件测试的主要内容包括发现软件中存在的错误并解决存在的问题

C. 软件测试的根本目标是尽可能多地发现软件中存在的问题并促进软件质量的提升

D. 没有发现错误的测试也是有价值的

3. 软件测试模型有(　　)。

A. X 模型　　　　　B. H 模型　　　　　C. W 模型　　　　　D. 以上都是

4. 以下关于测试时机的叙述中,正确的是(　　)。

① 应该尽可能早地进行测试

② 软件中的错误暴露得越晚,修复和改正错误所花费的代价就越高

③ 应该在代码编写完成后开始测试

④ 项目需求分析和设计阶段不需要测试人员参与

A. ①②③④　　　　B. ①②③　　　　　C. ①②　　　　　D. ①

5. 以下关于软件测试原则的叙述中,正确的是(　　)。

① 测试开始得越早,越有利于发现缺陷

② 测试覆盖率和测试用例数量成正比

③ 测试用例既需选用合理的输入数据,又需选用不合理的输入数据

④ 应制订测试计划并严格执行,排除随意性

⑤ 采用合适的测试方法,可以做到穷举测试

⑥ 程序员应尽量测试自己的程序

A. ①②③④⑤⑥　　B. ①②③④⑤　　　C. ①②③④　　　D. ①③④

二、简答题

1. 简述软件测试的必要性。

2. 简述软件测试的含义。

3. 简述某项软件测试工作开展的过程。

第 2 章 软件测试的相关概念

【学习目标】

　　随着用户对软件产品质量要求的不断提高以及人们对软件质量的重视程度，软件测试在软件开发中的地位越来越重要。软件工程的总目标是充分利用有限的人力、物力和财力，高效率、高质量地完成软件开发项目。测试不充分势必使软件带着一些潜在的缺陷投入运行，这将使用户承担更大的风险。因此，尽可能多地发现软件中的缺陷，是软件测试的直接目标；促进软件质量的提升是软件测试的根本目标。通过本章的学习：

　　(1) 了解软件质量与软件缺陷的概念。

　　(2) 了解测试计划、测试用例、测试环境、测试报告的概念。

　　(3) 了解按不同分类产生的各种测试的概念。

2.1 软件质量

2.1.1 软件质量的含义

　　在日常生活中，通常会评价某个商品的质量好或不好。一般情况下，质量不好就意味着存在缺陷，所以缺陷通常是质量的对立面。那到底什么是软件质量呢？

　　我们评价一个商品的质量好坏往往从以下两个层面进行。

　　(1) 该商品暗示的属性是否符合用户需求。例如：我们购买一张餐桌，默认情况下，这张餐桌可以在平面上放稳。

　　(2) 该商品明示的属性是否符合用户需求。例如：前面提到的餐桌的颜色、材质、尺寸、形状、功能特性和价格等。

　　对于第一个层面，是默认满足要求的；而对于第二个层面，不同的用户，其需求不同，那么可能会给出不同的评价。但是不管怎么样，只要用户对某个商品的评价好，就说明该商品的暗示属性和明示属性都满足该用户的需求。

　　1986 年在 ISO 8492 中所给出的质量定义为：质量是产品或服务所满足明示和暗示需求能力的特性和特征的集合。

　　暗示的特性是指由社会习俗约定、行为习惯所要求的一种潜规则，不需要额外说明。而明示的特性，可以理解为规定的要求，一般是国家标准、行业规范、产品说明书或产品设计规格说明书中进行描述或客户明确提出的要求，如计算机的尺寸、重量、内存的大小、CPU 的型号等，用户可以查看。

　　软件质量与传统意义上的质量概念并无本质的区别，只是软件质量拥有一些自有的特性，这也是由软件的特点所决定的。例如，从软件质量模型来看，软件质量是达到了高水平的用户满意度、可靠性、可维护性等要求的。1983 年，ANSI/IEEE STD729 给出了软件质量的定义：软件产品满足规定的和隐含理解的与需求能力有关的全部特征和特性。软件质量主要具有以下几个方面的特性。

（1）软件产品质量满足用户要求的程度。

（2）软件各种属性的组合程度。

（3）用户对软件产品的综合反映程度。

（4）软件在使用过程中满足用户要求的程度。

软件质量的这些特性，反映了人们日常生活中所说的软件系统的易用性、功能性、有效性、可靠性和性能等方面。

对于软件的质量，客户、软件开发人员和软件开发企业对产品质量的认识有不同的侧重点，但必须达到一个平衡点。从客户角度看，主要从产品的功能性需求和非功能性需求来看。功能性需求主要通过各种输入完成用户所需要的各项操作，包括数据的输入和结果的输出。对于这些功能性需求，要求易用性高，界面友好。对于非功能性需求，主要体现在软件产品的性能、有效性、可靠性等方面。对于不同种类的软件，其非功能性需求有很大的差异，如实时软件在实时性和可靠性上的要求就非常高。从软件开发人员的角度来看，除客户所关注的性能外，还要关注产品的可维护性、兼容性、可扩展性和可移植性等。从软件开发企业来看，除客户和软件开发人员所关注的重点外，软件的质量需求更多地体现在市场竞争、成本控制等方面。提高软件的质量可以大大降低因质量问题产生的不良成本（如维护成本等），提高企业的利润。因此，对于企业而言，软件的质量需求主要体现在软件的功能性需求和非功能性需求上，如软件的功能、可维护性、可移植性和可扩展性等。

评估软件质量的标准通常有功能性特性和非功能特性。非功能特性包括可用性、可靠性、性能、容量、可伸缩性、可维护性、兼容性和可扩展性，如图 2-1 所示。

功能性特性

- 可用性 usability

- 可靠性 reliability

- 性能 performance

- 容量 capacity

- 可伸缩性 scalability   非功能特性

- 可维护性 service manageability

- 兼容性 compatibility

- 可扩展性 extensibility

图 2-1　评估软件质量的标准

在软件工程标准中，我们对软件质量属性进行了扩展或组合，进而从不同的角度提出了不同的软件质量模型，如 McCall 模型、Boehm 模型、ISO 9126 模型等。

2.1.2　软件质量保证

任何形式的产品都是通过过程得到结果，因此对过程进行管理与控制是提高产品质量的一条重要途径。软件质量保证（software quality assurance，SQA）活动是通过对软件产品有计划地进行评审和审计来验证软件是否合乎标准的系统工程，通过协调、审查和跟踪以获取有用的信息,形成分析结果以指导软件过程。这里的软件过程具体包括以下几方面。

(1) SQA 活动自始至终在有计划地进行。

(2) SQA 人员与软件项目其他工作组一起工作,制订计划、标准和规程等,而且能确保它们满足项目和组织方针的要求。

(3) SQA 对软件工程各个阶段的进展、完成质量及出现的问题进行评审、跟踪。

(4) SQA 审查和验证软件产品是否遵循适用的标准、规程和要求,并最终确保符合标准,满足要求。

(5) SQA 应建立软件质量要素的度量机制,了解各种指标的量化信息,向管理者提供可视信息。

(6) SQA 活动要保证全员参与,一旦发现不符合的问题,应逐级解决不符合的问题。

一般情况下,SQA 应从新项目立项的需求分析阶段开始介入,对形成的软件需求进行分析与评价,提出可能存在的问题,诸如安全性、可靠性、可扩展性、易用性等,并根据软件本身的特性、规模及将来的运行环境等进行综合评定,确定软件要满足的质量要求,记录形成正式文档,尽可能地对软件周期各个阶段的测量确定一个定量或定性的标准,作为以后各个阶段评审的标准和依据。

由上可以看出,SQA 与软件测试之间是相辅相成的,存在交叉和包含的关系。SQA 指导、监督软件测试的计划和执行,督促软件测试工作的结果客观、准确和有效,并协助软件测试流程的改进。而软件测试为 SQA 提供所需的度量数据,作为质量评估的客观依据。两者都贯穿于整个软件开发生命周期中。不同之处在于,SQA 侧重于流程中过程的管理与控制,是一项管理工作,侧重于流程和方法,以确保软件产品开发过程达到各阶段性目标;而软件测试更侧重于一线的测试工作,是一项技术性工作,主要对产品进行测试需求分析,制定具体的测试技术策略,给出具体的测试用例设计并得到测试结果数据,不断发现问题并促进问题的修复,使软件质量得到保证。

2.2 软件缺陷

软件缺陷是软件质量的对立面。EEE(1983)729 中对软件缺陷下了一个标准的定义:从产品内部看,软件缺陷是软件产品开发或维护过程中所存在的错误、毛病等各种问题;从外部看,软件缺陷是系统所需要实现的某种功能的失效或违背。

总之,软件缺陷是对软件产品预期属性的偏离现象,它包括检测缺陷和残留缺陷。检测缺陷(detected defect)是指软件在用户使用之前被检测出的缺陷。残留缺陷(residual defect)是指软件在发布后存在的缺陷,包括在用户安装前未被检测出的缺陷和已被发现但还未被修复的缺陷。

源于"臭虫引起电路故障"的经典故事,通过在英文中使用"bug(臭虫)"来代替"defect(缺陷)"一词。实际上,与"缺陷(bug)"相近的词还有很多,例如:缺点(defect)、偏差(variance)、谬误(fault)、失败(failure)、问题(problem)、矛盾(inconsistency)、错误(error)、毛病(incident)、异常(anomy)。

软件失效(software failure)是指用户使用软件时,由于残留缺陷引起的软件失效症状。

不要将软件缺陷和软件错误两个概念混淆起来。软件缺陷的范围更广,它涵盖了软件错误、不一致性问题、功能需求定义缺陷和产品设计缺陷等。软件错误仅是软件缺陷的一种,即程序或系统的内部缺陷,通常是软件代码本身的问题,如算法错误、语法错误、内存泄漏、数据溢出等。软件错误必须被修正,但软件缺陷不一定能被修正。

2.2.1 软件缺陷产生的原因

随着软件开发的进展,软件系统越来越复杂,不管是需求分析、程序设计等都面临越来越大的挑战。由于软件开发人员思维上的主观局限性、技术上的限制,以及软件系统的复杂性,所以软件开发过程中出现错误不可避免。缺陷产生的主要原因有哪些呢? 可以从技术、团队合作和软件本身等多方面进行分析。

1. 技术问题

技术问题主要表现在如下几个方面。

(1)算法错误:在给定条件下没能给出正确的或准确的结果。

(2)语法错误:对于编译性语言程序,编译器可以发现这类问题;但对于解释性语言程序,只能在测试运行时发现。

(3)计算和精度问题:计算的结果没有满足所需要的精度。

(4)系统结构不合理、算法选择不科学而造成系统性能低下。

(5)接口参数传递不匹配,导致模块集成出现问题。

(6)需求规格说明书中有些功能在技术上无法实现。

(7)对异常崩溃后自我恢复或数据备份、内存的使用存在隐患等。

2. 团队合作

团队合作问题主要表现在以下几方面。

(1)对用户需求理解不一致,或者与用户沟通存在困难,造成对用户需求的误解或理解不够全面。

(2)团队成员对软件质量的重视度不够。

(3)不同的开发人员对系统设计存在偏差,沟通不充分,或对设计存在误解。

(4)设计与实现上存在的一些依赖关系没有理清楚,造成误解。

3. 软件本身

软件本身问题主要表现在以下几方面。

(1)需求不清晰,导致设计目标偏离客户的需求,从而引起功能或产品特征上的缺陷。

(2)系统结构非常复杂,而又无法设计成一个很好的层次结构或组件结构,结果导致意想不到的问题,或者造成系统维护、扩充上的困难;即使设计成良好的面向对象的系统,由于对象、类太多,也很难完成对各种对象、类相互作用的组合测试,而隐藏着一些参数传递、方法调用、对象状态变化等方面的问题。

(3)对程序逻辑路径或数据范围的边界考虑不够周全,漏掉某些边界条件,造成边界错误。

(4)系统运行环境的复杂,包括用户的各种操作方式或各种不同的输入数据,容易引起一些特定用户环境下的问题；在系统实际应用中，数据量很大，也会引起强度或负载问题。

（5）由于通信端口多、存取和加密手段的矛盾性等，会造成系统的安全性或适用性等问题。

2.2.2　软件缺陷的构成

软件缺陷是由很多原因造成的，从其产生的来源看，可以分为需求分析（规格说明书）、设计（概要设计、详细设计）、编码及其他。经统计发现，规格说明书是软件缺陷出现最多的地方，如图 2-2 所示。

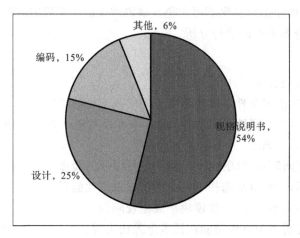

图 2-2　软件缺陷构成示意图

为什么规格说明书是软件缺陷出现最多的地方呢？因为软件需求（规格说明）描述了系统必须实现什么。而规格说明书描述了系统的行为、特性或属性，是在开发过程中对系统的约束。

事实上，并没有一个清晰、毫无二义性的"软件需求"术语存在，真正的"软件需求"在人们的头脑中，这个人们主要是指客户。但一般情况下，用户并不能描述自己的需求，而只能由系统分析人员根据用户的语言描述整理出相关的需求，再进一步与客户确认。系统分析人员和客户必须确保所有的项目风险承担者在描述软件需求的那些名词的理解上达成共识。

开发软件系统最困难的部分就是准确说明开发什么。最困难的概念性工作便是写出详细的软件技术需求，这包括所有面向用户、面向机器和其他软件系统的接口。同时这也是一旦做错，就会给系统带来极大损害的部分，并且以后再对它进行修改也极为困难。

排在规格说明书之后的是设计（含概要设计与详细设计），编码排在第三位。在许多人的印象中，软件测试主要是找程序代码中的错误，这是一个认识上的误区。从软件开发各个阶段发现的软件缺陷数来看，比较理想的情况主要集中在需求分析、系统设计、编码等三个阶段。而在系统测试阶段，能够发现的缺陷数应该不多，随着软件开发项目的进展，新增缺陷应趋于零或总的缺陷应该趋于不变，这样才能大大减少企业成本，如图 2-3 所示。

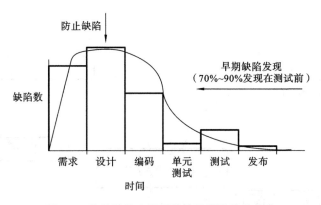

图 2-3 软件缺陷在不同软件开发阶段的分布

2.2.3 软件缺陷修复的代价

在讨论软件测试原则时,一开始就强调测试人员要在软件开发的早期,如需求分析阶段介入,问题发现得越早越好。发现缺陷后,要尽快修复缺陷。其原因在于错误并不只是在编程阶段产生,需求和设计阶段同样会产生错误。也许一开始只是一个很小范围内的错误,但随着产品开发工作的进行,小错误会扩散成大错误,为了修改后期的错误,所做的工作要多得多,即越到后面返工越多。如果错误不能及早发现,那只可能造成越来越严重的后果。缺陷发现或解决得越晚,成本就越高。

平均而言,如果在需求阶段修正一个错误的代价是 1,那么,在设计阶段修正一个错误的代价就是它的 3~6 倍,在编程阶段是它的 10 倍,在内部测试阶段是它的 20~40 倍,在外部测试阶段是它的 30~70 倍,而到了产品发布出去的时候就是 40~1000 倍,修正错误的代价不是随着时间的增加而线性增长,而几乎是呈指数增长,如图 2-4 所示。

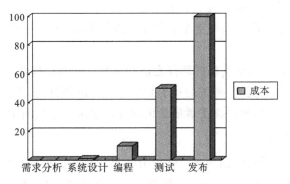

图 2-4 修复缺陷成本与软件开发阶段的对应关系

2.3 软件测试的分类

软件测试按照所做工作的不同,可以分为很多方面,一些常见的分类方法如图 2-5 所示,其中标红旗的为需要重点了解的分类方式。

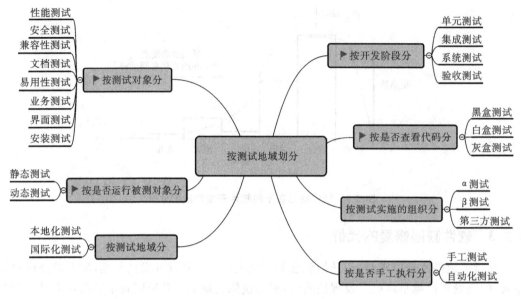

图 2-5　软件测试的分类

1. 按开发阶段分

软件测试按开发阶段可分为单元测试、集成测试、系统测试和验收测试。

（1）单元测试。单元测试又称模块测试，是对软件的组成单元进行测试，其目的是检验软件基本组成单元的正确性。模块是软件测试的最小单位。

（2）集成测试。集成测试也称联合测试（联调）、组装测试，是将程序模块采用适当的集成策略组装起来，对系统的接口及集成后的功能进行正确性检测的测试工作。集成的主要目的是检查软件单位之间的接口是否正确。

（3）系统测试。系统测试是对整个软件系统进行测试，包括对功能、性能以及软件所运行的环境进行测试。

（4）验收测试。验收测试是部署软件之前的最后一个测试操作。它是技术测试的最后一个阶段，也称交付测试。验收测试的目的是确保软件准备就绪，按照项目合同、任务书、双方约定的验收依据文档，向软件购买者展示该软件系统满足原始需求。

2. 按是否查看代码分

软件测试按是否查看代码的内部结构可分为黑盒测试、白盒测试和灰盒测试。

（1）黑盒测试（black-box testing）。黑盒测试也称功能测试，测试中把被测的软件当成一个黑盒子，不关心盒子的内部结构是什么，只关心软件的输入数据和输出数据。

（2）白盒测试（white-box testing）。白盒测试又称结构测试、透明盒测试、逻辑驱动测试或基于代码的测试。白盒测试是指打开盒子，去研究里面的源代码和程序结果。

（3）灰盒测试（gray-box testing）。灰盒测试是介于白盒测试和黑盒测试之间的一种，灰盒测试多用于集成测试阶段，不仅关注输入、输出的正确性，同时也关注程序内部的情况。

3. 按是否运行被测对象分

软件测试按是否运行被测对象可分为静态测试和动态测试。

(1) 静态测试(static testing)。静态方法是指不运行被测程序本身,仅通过分析或检查源程序的语法、结构、过程、接口等来检查程序的正确性,对需求规格说明书、软件设计说明书、源程序进行结构分析、流程图分析。

(2) 动态测试(dynamic testing)。动态测试是指通过运行被测程序,检查运行结果与预期结果的差异,并分析运行效率、正确性、健壮性等性能。

4. 按测试对象分

软件测试按测试对象可分为性能测试、安全测试、兼容性测试、文档测试、易用性测试、业务测试、界面测试、安装测试等。

(1) 性能测试(performance test)。性能测试就是为了发现系统性能问题或获取与系统性能相关指标而进行的测试。一般在真实环境、特定负载条件下,通过工具模拟实际软件系统的运行及其操作,同时监控各项性能指标,最后对测试结果进行分析来确定系统的性能状况。

(2) 安全测试。安全测试是一个相对独立的领域,需要更多的专业知识。如熟悉 Web 的安全测试,熟悉各种网络协议、防火墙、CDN,熟悉各种操作系统的漏洞,熟悉路由器等。

(3) 兼容性测试。兼容性测试主要是指软件之间能否很好地运作,软件和硬件之间能否发挥出更好的作用等。

(4) 文档测试。文档测试主要针对软件生命周期的各种文档,包括对开发文档、用户文档、管理文档进行测试,重点检查文档的正确性、完整性、一致性和易用性。

(5) 易用性测试。易用性(usability)是交互的适应性、功能性和有效性的集中体现,又叫用户体验测试。

(6) 业务测试。业务测试是指测试人员将系统的整个模块串接起来运行、模拟真实用户实际的工作流程,满足用户需求定义的功能来进行测试的过程。

(7) 界面测试。界面测试简称 UI 测试,用于测试用户界面的功能模块的布局是否合理、整体风格是否一致、各个控件的放置位置是否符合客户的使用习惯。此外,还要测试界面操作是否便捷,导航是否简单易懂,页面元素是否可用,界面中文字是否正确,命名是否统一,页面是否美观,文字、图片组合是否完美等。

(8) 安装测试。安装测试是指测试程序的安装和卸载。

5. 按测试实施的组织分

软件测试按测试实施的组织可分为 α 测试、β 测试和第三方测试。

(1) α 测试(alpha testing)。α 测试是由一个用户在开发环境下进行的测试,也可以是公司内部的用户在模拟实际操作环境下进行的测试。

(2) β 测试(beta testing)。β 测试是一种验收测试。β 测试由软件的最终用户在一个或多个客房场所进行。

(3) 第三方测试。第三方测试是介于开发方和用户方之间的组织测试。

6. 按是否手工执行分

软件测试按是否手工执行可分为手工测试和自动化测试。

（1）手工测试（manual testing）。手工测试是由人一个一个地输入用例，然后观察结果。与机器测试相对应，属于比较原始但是必须进行的一种。具有自动化测试无法代替的探索性测试、发散思维类无既定结果测试的特点。

（2）自动化测试。自动化测试就是在预设条件下运行系统或应用程序，评估运行结果。预先条件包括正常条件和异常条件。简单来说，自动化测试就是把人为驱动的测试行为转化为机器执行的一种过程。

7. 按测试地域分

软件的国际化和软件的本地化是开发面向全球不同地区用户使用的软件系统的两个过程。而本地化测试和国际化测试则是针对这类软件产品进行的测试。由于软件的全球化普及，以及软件外包行业的兴起，软件的本地化和软件的国际化测试俨然成为一个独特的测试专门领域。

（1）国际化测试。测试软件的功能设计和代码实现有能力处理多种语言和不同的文化。当创建不同语言版本时，不需要重新编写代码的软件工程方法。

（2）本地化测试。将一个软件产品按特定国家/地区或语言市场的需要进行加工，使之满足特定市场上的用户对语言和文化的特殊要求而产生的软件生产活动进行质量把关。

2.4　测试计划

通过软件测试过程我们知道，开展测试工作首先要分析测试需求并制订测试计划。软件项目的测试计划是描述测试目的、范围、方法和软件测试重点等编写的文档。通过验证软件产品的可接受程度来编写测试计划文档是一种有用的方式。

详细的测试计划可以帮助测试项目组之外的人了解为什么和怎样验证产品。虽然测试计划非常有用，但是测试项目组之外的人却很少去读它。软件测试计划作为软件项目计划的子计划，在项目启动初期是必须规划的。越来越多的公司在软件开发中，软件质量日益受到重视，测试过程也从一个相对独立的步骤紧密嵌套在软件的整个生命周期中。这样，如何规划整个项目周期的测试工作，如何将测试工作上升到测试管理的高度，都依赖于测试计划的制订。因此，测试计划也成为测试工作的赖于展开的基础。《ANSI/IEEE 软件测试文档标准 829—1983》将测试计划定义为：一个叙述了预定的测试活动的范围、途径、资源及进度安排的文档。它确认了测试项、被测特征、测试任务、人员安排，以及任何偶发事件的风险。软件测试计划是指导测试过程的纲领性文件，包含了产品概述、测试策略、测试方法、测试区域、测试配置、测试周期、测试资源、测试交流、风险分析等内容。借助软件测试计划，参与测试的项目成员，尤其是测试管理人员，可以明确测试任务和测试方法，保持测试实施过程的顺畅沟通，跟踪和控制测试进度，应对测试过程中的各种变更。

2.5　测试用例

从软件测试过程来看,测试设计是其中一个很重要的环节,而测试设计的核心就是测试用例的设计。测试用例(test case)是为某个特定目标而编制的一组测试输入、执行条件以及预期结果,以便测试某个程序的路径是否满足特定的需求。单个测试用例也是测试执行的最小单位。

测试用例(test case)是将软件测试的行为活动做一个科学化的组织归纳,目的是能够将软件测试的行为转化成可管理的模式。同时,测试用例也是将测试具体量化的方法之一,不同类别的软件其测试用例是不同的。不同于诸如系统、工具、控制、游戏软件,管理软件的用户需求更加不同的趋势。

要使最终用户对软件感到满意,最有力的举措就是对最终用户的期望加以明确阐述,以便对这些期望进行核实并确认其有效性。测试用例反映了要核实的需求。然而,核实这些需求可能要通过不同的方式并由不同的测试人员来实施。例如,执行软件以便验证它的功能和性能,这项操作可能由某个测试人员采用自动化测试技术来实现;计算机系统的关机步骤可能通过手工测试和观察来完成;而市场占有率和销售数据(以及产品需求)只能通过评测产品和竞争销售数据来完成。既然可能无法(或不必负责)核实所有的需求,那么是否能为测试挑选最合适的或最关键的需求则关系到项目的成败。选中要核实的需求将是对成本、风险和对该需求进行核实的必要性这三者权衡考虑的结果。

测试用例是软件测试的核心。软件测试的重要性毋庸置疑。但如何以最少的人力、资源投入,在最短的时间内完成测试,发现软件系统的缺陷,保证软件的品质,是软件公司探索和追求的目标。每个软件产品或软件开发项目都需要有一套优秀的测试方案和测试方法。

影响软件测试的因素很多,例如软件本身的复杂程度、开发人员(包括分析、设计、编程和测试等人员)的素质、测试方法和技术的运用,等等。有些因素是客观存在的,无法避免。有些因素则是波动的、不稳定的,例如:开发队伍是流动的,有经验的人走了,新人补充进来;人也受情绪的影响,等等。如何保障软件测试质量的稳定? 有了测试用例,无论是由谁来进行测试,只要参照测试用例实施,就能保障测试的质量。可以把人为因素的影响减到最小。即使最初的测试用例考虑不周全,随着测试的进行和软件版本的更新,也将日趋完善。

因此,测试用例的设计和编制是软件测试活动中最重要的。测试用例是测试工作的指导,是软件测试必须遵守的准则,更是软件测试质量稳定的根本保障。

2.6　测试环境

在软件测试过程中有一个环节是执行测试,执行测试的前提是搭建好测试环境。测试环境(testing environment)是指测试对运行其上的软件和硬件环境的描述,以及任何其他与被测软件交互的软件,包括驱动和桩。测试环境是为了完成软件测试工作所必需的计算机硬件、软件、网络设备、历史数据的总称。

稳定和可控的测试环境,可以使测试人员花费较少的时间就完成测试用例的执行,无须为测试用例、测试过程的维护花费额外的时间,并且可以保证每一个提交的缺陷都可以在任何时候被准确地重现。

$$测试环境＝软件＋硬件＋网络＋数据准备＋测试工具$$

简单来说,经过良好规划和管理的测试环境,尽可能地降低环境的变动对测试工作的不利影响,并对测试工作的效率和质量的提高产生积极作用。

2.7 测试报告

某项测试活动从测试需求并制订测试计划,到设计与开发测试用例、搭建测试环境、执行测试并记录,最后给出测试结果分析报告。显然,测试报告是测试阶段最后的文档产出物,主要把测试的过程和结果写成文档,对发现的问题和缺陷进行分析,为软件存在的质量问题提供依据,同时为软件验收和交付打下基础。一份详细的测试报告包括产品质量和测试过程的评价,测试报告基于测试中的数据采集以及对最终的测试结果分析。测试报告的内容可以总结为以下要点。

(1) 引言(目的、背景、缩略语、参考文献)。

(2) 测试概要(测试方法、范围、测试环境、工具)。

(3) 测试结果与缺陷分析(功能、性能)。

(4) 测试结论与建议(项目概况、测试时间、测试情况、结论汇总)。

(5) 附录(缺陷统计)。

2.8 小结

软件测试是软件质量保证的手段,软件测试为软件质量保证提供所需的度量数据,作为质量评估的客观依据。软件质量保证偏向于管理,指导、监督软件测试的计划和执行,督促测试工作的结果客观、准确和有效,并协助测试流程的改进。

软件测试的直接目的就是发现软件缺陷,软件缺陷是软件质量的对立面,而软件缺陷是由于技术问题、团队合作及软件本身等多方面的因素引起的,而且集中分布在需求分析与系统设计阶段,代码错误比需求分析、设计规格说明书所存在的缺陷要少。

软件测试可以根据测试的层次、测试对象、测试目标、测试过程、测试方法等进行分类,通过分类可以更全面地了解测试的概貌和内容。单项软件测试活动(除工程过程外)包括测试计划、测试用例设计、执行测试、评估测试结果 4 个主要环节,各个环节所涉及的专业术语分别是测试计划、测试用例、测试环境及测试报告。

习题 2

一、选择题

1. 软件质量的定义是(   )。

A. 软件的功能性、可靠性、易用性、效率、可维护性、可移植性

B. 满足规定用户需求的能力

C. 最大限度达到用户满意

D. 软件固有特性和用户需求特性的总和,以及满足规定和潜在用户需求的能力

2. 下面关于软件测试的说法,(　　　)是错误的。

A. 全流程软件质量保证思想的核心是软件测试与软件开发并行

B. 需求文档、单元代码、设计相关文档、子系统与整个系统的功能都是软件测试的对象

C. 软件测试无法穷尽,应给出测试进出准则

D. 软件测试等同于程序调试

3. 下列(　　　)不属于软件缺陷。

A. 测试人员主观认为不合理的地方

B. 软件未达到产品说明书标明的功能

C. 软件出现了产品说明书指明不会出现的错误

D. 软件功能超出了产品说明书指明的范围

4. 软件缺陷产生的原因(　　　)。

A. 交流不充分及沟通不畅,软件需求的变更,软件开发工具的缺陷

B. 软件的复杂性,软件项目的时间压力

C. 程序开发人员的错误,软件项目文档缺乏

D. 以上都是

5. 软件测试按照测试技术可分为(　　　)。

A. 性能测试、负载测试、压力测试　　　　B. 恢复测试、完全测试、兼容性测试

C. A 与 B　　　　　　　　　　　　　　D. 单元测试、集成测试、系统测试及验收测试

6. 软件测试是采用(　　　)执行软件的活动,它也是软件测试执行的基本单位。

A. 测试用例　　　　B. 输入数据　　　　C. 测试环境　　　　D. 输入条件

7. 测试用例的三要素不包括(　　　)。

A. 输入　　　　　　B. 预期输出　　　　C. 执行条件　　　　D. 实际输出

8. 软件测试按照测试阶段可以分为(　　　)。

A. 黑盒测试、白盒测试

B. 单元测试、集成测试、系统测试和验收测试

C. 功能性测试和结构性测试

D. 动态测试和静态测试

二、简答题

1. 简述软件测试与软件质量保证之间的关系。

2. 简述软件缺陷的内涵及其产生的原因及构成。

3. 简述软件测试的分类方式。

4. 简述测试计划的目的及要素。

5. 简述测试用例的作用。

6. 简述测试报告的作用及其构成要素。

第3章　黑盒测试

【学习目标】

　　黑盒测试是把测试对象看成一个黑盒子,既看不到其内部的实现原理,也不了解其内部的运行机制。黑盒测试通常在程序的界面处进行测试,通过软件需求规格说明书的规定来检测每个功能是否能够正常运行。黑盒测试是指只需要知道系统输入和预期输出,而不需要了解程序内部结构和内部特性的测试方法。通过本章的学习:

　　(1)掌握黑盒测试的基本概念。

　　(2)掌握主要的黑盒测试方法。

　　(3)理解其他黑盒测试方法。

　　(4)理解黑盒测试方法的选择。

3.1　黑盒测试的基本概念

　　黑盒测试是一种从软件外部对软件实施的测试,也称功能测试。如果将程序的输入看成是定义域(输入域),程序的输出看成是值域(输出域),则可将程序看成是从定义域到输出域的映射,如图 3-1 所示。进行黑盒测试时,我们不关心程序的内部结构,只关心程序的输入数据和输出结果。

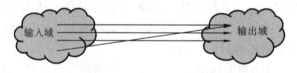

图 3-1　函数的映射

　　软件测试工程师将测试对象看成是一个黑盒子,如图 3-2 所示。黑盒测试的依据为软件需求规格说明书,是根据程序的输入和输出之间的关系或者程序的功能来设计测试用例,推断测试结果的正确性,仅仅依据程序的外部特性,完全不考虑程序的内部结构和内部特性。黑盒测试是从用户观点出发的测试,目的是尽可能地发现软件的外部错误行为。

图 3-2　黑盒测试示意图

　　黑盒测试通常有两种测试结果:测试通过及测试失败。黑盒测试通常用来发现以下几类错误。

　　(1)界面是否有错误。

（2）是否有遗漏的功能或者是否有未实现的功能。

（3）性能是否满足要求。

（4）初始化错误或终止错误。

（5）数据结构或者外部数据库访问错误。

（6）在接口上是否能够正确接收输入数据,是否能产生正确的输出信息等。

如果希望用黑盒测试方法检查软件中的所有故障,则需要采用穷举法,即把所有可能的输入全部作为测试用例进行测试的方法。像这样穷尽输入测试可行吗?显然,这样是不现实的,穷尽输入测试会耗费大量的人力和时间。这就需要我们选择测试方法,使用尽可能少的测试用例去发现尽可能多的软件故障,以提高测试效率,降低软件风险。简言之,就是在最短的时间内,以最少的人力发现最多、最严重的缺陷。这就要求测试是精确的,针对性强;也要求测试是完备的,覆盖面广,无漏洞,可以覆盖用户所有的需求;同时需要测试无冗余,测试方法简单易行;还要求测试易于调试,缺陷定位难度小。

常用的黑盒测试方法主要有边界值分析法、等价类划分法、因果图法、场景法等,每种方法各有所长,需要我们根据软件系统的特点选择合适的测试方法,有效地解决软件开发中的测试问题。

3.2　等价类划分法

由于软件测试的不完全性和不彻底性,在进行软件测试时,只能进行少量的有限的测试。这就要求在测试时,不仅要考虑测试的效果,还要考虑软件测试的经济性。等价类划分法是一种典型的、常用的黑盒测试方法。由于在测试时需要在有限的资源下得到比较好的测试效果,因此需要把程序的输入域划分为若干部分,然后从每一部分中选取具有代表性的少数数据作为测试用例。

3.2.1　等价类的划分

等价类的划分就是将输入域的数据划分为若干个不相交的子集,且这些子集里的数据对于揭露程序中的错误是等效的,继而从每个子集中选取具有代表性的数据。对于等价类的划分来说,各个子集的并集是整个集合,保证了形式的完备性;各个子集的交集为空,保证了形式的无冗余性。因此,采用等价类划分法,可以在某种程度上保证测试的完备性,并减少冗余。

等价类的划分包括有效等价类和无效等价类两种情况。

1. 有效等价类

有效等价类是正向思维,是由合理的或者有意义的输入数据所构成的集合。通过利用有效等价类来检测程序中的功能和性能的实现是否符合软件需求规格说明书的要求。

2. 无效等价类

无效等价类是逆向思维,是由不合理的或者无意义的输入数据所构成的集合。通过利用无效等价类来检测软件是否能够接收意外的、无效的或者不合理的数据。

例如,某程序中有标识符,其输入条件规定"标识符应以字母开头……",则可以这样划分等价类:"以字母开头"作为有效等价类,"以非字母开头"作为无效等价类。

3.2.2 划分等价类的方法

1. 按区间划分等价类

在输入如条件规定了取值区间的情况下,可以确立一个有效等价类和两个无效等价类。例如,需要输入某门课程的分数,课程满分是 100 分,则输入数据的范围是[0,100],那么按照区间划分,可以划分为一个有效等价类(0≤分数≤100)和两个无效等价类(分数<0,分数>100),如图 3-3 所示。划分等价类后,在各个等价类中取一个具有代表性的数据进行测试。例如,有效等价类取分数=50,无效等价类取分数=-5 及分数=150。

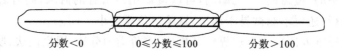

分数<0　　　　0≤分数≤100　　　　分数>100

图 3-3　按区间划分等价类

2. 按数值划分等价类

若软件需求规格说明书规定了输入数据的值,并且程序需要对每个值进行相应的处理,这时,可以对每个输入值确定一个有效等价类和一个无效等价类。例如,在一个注册界面需要填写性别信息,性别有男、女两个输入值,针对该输入数据的处理,可以设置有效等价类为男、女,无效等价类为除了这两个值以外的集合。

3. 按数值集合划分等价类

若软件需求规格说明书规定了输入值的集合,或者规定了"必须如何"的条件,则可以根据该集合确定一个有效等价类和一个无效等价类,如图 3-4 所示。例如,某注册界面需要自己设置用户名,且要求"英文大写字母开头",则"英文大写字母开头"为一个有效等价类,"非英文大写字母开头"为一个无效等价类。

非数值集合　　　　数值集合
（无效等价类）　　　（有效等价类）

图 3-4　按数值集合划分等价类

4. 按限制条件划分等价类

若输入条件是一个布尔量,则可以确定一个有效等价类和一个无效等价类。例如,某注册界面要求用户输入的出生日期必须为数字,则输入数字为有效等价类,输入数据为非数字是无效等价类。

5. 按限制规则划分等价类

若软件需求规格说明书规定输入数据需要遵守某规则,在此情况下,可以确定一个有效等价类,若干个无效等价类。例如,Windows 文件名可以包含除"、"、"/"、":"、" · "、"?"、

"<>"和"、"之外的任意字符,且长度范围在 1～255 个字符之间。通过该规则为文件名设置测试用例,则有效等价类为字符合法、长度合法的名称;无效等价类包含非法字符的名称,长度超过 255 的名称,长度短于 1 的名称。

6. 按处理方式划分等价类

在规定了输入数据的一组值(假定为 n 个),并且程序要对每一个输入值分别处理的情况下,可确立 n 个有效等价类和一个无效等价类。

例如,程序输入 x 取值于一个固定的枚举类型{1,3,7,15},且程序中对这 4 个数值分别进行了处理,则有效等价类为 x=1、x=3、x=7、x=15,无效等价类为 x≠1,3,7,15 的值的集合。

在确立了等价类之后,可以建立等价类表,列出所有划分出的等价类。等价类表如表 3-1 所示。

表 3-1　等价类表

输入条件	有效等价类	编号	无效等价类	编号

3.2.3　等价类划分法测试用例设计

设计测试用例时,应同时考虑有效等价类和无效等价类测试用例的设计。根据等价类表设计测试用例的方法如下。

(1)划分等价类,形成等价类表,为每个等价类规定一个唯一的编号。

(2)设计一个新的测试用例,使它尽可能多地覆盖尚未被覆盖的有效等价类,重复这一步,直到测试用例覆盖了所有的有效等价类。

(3)设计一个新的测试用例,使它仅覆盖一个尚未被覆盖的无效等价类,重复这一步,直到测试用例覆盖了所有的无效等价类。

每次只覆盖一个无效等价类,是因为一个测试用例若覆盖了多个无效等价类,那么某些无效等价类可能永远不会被检测到,且第一个无效等价类的测试用例可能会屏蔽或终止其他无效等价类的测试执行。

【例 3.1】　某城市电话号码由 3 部分组成,分别如下:

地区码——空白或 4 位数字;

前缀——不以"0"或"1"开头的 3 位数字;

后缀——4 位数字。

假定被测程序能接受一切符合上述规定的电话号码,拒绝所有不符合规定的电话号码,请用等价类划分法进行测试,并设计相应的测试用例。

解　(1)根据输入条件,进行等价类的划分。电话号码等价类表如表 3-2 所示。

(2)根据等价类表设计相应的测试用例,需要覆盖所有的有效等价类和无效等价类。在设计测试用例时,需要用尽可能少的测试用例覆盖尽可能多的有效等价类,尽可能用一个测试用例覆盖一个无效等价类。电话号码测试用例表如表 3-3 所示。

表 3-2　电话号码等价类表

	有效等价类	编号	无效等价类	编号
地区码	空白	1	有非数字字符	5
	4 位数字	2	少于 4 位数字	6
			多于 4 位数字	7
前缀	200～999 之间的数	3	有非数字字符	8
			起始位为 0	9
			起始位为 1	10
			少于 3 位数字	11
			多于 3 位数字	12
后缀	4 位数字	4	有非数字字符	13
			少于 4 位数字	14
			多于 4 位数字	15

表 3-3　电话号码测试用例表

测试用例编号	输入数据			预期结果	覆盖等价类
	地区码	前缀	后缀		
1	空白	323	8578	合法	1、3、4
2	0217	310	4768	合法	2、3、4
3	A217	327	1568	不合法	5
4	11	323	8578	不合法	6
5	57668	323	8578	不合法	7
6	0217	A33	8868	不合法	8
7	0217	022	3569	不合法	9
8	2333	188	7578	不合法	10
9	2333	37	3569	不合法	11
10	2333	3579	6868	不合法	12
11	0771	468	C333	不合法	13
12	0771	468	567	不合法	14
13	0771	468	56789	不合法	15

　　【例 3.2】　某网上计算机销售系统注册用户名的输入框要求："用户名以字母开头，后跟字母或数字的任意组合，有效字符数不超过 8 个"。

　　解　根据输入条件，进行等价类划分。注册用户名等价类表如表 3-4 所示。

表 3-4　注册用户名等价类表

用户名	有效等价类	编号	无效等价类	编号
首字母	a～z 或 A～Z 字母	1	数字	6
			中文	7
			特殊字符	8
后缀	a～z 或 A～Z 字母	2	中文	9
	0～9 之间的自然数	3	非自然数数字	10
	字母与自然数的组合	4	特殊字符	11
长度	不大于 8 个字符	5	大于 8 个字符	12
			空	13

　　根据有效等价类和无效等价类设计相应的测试用例。注册用户名测试用例表如表 3-5 所示。

表 3-5　注册用户名测试用例表

测试用例编号	输入数据			预期结果	覆盖等价类
	首字母	后缀	长度		
1	w	uhan	<=8	合法	1、2、5
2	w	888	<=8	合法	1、3、5
3	w	uhan88	<=8	合法	1、4、5
4	8	888	<=8	不合法	6
5	武	han	<=8	不合法	7
6	♯	wuhan	<=8	不合法	8
7	w	汉	<=8	不合法	9
8	w	h8.8	<=8	不合法	10
9	w	@@♯♯♯	<=8	不合法	11
10	w	uhanhubei	>8	不合法	12
11	空	空	<=8	不合法	13

　　【例 3.3】　网易邮箱注册页面如图 3-5 所示。在"注册字母邮箱"的标签页下,有"邮件地址"、"密码"、"确认密码"和"验证码"4 栏。其中"邮件地址"要求 6～18 个字符,可使用字母、数字、下划线,需以字母开头;"密码"要求 6～16 个字符,区分大小写;"确认密码"需要与密码一致;"验证码"要求填写图片中的字符,不区分大小写。

　　解　根据以上条件列出网易邮箱注册页面等价类表,如表 3-6 所示。

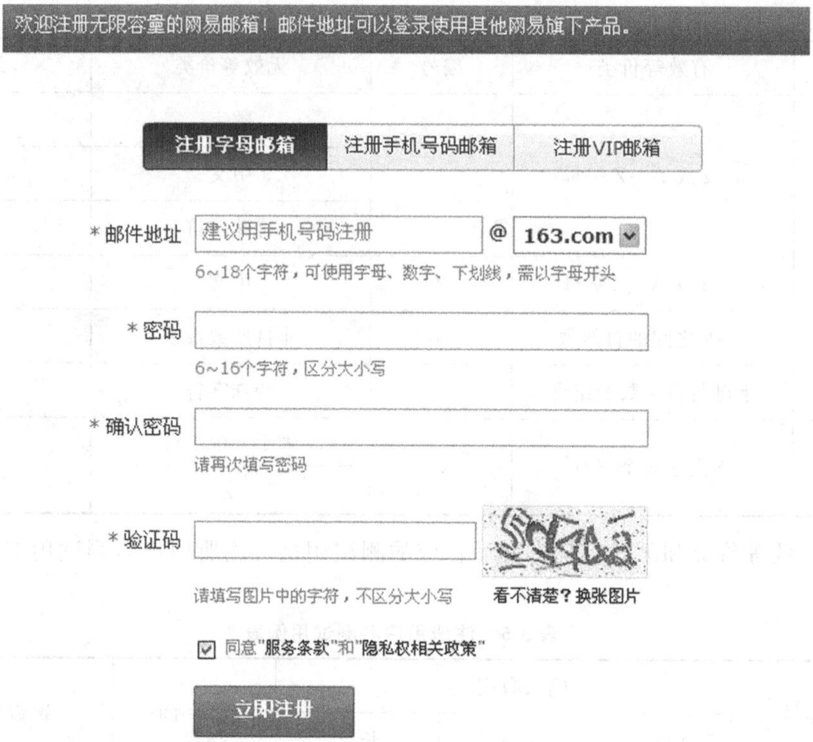

图 3-5 网易邮箱注册页面

表 3-6 网易邮箱注册页面等价类表

输入条件	有效等价类	编号	无效等价类	编号
邮件地址	以字母开头	1	以数字开头	4
			以下划线开头	5
	6~18 个字符	2	5 个字符	6
			19 个字符	7
	含字母、数字、下划线	3	含特殊字符	8
			含中文	9
			空	10
密码	6~16 个字符	11	5 个字符	13
			17 个字符	14
	含大小写字母	12	含中文	15
			空	16
确认密码	与密码完全相同	17	与密码不完全一致(大小写不一致)	18
验证码	必须与图片中的字符一致，不区分大小写	19	与图片字符不完全一致（大小写除外）	20

根据网易邮箱注册页面等价类表设计相应的测试用例,如表 3-7 所示。对于有效等价类的测试用例,如 1、9、14、16 等 4 个测试用例,尽可能多地覆盖有效等价类;对于无效等价类的测试用例,如 2~8、10~13、15、17,每一个无效等价类至少设计一个测试用例。

表 3-7　网易邮箱注册页面测试用例

测试用例编号	输入项	输入数据	预期结果	覆盖等价类
1	邮件地址	zhangsan_022	合法	1、2、3
2	邮件地址	022zhangsan	邮件地址非法提示	4
3	邮件地址	_zhangsan	邮件地址非法提示	5
4	邮件地址	zhang	邮件地址长度不够	6
5	邮件地址	zhangsanzhangsan_022	邮件地址过长	7
6	邮件地址	zhangsan * 111	邮件地址不能含 *	8
7	邮件地址	张三 111	邮件地址含中文	9
8	邮件地址		邮件地址不能为空	10
9	密码	Admin123456	合法	11、12
10	密码	Aa111	密码长度不够	13
11	密码	Adminlonglonglonglong111	密码过长	14
12	密码	啊 111	密码含中文	15
13	密码		密码不能为空	16
14	确认密码	Admin123456	合法	17
15	确认密码	aaaa123456	与密码不一致	18
16	验证码	5d44A	合法	19
17	验证码	qwerd	与验证码不一致	20

3.3　边界值分析法

人们从长期的测试工作经验得知,大量的错误最易发生在定义域或值域(输出)的边界上,而不是在其内部,即"缺陷遗漏在角落里,聚集在边界上"。等价类划分法容易忽略边界值,边界值测试倾向于选择系统边界或边界附近的数据来设计测试用例,这样暴露出程序错误的可能性就更大一些。我们可以想象一下,如果能够在悬崖边自信安全地行走,那么平地就更不用担心了。对于边界条件的考虑,我们通常通过参照软件需求规格说明书和常识来进行设计。

3.3.1　边界条件

边界值分析法即在输入/输出变量范围的边界上,验证系统功能是否能够正常运行的测试方法。使用边界值分析法,首要解决的问题即为边界在哪里。

例如,需要输入某门课程的分数,课程满分是 100 分,则输入数据的范围是[0,100],那么输入条件的边界就是 0 和 100。然而,在实际开发过程中,某些边界条件是不需要呈现给用户的,但是又在需要测试的范畴之内,即内部边界。内部边界主要有数值的边界值(如不同数据类型的取值范围)、字符的边界值(如不同的数据区间包含的 ASCII 码值)等。

还有一些容易被忽略的条件,如在需要输入的地方没有输入任何内容,却按下了 OK 键。这种情况在产品说明书中容易忽视,程序员也可能经常遗忘,但是在实际使用中却时有发生。程序员总会习惯性地认为用户要么输入信息,不管是看起来合法的或非法的信息,要么就会选择 Cancel 键放弃输入。因此,测试时还需要考虑程序对默认值、空白、空值、零值、无输入等情况的反应。

在进行边界值测试时,选取边界值一般应遵循以下几条原则。

(1) 如果输入条件规定了值的范围,则应取刚达到这个范围的边界的值,以及刚刚超越这个范围边界的值作为测试输入数据,如图 3-6 所示。

图 3-6　规定值范围的边界取值图

(2) 如果输入条件规定了值的个数,则用比最小个数少 1、比最大个数多 1 的数作为测试数据,如图 3-7 所示。

图 3-7　规定值个数的边界取值图

(3) 如果程序的软件需求规格说明书中给出的输入域或输出域是有序集合,则应选取集合的第一个元素和最后一个元素作为测试用例。

(4) 如果程序中使用了一个内部数据结构,则应当选择这个内部数据结构的边界上的值作为测试用例。

3.3.2　边界值分析

有一个函数 Add(int x1,int x2),对于输入条件 x1,x2 的要求为 $1 \leqslant x1 \leqslant 200, 50 \leqslant x2 \leqslant 300$。若输入有效,则函数返回 $x1+x2$ 的和;若输入无效,则返回-1。

对于 Add 函数的输入条件,x1 的上边界是 200,下边界是 1;x2 的上边界是 300,下边界是 50。该函数的输入范围如图 3-8 所示。

根据边界值条件得到 x1 的测试范围是 0,1,2,199,200,201;x2 的测试范围是 49,50,51,299,300,301。若采用穷尽法进行测试,则 x1 的一组边界测试用例有 1212 个,即 6×(201-0+1)=1212,x2 的一组边界测试用例有 1518 个,即 6×(301-49+1)=1518;边界测试用例总数为 2730 个,如图 3-9 所示。由此可见,采用穷尽法进行测试是很不现实的。

Add 函数有两个输入变量,若采用基于多边界的测试,可以使用测试用例覆盖输入域的 4 个角点区域,则每个角点有 9 个测试用例,共有 36 个测试用例,如图 3-10 所示。使用这

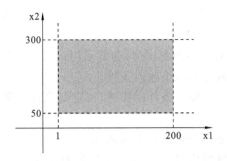 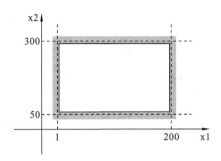

图 3-8 函数 Add 的两个变量 x1 和 x2 的输入范围　　　**图 3-9 穷尽法测试边界的范围**

种方法测试用例的数量和冗余度指标虽然大大改进了,但是缺陷定位仍然困难。例如,输入 x1＝1,x2＝50,预期输出为 51。若程序在 x1＝1 的边界有缺陷,写成 1＜x1≤200,那么实际输出则为-1。但是在定位错误的时候,发现可能有两种出错原因:x1 条件在边界点 1 处出错或者 x2 条件在边界点 50 处出错。因此,多边界的测试条件通常运用于检测可能由两个或者两个以上缺陷同时作用引起的缺陷。

采用基于单边界的测试。单边界测试的基本出发点为:若系统在一个边界上出错,则该系统在所有包含这个边界的情况下都会出错。因此,在选取变量时,只让一个变量取极值,其他变量均取正常值。通过此方法,测试目标明确,容易定位缺陷,例如,输入 x1＝1,x2 为有效域内的正常值,则预期输出不存在缺陷。若程序写成 1＜x1≤200,输入 x1＝1,x2 为有效域内的正常值,则实际输出为-1,这样可以快速定位缺陷。基于单边界的缺点是测试用例数量也非常多,如图 3-11 所示。

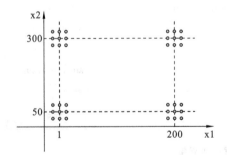

图 3-10 基于多边界的测试分析　　　　**图 3-11 基于单边界的测试分析**

因此,对于有两个输入变量的函数来说,需要划定较小的邻域,并在边界邻域内选择测试较少的测试用例。对于一个变量,例如给定 a≤x≤b,则 x 的边界点为 a、b。a 的邻域为 $[a-\sigma_1,a+\sigma_1]$,$[b-\sigma_2,b+\sigma_2]$,选择的边界测试数据分别为 $a-\sigma_1$、a、$a+\sigma_1$、$b-\sigma_2$、b、$b+\sigma_2$。

对函数 int Add(int x1,int x2)进行边界值分析,基于单边界选择的测试用例为(0,175),(1,175),(2,175),(199,175)(200,175),(201,175),(100,49),(100,50),(100,51),(100,299),(100,300),(100,301),在图中的位置如图 3-12 所示。此时,测试用例数量为 12,测试用例覆盖度高,没有冗余,并且容易定位缺陷。

对于该分析方法,再取一个所有变量均为正常值的测试用例,则可以组成健壮性边界测

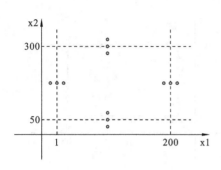

图 3-12　单边界的边界值分析

试。对于健壮性边界测试,若变量个数为 n,则会产生 $6n+1$ 个测试用例。

在进行边界值测试时,通常采用以下分析步骤。

(1) 确定有几个输入条件。

(2) 根据输入条件的描述,确定每个输入条件的边界点。

(3) 划定合适的边界邻域 delta。

(4) 针对边界邻域在每个边界对应 3 个测试数据,基于单边界设计测试用例,便于定位缺陷。

3.3.3　边界值分析法测试用例设计

在实际工作中,需要进行边界值分析的情况多种多样,下面通过几个例子来说明。

(1) 多选框的边界值(见图 3-13)。

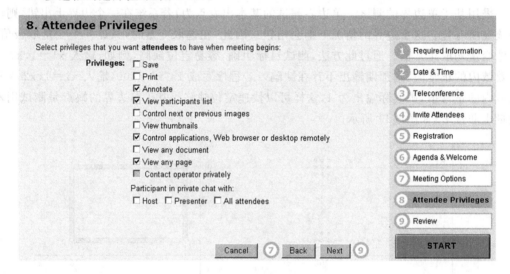

图 3-13　多选框的边界值

若出现多选框,则可以使用边界值分析法设计测试用例。任意的正常值为随机选择几个选项;边界值则为选择所有选项、一个都不选及选择一个选项。

(2) 下拉框的边界值(见图 3-14)。

对于下拉框,其边界值有 Default、Null 未输入;正常值则为下拉菜单中的任意值。

【例 3.4】 某网上计算机销售系统的客户在注册时有如下限制:客户个人信息需填写出生年月,可选年份为 1900—2018 年。

解 在进行健壮性测试时,变量取值要包含略小于最小值、略大于最小值、中间值、略小于最大值、最大值、略大于最大值。

在填写出生年月信息时,除年份规定了范围外,月份也有隐含的范围 1～12,因此采用边界值分析法时,均要考虑边界。

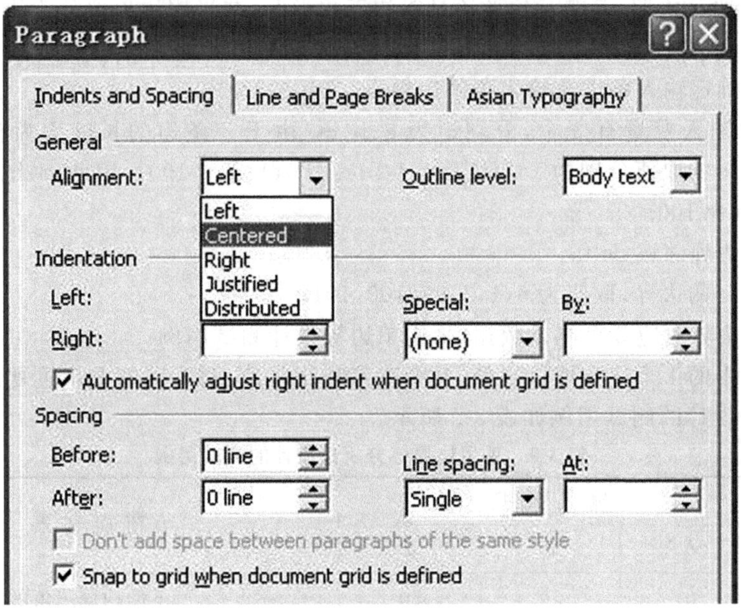

图 3-14 下拉框的边界值

边界值测试用例表如表 3-8 所示。

表 3-8 边界值测试用例表

输 入 类 别	测试用例说明	预 期 输 出
年	1899	输入的年份不合法,请重新输入
	1900	输入合法
	1901	输入合法
	2000	输入合法
	2017	输入合法
	2018	输入合法
	2019	输入的年份不合法,请重新输入
月	0	输入的月份不合法,请重新输入
	1	输入合法
	2	输入合法
	6	输入合法
	11	输入合法
	12	输入合法
	13	输入的月份不合法,请重新输入

【例 3.5】 根据给出的规格说明描述:"某程序读入 3 个整数,将这 3 个数值作为一个三角形的 3 条边的长度,3 条边的长度分别不大于 100。判断三角形类型并打印信息,说明

该三角形是一般三角形、等腰三角形还是等边三角形"。并采用边界值分析法设计相应的测试用例。

解 （1）确定输入条件及输入条件边界点。

三角形的输入变量有 3 个，分别记为 a、b、c。由于 3 条边的长度均为整数且不大于 100，所以 a、b、c 的取值分别为 1≤a≤100,1≤b≤100,1≤c≤100。因此，a、b、c 的左边界点为 1，右边界点为 100。

（2）划定边界邻域 delta。

根据 a、b、c 的边界，取值为 0,1,2,99,100,101。

（3）每个边界对应 3 个测试数据，采用单边界设计测试用例。

让 a、b、c 中的 1 个变量取边界值，其余变量取正常值，对不同的变量重复该过程。采用边界值分析法设计的测试用例如表 3-9 所示。

表 3-9　采用边界值分析法设计的测试用例

测试用例编号	输入数据			预期结果
	A	B	C	
1	0	50	50	不能构成三角形
2	1	50	50	等腰三角形
3	2	50	50	等腰三角形
4	99	50	50	等腰三角形
5	100	50	50	不能构成三角形
6	101	50	50	不能构成三角形
7	50	0	50	不能构成三角形
8	50	1	50	等腰三角形
9	50	2	50	等腰三角形
10	50	99	50	等腰三角形
11	50	100	50	不能构成三角形
12	50	101	50	不能构成三角形
13	50	50	0	不能构成三角形
14	50	50	1	等腰三角形
15	50	50	2	等腰三角形
16	50	50	99	等腰三角形
17	50	50	100	不能构成三角形
18	50	50	101	不能构成三角形
19	50	50	50	等边三角形

3.4　边缘测试

在 ISTQB(国际软件测试资质认证委员会,2012)中描述了边界值分析法和等价类测试的混合动力,命名为"边缘测试"。我们通常结合等价类划分法和边界值分析法对软件的相关输入域进行分析,常见的分析域包括整数、实数、字符、字符串、日期、时间、货币等。

假设需要测试一个停车场系统,需要输入车辆进场的时间。这里就涉及时间作为分析域。综合应用等价类和边界值对时、分、秒的输入范围进行分析。在思考该问题时,需要考虑时间的格式问题。如果采用 12 小时制,那么 13：00：00 就是一个无效值。如果采用 24 小时制,那么 13：00：00 就是一个有效值,而 25：00：00 就是一个无效值。若时间表示为 HH：MM：SS,则 12 小时制时、分、秒的等价类划分如表 3-10 所示。

表 3-10　12 小时制时、分、秒的等价类划分

输入类别	有效等价类	编号	无效等价类	编号
时	$0 \leqslant H \leqslant 12$	1	$H < 0$	4
			$H > 12$	5
分	$0 \leqslant M \leqslant 60$	2	$M < 0$	6
			$M > 60$	7
秒	$0 \leqslant S \leqslant 60$	3	$S < 0$	8
			$S > 60$	9

根据表 3-10 所划分的等价类,可以得到时、分、秒的边界,能进行边界值的选取。

H 的边界值为:$-1,0,1,11,12,13$;

M 的边界值为:$-1,0,1,59,60,61$;

S 的边界值为:$-1,0,1,59,60,61$。

采用等价类划分法得到的有效等价类和无效等价类涉及相应的测试用例,而采用边界值分析法得到的边界值也涉及相应的测试用例。

3.5　判定表法

在实际的程序实现过程中,某些操作依赖于多个逻辑条件的取值。这些逻辑条件的取值可以组合成多种情况,不同的情况下执行不同的操作。在处理这类问题时,判定表(即决策表,decision table)是一种非常有力的分析、表达工具。

判定表将复杂的问题按照各种可能的情况全部列举出来,简明扼要,避免了遗漏。使用判定表法可以设计出完整的测试用例集合。判定表在逻辑上最严格,因此,在所有功能性测试方法中,基于判定表的测试方法是最严格的。

3.5.1　判定表的组成

判定表是把作为条件的所有输入的各种组合值以及对应的输出值都罗列出来而形成的

表格。通过判定表可以设计出完整的测试用例集合。判定表结构通常由 4 个部分组成,如表 3-11 所示。

表 3-11　判定表结构

桩	规则
条件桩	条件项
动作桩	动作项

1. 条件桩

条件桩(condition stub)列出了问题的所有条件。通常认为列出的条件的次序无关紧要。

2. 动作桩

动作桩(action stub)列出了问题规定可能执行的操作。这些操作的排列顺序没有约束。

3. 条件项

条件项(condition entry)针对条件桩给出的条件列出所有可能的取值。

4. 动作项

动作项(action entry)列出了在条件项的各组取值情况下应该采取的动作。

动作项和条件项联系紧密,动作项指明在条件项的各组取值情况下应采取的动作。任何一个条件组合的特定取值及其相应要执行的操作称为规则。在判定表中贯穿条件项和动作项的一列就是一条规则。规则表明在规则的各条件项指示的条件下要采取动作项中的行为。显然,判定表中列出多少个条件取值,就有多少条规则,即条件项和动作项有多少列。

通过表 3-12 所示的判定表实例来说明判定表各部分的含义。

表 3-12　判定表实例

桩	规则 1	规则 2	规则 3	规则 4	规则 5	规则 6	规则 7
条件 1	T	T	T	T	F	F	F
条件 2	T	T	F	F	T	F	F
条件 3	T	F	T	F	—	T	F
动作 1	√		√	√			
动作 2	√				√	√	
动作 3		√		√		√	
动作 4							√

在表 3-12 所给出的判定表中,规则 1 表示如果条件 1、条件 2、条件 3 分别为真,则采取动作 1 和动作 2;规则 2 表示如果条件 1 和条件 2 为真,条件 3 为假,则采取动作 3。

在表 3-12 的规则 5 中,条件 3 用"—"表示,意味着条件 3 为不关心条目。不关心条目表示"条件无关"或"条件不适用"。在规则 5 中,如果条件 1 为假、条件 2 为真,则采取动作 2,与条件 3 的真假无关(或者条件 3 不适用)。

实际使用判定表时,通常要将其化简。化简工作是以合并相似规则为目标。若表中有两条或者多条规则具有相同的动作,并且条件项之间存在极为相似的关系,便可设法将其合并。例如,在图 3-15(a)中,左端的两条规则的动作项一致,条件项中的前两项取值一致,只有第三个条件取值不同。在这种情况下,当第一个条件取值为真、第二个条件取值为假时,无论第三个条件取何值,都要执行相同的操作。即要执行的动作与第三个条件项的取值无关。于是,可以将这两条规则合并,合并后的第三个条件项用特定的符号"—"表示与取值无关。在 3-15(b)图中,左端两条规则的动作项一致,条件项中第一项和第三项取值一致,只有第二个条件取值不同,即规则 3 的第二个条件是无关条件,规则 4 的第二个条件取值为假,也就是在这种情况下,无论第二个条件取什么值,都会执行相同的操作,因此可以将两条规则合并,合并后第二个条件项也使用特定的符号"—"表示与取值无关。

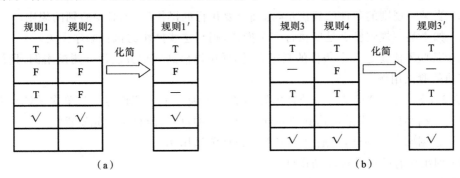

图 3-15 规则合并

3.5.2 基于判定表的测试

当使用判定表法的时候,需要标识测试用例。通常,我们把条件解释为程序的输入,把动作解释为程序的输出。测试时,有时条件最终引用输入的等价类、动作引用被测程序的主要功能来处理,这时规则就解释为测试用例。由于判定表的特点可以保证我们能够取到输入条件的所有可能的条件组合值,因此可以做到测试用例的完整集合。

使用判定表进行测试时,首先需要根据软件需求规格说明书建立判定表。在设计判定表时,一般包括以下步骤。

(1)确定规则的条数。

(2)列出所有的条件桩和动作桩。

(3)填入条件项。

(4)填入动作项。

(5)简化判定表,合并相似规则(相同动作)。

对于具有 n 个条件的判定表,相应地有 2^n 条规则(每个条件分别取真值和假值),当 n 较大时,判定表会很烦琐。实际使用判定表时,常常先将它化简。判定表的化简工作是以合并相似规则为目标,若表中有两条以上规则具有相同的动作,并在条件项之间存在极为相似的关系,则可以合并相似规则。

判定表对于有 if-else 或 switch-case 语句的程序,设计测试用例时非常有帮助。判定表是一种理清思路的工具,比流程图更为直观,可以写出符合软件需求规格说明的测试用例。

3.5.3 基于判定表测试的指导方针

判定表能将复杂的问题按照各种可能的情况全部列举出来，简明扼要，避免了遗漏。但是，判定表不能描述重复执行的动作，例如循环结构。

与其他测试技术一样，基于判定表的测试对于某些应用程序很有效，而对于另一些应用程序却不适用。B. Beizer 指出了适合使用判定表法设计测试用例的条件，如下。

（1）易得到判定表。

（2）与条件的排列顺序无关。

（3）与规则的排列顺序无关。

（4）当某一规则的条件已经满足，并确定要执行的操作后，不必检验别的规则。

（5）如果某一规则已满足要执行多个操作，则与这些操作的执行顺序无关。

对于某些不满足这几个条件的判定表，同样可以借助这种方法设计测试用例，只是需要增加其他的测试用例。

【例 3.6】 某计算机销售系统订单处理的需求为："……VIP 客户且单次采购台数在 5 台及以上，或者对于单次采购达到 20000 元及以上的订单，应显示优先发货"。

解 根据问题的描述，可通过判定表法设计测试用例。

（1）列出所有的条件桩和动作桩。

根据输入条件和输出结果，分析出以下条件桩和动作桩。

条件桩：① VIP 客户；② 单次采购在 5 台及以上；③ 单次采购达到 20000 元及以上。

动作桩：① 显示优先发货；② 不显示。

（2）确定规则的条数。

本例有 3 个输入条件，每个条件的取值可以取到"是"或"否"，因此有 $2^3=8$ 条规则。

（3）填入条件项。

在填写条件项时，可以将各个条件取值的集合做笛卡儿积，以得到每一列条件项的取值。本题的计算为 $\{Y,N\}\times\{Y,N\}\times\{Y,N\}=\{<Y,Y,Y>,<Y,Y,N>,<Y,N,Y>,<Y,N,N>,<N,Y,Y>,<N,N,Y>,<N,Y,N>,<N,N,N>\}$。笛卡儿积所得集合中的一个元素就是一列条件项，根据条件项取值填入判定表中。

（4）填入动作桩和动作项。

根据条件项的取值，获得对应的动作项，并填入判定表中，如表 3-13 所示。

表 3-13 判定表

规则		1	2	3	4	5	6	7	8
条件	VIP 客户	Y	Y	Y	Y	N	N	N	N
	单次采购在 5 台及以上	Y	Y	N	N	Y	N	Y	N
	单次采购达到 20000 元及以上	Y	N	Y	N	Y	Y	N	N
动作	显示优先发货	√	√	√		√	√		
	不显示				√			√	√

（5）化简。

由表 3-13 中可以直观地看出规则 1 和规则 2 的动作项相同,第一个条件项和第二个条件项的取值相同,只有第三个条件项的取值不同,满足合并的原则。合并时,第三个条件项则为无关条目,用"—"表示。同样,规则 5 和规则 6 中的动作项相同,第一个条件项和第三个条件项相同,第二个条件项的取值不同,也满足合并规则,可以合并。同理,规则 7 和规则 8 的也可以合并。合并后得到的简化后的判定表如表 3-14 所示。

表 3-14　简化后的判定表

	规　　　则	1	2	3	4	5
条件	VIP 客户	Y	Y	Y	N	N
	单次采购在 5 台及以上	Y	N	N	—	—
	单次采购达到 20000 元及以上	—	Y	N	Y	N
动作	显示优先发货	√	√		√	
	不显示			√		√

（6）根据简化后的判定表设计测试用例,每一列设计一个相应的测试用例,如表 3-15 所示。

表 3-15　测试用例表

测试用例编号	输入数据			预 期 结 果
	VIP 客户	单次采购数/台	单次采购金额/元	
1	是	6	58888	显示优先发货
2	是	3	60000	显示优先发货
3	是	3	2888	不显示
4	否	3	2888	不显示

3.6　因果图法

等价类划分法和边界值分析法都是从输入条件方面进行考虑的,若输入条件之间没有什么联系,采用等价类划分法和边界值分析法都是比较有效的方法,即这两种方法并没有考虑到输入条件之间的各种组合和相互制约关系。若把所有可能组合的输入条件划分为等价类,则需要考虑的情况非常多,因此,需要一种适合描述多种条件组合的方法来设计测试用例。因果图法适用于多种组合情况产生多个相应动作的情形。

3.6.1　因果图法的基本概念

因果图法是从程序规格说明的描述中找出输入条件(即为因)和输出条件或程序状态的变化(即为果),将各自的原因和结果根据语义说明相连接,将用自然语言书写的内容转换为图形表示形式。在较为复杂的问题中,因果图法能够帮助我们确定测试用例。因果图法可以帮助测试人员按照一定的步骤,高效率地开发测试用例,检测程序输入条件的各种组合情况,因果图法是将自然语言规格说明转化成形式语言规格说明的一种严格的方法,还可以指出规格说明中存在的不完整性和二义性。

因果图法使用了简单的逻辑符号。在因果图中,以直线连接左右节点。左节点表示输入状态(原因),右节点表示输出状态(结果)。图 3-16 所示的为因果图的 4 种关系,其中 c_i 表示原因,通常放置在图的左部;e_i 表示结果,通常放置在图的右部。c_i 和 e_i 均可取值"0"或"1","0"表示某状态不出现,"1"表示某状态出现。

因果图包含以下 4 种关系。

(1) 恒等。若 c_i 为 1,则 e_i 也为 1;若 c_i 为 0,则 e_i 也为 0。

(2) 非。若 c_i 为 1,则 e_i 为 0;若 c_i 为 0,则 e_i 为 1。

(3) 与。若 c_1 和 c_2 都为 1,则 e_1 为 1;否则 e_1 为 0。"与"可以有任意个输入。

(4) 或。若 c_1 或 c_2 为 1,则 e_1 为 1;若 c_1 或 c_2 都为 0,则 e_1 为 0。"或"可以有任意个输入。

实际情况中,输入状态、输出状态之间都可能存在某些依赖关系,称为"约束"。在因果图中,可以使用特定的符号表明输入/输出之间的约束关系。对于输入条件的约束有 E、I、O、R 4 种,对于输出条件的约束类型只有 M 1 种。输入/输出约束关系的图形符号如图3-17所示。设 c_1、c_2 和 c_3 表示不同的输入条件。

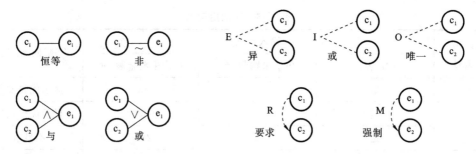

图 3-16　因果图的 4 种关系　　　　　图 3-17　输入/输出约束关系

● E(异):表示 c_1、c_2 中至多有一个可能为 1,即 c_1 和 c_2 不能同时为 1。

● I(或):表示 c_1、c_2 中至少有一个是 1,即 c_1、c_2 不能同时为 0。

● O(唯一):表示 c_1、c_2 中必须有一个且仅有一个为 1。

● R(要求):表示 c_1 为 1 时,c_2 必须为 1,即不可能 c_1 为 1 时 c_2 为 0。对于输出条件的约束只有 M 约束。

● M(强制):表示如果结果 e_1 为 1,则结果 e_2 强制为 0。

3.6.2　因果图法概述

在使用因果图设计测试用例时,可以采用以下步骤。

(1) 分析软件需求规格说明书中哪些是原因,哪些是结果。其中,原因常常是输入条件,或者原因是输入条件的等价类;结果常常是输出条件。然后给每个原因和结果赋予一个标识符,并且把原因和结果分别画出来,原因放在左边一列,结果放在右边一列。

(2) 分析软件规格说明书中的语义,找出原因与结果之间、原因与原因之间对应的关系,根据这些关系,将其表示成连接各自原因与各自结果的"因果图"。

(3) 由于受语法或环境的限制,有些原因与原因之间、原因与结果之间的组合情况不可能出现。为了说明这些特殊情况,可在因果图上使用一些记号标明约束或限制条件。

(4) 把因果图转换成判定表。首先将因果图中的各原因作为判定表的条件项,因果图中的各结果作为判定表的动作项。然后给每个原因分别取"真"和"假"两种状态,一般用"1"和"0"表示。最后根据各条件项的取值和因果图中表示的原因和结果之间的逻辑关系,确定相应的动作项的值,完成判定表的填写。

(5) 将判定表的每一列拿出来作为依据,设计测试用例。

因果图将自然语言规格说明书转化成形式语言规格说明书,采用了简单的逻辑符号来进行说明。因果图法具有以下优点。

(1) 考虑了输入情况的各种组合以及各输入情况之间的相互制约关系。

(2) 能够帮助测试人员按照一定的步骤,高效率地开发测试用例。

(3) 因果图法是将自然语言规格说明书转化成形式语言规格说明书的一种严格的方法,可以指出规格说明存在的不完整性和二义性。

【例 3.7】　程序的规格说明要求:输入的第一个字符必须是 A 或 B,第二个字符必须是一个数字,这种情况下再进行文件的修改;如果第一个字符不是 A 或 B,则给出信息 L;如果第二个字符不是数字,则给出信息 M。

分析　解题思路如下。

(1) 分析程序的规格说明,列出原因和结果。

(2) 找出原因与结果之间的因果关系、原因与原因之间的约束关系,并画出因果图。

(3) 将因果图转换成判定表。

(4) 根据(3)中的判定表,设计测试用例的输入数据和预期输出。

解 (1) 根据规格说明分析出原因和结果。

规格说明分析的原因和结果及其编号如表 3-16 所示。

表 3-16　原因和结果及其编号

原　因	结　果
c_1:第一个字符是 A	e_1:修改文件
c_2:第一个字符是 B	e_2:给出信息 L
c_3:第二个字符是一个数字	e_3:给出信息 M

(2) 绘制因果图。

根据分析的原因和结果绘制因果图。使用因果图的逻辑符号将原因、结果联系起来。绘制因果图时,需要考虑原因 c_1 和 c_2 不可能同时为真,因此需要添加一个约束条件 E。最终形成的因果图如图 3-18 所示。

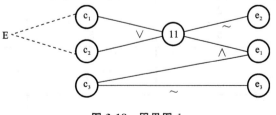

图 3-18　因果图 1

注:编号为11的中间节点是导出结果的进一步原因。

(3) 将因果图转换为判定表,如表 3-17 所示。

表 3-17 规格说明的判定表

	规 则	1	2	3	4	5	6	7	8
条件	c_1:第一个字符是 A	Y	Y	Y	Y	N	N	N	N
	c_2:第一个字符是 B	Y	Y	N	N	Y	Y	N	N
	c_3:第二个字符是一个数字	Y	N	Y	N	Y	N	Y	N
	11	—	—	Y	Y	Y	Y	N
动作	e_1:修改文件	/	/	√		√			
	e_2:给出信息 L	/	/					√	√
	e_3:给出信息 M	/	/		√		√		√

优化判定表。规则 1 和规则 2 中的条件 c_1 和 c_2 的取值同时为真,这种情况是不符合逻辑的,即第一个字母既为 A 又为 B,因此需要排除这两种情况。优化后的判定表如表 3-18 所示。

表 3-18 优化后的判定表

	规 则	1	2	3	4	5	6
条件	c_1:第一个字符是 A	Y	Y	N	N	N	N
	c_2:第一个字符是 B	N	N	Y	Y	N	N
	c_3:第二个字符是一个数字	Y	N	Y	N	Y	N
	11	Y	Y	Y	Y	N	N
动作	e_1:修改文件	√		√			
	e_2:给出信息 L					√	√
	e_3:给出信息 M		√		√		√

(4) 根据判定表设计测试用例。测试用例表如表 3-19 所示。

表 3-19 测试用例表

测试用例编号	规 则	输入数据	预期结果(输出)
1	1	A8	修改文件
2	2	AS	给出信息 M
3	3	B3	修改文件
4	4	B%	给出信息 M
5	5	W3	给出信息 L
6	6	WU	给出信息 L 给出信息 M

【例 3.8】 某计算机销售系统订单处理的需求为："……VIP 客户且单次采购台数在 5 台及以上,或者对于单次采购达到 20000 元及以上的订单,都应显示优先发货"。

解 (1)根据描述,分析出以下原因和结果。

原因:c_1 VIP 客户;

c_2 单次采购在 5 台及以上;

c_3 单次采购达到 20000 元及以上。

结果:E_1 显示优先发货;

E_2 不显示。

(2)找出原因和结果之间的对应关系。

① VIP 客户且单次采购台数在 5 台及以上,显示优先发货。

② 任何客户采购金额达到 20000 元及以上,显示优先发货。

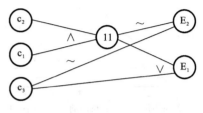

图 3-19 因果图 2

③ VIP 客户单次采购台数在 5 台以下或低于 20000 元的金额,则不显示。

(3)根据实际逻辑分析画出因果图。

(4)在得到因果图后,将因果图转化为判定表。

3.7 场景法

目前软件行业内的大多数业务软件基本都由用户管理、角色管理、权限管理、工作流等几个部分构成。作为被测对象的终端用户,期望被测对象能够实现其业务需求,而不是简单的功能组合。因此针对单点功能利用等价类划分法、边界值分析法、判定表法等用例设计方法能够解决大部分问题,但涉及业务流程的软件系统,采用场景法比较恰当。

现在的软件几乎都是使用事件触发来控制流程,事件触发的情景便形成了场景,而同一事件不同的触发顺序和处理结果就形成了事件流。这一系列过程可以利用场景法描述清楚。场景法是采用 Rational 公司的 RUP 开发模式所提倡的测试用例思想。这种软件设计方面的思想也可以引入软件测试中,可以比较生动地描绘出事件触发时的情景。如果软件需求规格说明书是采用 UML 的用例设计,那么设计测试用例可以采用将系统用例影射成测试用例的方法,从而使测试用例更容易理解和执行。通过运用场景来对系统的功能点或业务流程进行描述,可提高测试效率。

场景法一般包含基本流和备选流(见图 3-20),从一个流程开始,通过描述经过的路径来确定过程,通过遍历所有的基本流和备选流来完成整个场景。

基本流是基本事件流,它是从系统的某个初始状态开始,经一系列状态后,到达最终状态的一个业务流程,并且是最主要、最基本的一个业务流程。备选流就是备选事件流,它是以基本流为基础,在基本流所经过的每个判定节点处满足不同的触发条件而导致的其他事件流。

场景则可以看成是基本流与备选流的有序集合。一个场景中至少应包含一条基本流。在图 3-20 中,基本流表示正常的开始及结束,备选流 1 表示分支结构,备选流 3 表示循环结

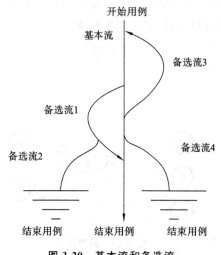

图 3-20　基本流和备选流

构,备选流 2、备选流 4 表示进入了某一分支,以其他方式结束。根据图 3-20 中每条经过的可能路径,从基本流开始,再经过基本流、备选流的综合,可以确定不同的用例场景如下。

场景 1:基本流。

场景 2:基本流—备选流 1—基本流。

场景 3:基本流—备选流 1—备选流 2。

场景 4:基本流——备选流 3——基本流。

场景 5:基本流——备选流 3——备选流 1——基本流。

场景 6:基本流——备选流 3——备选流 1——备选流 2。

场景 7:基本流——备选流 3——备选流 4。

场景 8:基本流——备选流 4。

确定场景时需关注流程的入口,重复的节点不可作为新的场景,每个场景应包含从未包含的节点。

使用场景法设计测试用例的基本设计步骤如下。

(1) 根据需求规格说明,描述出程序的基本流及各项备选流。

(2) 根据基本流和各项备选流生成不同的场景,绘制场景流程图。

(3) 将每个场景生成相应的测试用例。

(4) 重新复审生成的所有测试用例,去掉多余的测试用例,测试用例确定后,再确定每一个测试用例的测试数据值。

【例 3.9】　用户进入某网上计算机销售系统在线购买计算机。选择心仪的计算机后,直接进行在线购买。购买时需要使用账号登录,登录成功后进行付款交易。系统有两个测试账户:账户 1 为 lisi,密码为 li12345,账户余额为 4000 元;账户 2 为 wangwu,密码为 wang12345,账户余额为 1000 元。交易成功后,生成订单,完成购物过程。

分析　采用场景法对该业务流程进行测试。首先确定基本流和备选流。基本流与备选流如表 3-20 所示。

表 3-20　基本流和备选流

基本流	用户进入计算机销售系统,选择计算机,登录,直接付款购买,生成购物订单
备选流 1	账户不存在或者错误
备选流 2	密码错误
备选流 3	账户余额不足

在确定基本流和备选流之后,再确定场景,场景表如表 3-21 所示。

场景确定以后,再设计测试用例,每个场景都需要测试用例来执行。场景法测试用例如表 3-22 所示。

表 3-21 场景表

场景 1	购物成功	基本流	
场景 2	账户不存在或者错误	基本流	备选流 1
场景 3	账户密码错误(剩余 3 次机会)	基本流	备选流 2
场景 4	账户密码错误(剩余 0 次机会)	基本流	备选流 2
场景 5	账户余额不足,请选择其他支付方式	基本流	备选流 3

表 3-22 场景法测试用例

用例编号	场景	账户	密码	余额	商品价格	预期结果
1	场景 1:购物成功	lisi	li12345	4000	3800	购物成功
2	场景 2:账户不存在或者错误	zhang	li12345			提示:账户不存在或者错误
3	场景 3:账户密码错误(剩余 3 次机会)	lisi	li	—	—	提示:账户密码错误(剩余 3 次机会)
4	场景 4:账户密码错误(剩余 0 次机会,账户锁定)	lisi	12345	—	—	提示:账户密码错误,账户锁定
5	场景 5:账户余额不足,请选择其他支付方式	wangwu	wang12345	1000	3800	提示:账户余额不足,请选择其他支付方式

3.8 其他黑盒测试方法

3.8.1 错误推测法

错误推测法是一种依赖于直觉和经验的测试用例设计方法。错误推测法通过基于经验和直觉推测程序中可能产生的各种错误,有针对性地设计测试用例。由于测试的不完备性,测试人员的经验和直觉能对测试的不完整性做出很好的补充。

使用错误推测法进行测试时,首先罗列出可能出现的错误,形成错误模型,然后设计测试用例覆盖所有的错误模型。

错误推测法简单易行,但是具有较大的随意性,比较依赖于测试人员的经验,因此更多地作为一种辅助的黑盒测试方法来使用。

3.8.2 正交表法

随着程序规模越来越庞大,程序逻辑也越来越复杂,采用因果图法进行测试时,因果关系也会很复杂,从而会使得到的测试用例数目非常多,这样会给软件测试带来沉重的负担。正交表法是一种能有效减少测试用例个数的设计方法。

依据 Galois 理论,正交试验设计法是从大量的试验数据中挑选适量的、有代表性的点,从而合理地安排测试的一种科学的试验设计方法,是研究多因子(因素)、多水平(状态)的一种试验设计方法。正交试验设计法是根据试验数据的正交性从试验数据中挑选出部分有代表性的点进行试验,而这些点具备整齐可比,均匀分散的特点。正交试验设计法是一种基于正交表的、高效率的、快速的、经济的试验设计方法。

我们通常把所有参与试验、影响试验结果的条件称为因子,影响试验因子的取值或输入称为因子的水平。

与传统的测试用例设计方法相比,正交表法利用数学理论来大大减少测试组合的数量。在判定表、因果图测试用例设计方法中,基本都是通过 mn 进行排列组合。使用正交试验设计法,需考虑参与因子具备整齐可比,均匀分散的特性,保证每个试验因子及其取值都能参与试验,降低了人为测试习惯导致覆盖率低及冗余测试用例的风险。

(1)整齐可比。

在同一张正交表中,每个因子的水平出现的次数完全相同。在正交试验设计法中,每个因子的水平与其他因子的水平参与试验的概率完全相同,这就保证了在每个因子的水平中最大限度地排除了其他因子的水平的干扰。因此,能最有效地进行比较和做出展望,容易找到好的试验条件。

(2)均匀分散。

在同一张正交表中,任意两列(两个因子)的水平搭配(横向形成的数字对)是完全相同的,这就保证了试验条件均衡地分散在因素水平的完全组合之中,因而具有很强的代表性,容易得到好的试验条件。

通常,一般用 L 代表正交表,常用的正交表有 $L_8(2^7)$、$L_9(3^4)$、$L_{16}(4^5)$、$L_8(4\square 2^4)$ 等。

对于 $L_i(m^n)$ 来说,n 表示此正交表列的数目(最多可安排的因子数);m 代表因子的水平数;8 代表行的数目(试验次数)。如 $L_8(4\square 2^4)$ 表示有 4 列是 2 水平的,有 1 列是 4 水平的,用其来安排试验,做 8 个试验最多可以考查 1 个 4 水平因子和 4 个 2 水平因子。

在实际测试工作中,经常出现组合条件多、每个条件的取值项多的情况,例如对打印选项进行测试,需要测试的内容包括以下几项。

(1)按打印范围分:全部、当前幻灯片、给定范围。

(2)按打印内容分:幻灯片、讲义、备注页、大纲视图。

(3)按打印颜色/灰度分:彩色、灰度、黑白。

(4)按打印效果分:幻灯片加框和幻灯片不加框。

若每一项都测试到,则测试组合数会很多;如果按照传统的测试方法,如因果图法,则会增加测试工作量。因此,可以通过确定影响功能的因子与水平来选择合适的正交表。对于因子数、水平数较高的情况下,测试组合数会比较多,正交表法可以大大减少测试用例数,减少工作量。

当使用正交试验设计法设计用例时,通常可能会遇到以下几种情况。

(1)测试输入参数个数及取值与正交试验表的因子数刚好符合。

分析被测对象的需求后,如果测试输入参数个数及取值恰好等于正交试验表的因子及水平数,则可直接套用正交表,然后根据经验补充用例即可。

(2)测试输入参数个数与正交试验表的因子数不符合。

如果测试输入参数个数大于或小于正交试验表的因子数,则选择正交表中因子数大于输入参数的正交表,多余的因子可抛弃不用。

(3) 测试输入参数个数及取值与正交试验表的水平数不符合。

如果测试输入参数个数及取值大于或小于正交试验表的水平数,则选择正交表中因子数及水平数均大于测试输入参数且总试验次数最少的正交表,多余的因子可抛弃不用,多余的水平可均分参与试验。

由于正交表法能借助正交试验表快速得到测试组合,通常用在组合查询、兼容性测试、功能配置等方面,因此在软件测试用例设计中有着广泛的应用。但该方法也有一定的弊端,因其从数学公式引申而来,可能在实际使用过程中无法考虑输入参数相互组合的实际意义,因此使用时需结合业务实际情况做出判断,删除无效的数据组合,补充有效的数据组合。

【例 3.10】 某网上计算机销售系统的功能界面包含功能客户姓名、联系电话、通信地址 3 个查询字段,每个查询条件有输入数据和不输入数据 2 种情况,根据正交试验法设计相应的测试用例。

分析　网上计算机销售系统的功能界面有 3 个查询字段,如果从经验测试的角度来看,可测试 2 种情况,即 3 个查询字段都不输入和都输入的情况。如果从全排列的角度考虑,可设计 2^3,即个用例进行覆盖。但如果测试条件增加,测试用例数将会很庞大,测试效率也无法保证。若仅根据经验进行测试,则可能因为测试工程师的喜好,造成测试遗漏。因此,采用正交试验法可降低此类风险。

(1) 根据需求获取因子及水平。

根据被测对象的需求描述,获取输入条件及每个条件可能的取值。如果取值较多,可先使用等价类划分法及边界值分析法进行优化。本题有 3 个查询字段,每个查询条件有 2 种情况,可称为 3 因子 2 水平。

(2) 根据因子数及水平数选择正交表。

由分析(1)可知,被测对象所需的正交表为 3 因子 2 水平。从数理统计等相关书籍及正交试验网站中查找得知有符合 3 因子 2 水平的正交表,如表 3-23 所示。如果预估正交表与实际正交表不相符,则选择因子及水平大于预估正交表,且试验次数最少的正交表。

表 3-23　正交表

试验因子	水平		
	1	2	3
1	1	1	1
2	1	2	2
3	2	1	2
4	2	2	1

(3) 替换因子与水平,获取试验次数。

将输入项及取值正交表替换,获取试验次数,替换后的表格如表 3-24 所示。

表 3-24　试验次数替换表

试验次数	输入条件		
1	客输姓名	联籍电话	通输地址
2	输入	不输入	不输入
3	不输入	输入	不输入
4	不输入	不输入	输入

（4）根据经验补充试验次数。

正交表法的试验次数是通过数学方法推导出来的，虽然保证了每个参与试验的因子与水平取值均匀地分布在试验数据中，但并不能代表全部业务的情况，所以仍需根据测试经验补充一些用例。针对例 3.10，发现 3 因子 2 水平正交表并不包含每个因子取 2 值的试验，故需补充该用例，调整后的表格如表 3-25 所示。

表 3-25　调整后的表格

试验次数	输入条件		
	客户姓名	联系电话	通信地址
1	输入	输入	输入
2	输入	不输入	不输入
3	不输入	输入	不输入
4	不输入	不输入	输入
5	不输入	不输入	不输入

这样，如果使用全排列测试方法得到的用例将是 2^3 共 8 个用例，如果使用正交表法，8 个用例减少至 5 个，同样能保证测试效果，但测试用例数量大大减少。

（5）细化输出测试用例。

根据优化后的正交表，每行一次试验数据构成一条测试规则，在此基础上利用等价类划分法及边界值分析法细化测试用例。

3.8.3　功能图法

程序的功能说明通常由动态说明和静态说明组成。动态说明用于描述输入数据的次序或者转移的次序；静态说明用于描述输入条件与输出条件之间的对应关系。对于较复杂的程序来说，由于存在大量的组合情况，因此，仅使用静态说明是不够的，还要使用动态说明来补充功能说明。功能图法就是为了解决动态说明问题的一种测试用例的设计方法。

1. 功能图法概述

功能图法是用功能图形象地来表示程序的功能说明，并机械地生成功能图的测试用例。功能图由状态转移图（state transition diagram，STD）和逻辑功能模型（logic function model，LFM）构成。

状态转移图用于描述系统状态变化的动态信息——动态说明，即由状态和迁移来描述，状态用于指出数据输入的位置(或时间),而迁移则用于指明状态的变化。例如用户在登录时输入用户名和密码,若输入正确,则表示登录成功,此时变为成功状态,然后进入下一个状态;若输入错误在 5 次以内,则提示重新输入,此时变为等待状态;若输入错误超过 5 次,则表示登录失败,此时变为失败状态;若用户想要找回密码,则点击"忘记密码",此时变为新的等待状态。在该场景中,状态转移图如图 3-21 所示。

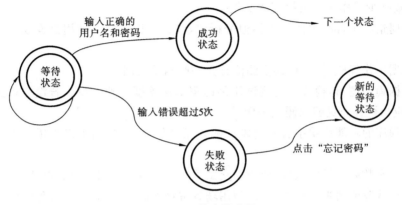

图 3-21 状态转移图

逻辑功能模型用于表示状态中输入条件和输出条件之间的对应关系。逻辑功能模型只适合描述静态说明,输出数据仅由输入数据决定。测试用例则是由测试中经过的一系列状态和在每种状态中必须依靠输入/输出数据满足的一对条件组成。

2. 使用功能图法生成测试用例

在生成测试用例时,可以用节点代替状态,用弧线代替迁移,状态转移图就可以直接转化为一个程序的控制流程图。功能图生成测试用例的过程如下。

(1)生成局部测试用例。在每种状态下,从因果图生成局部测试用例。局部测试库由输入数据(原因值)组合与对应的输出数据或者状态(结果值)构成。

(2)生成测试路径。利用(1)规则生成从初始状态到最后状态的测试路径。

(3)合成测试用例。合成测试路径与功能图中每个状态的局部测试用例。结果是初始状态到最终状态的一个状态序列,以及每种状态中输入数据与对应的输出数据组合。

(4)采用条件构造树算法进行测试用例的合成。

3.8.4 黑盒测试方法的选择

随着系统功能的多样化,系统设计越来越复杂,测试用例管理的设计方法也不是单独存在的,具体到每个测试项目里,都会用到多种方法。对于不同类型软件所具备的特点,所采用的测试用例设计方法也不尽相同,各有特点。实际测试过程中,只有综合使用各种测试方法,才能有效提高测试效率和测试覆盖度。

如何评价当前选择的测试方法呢? 首先,测试用例的覆盖度要高。覆盖度指的是对需求以及风险的覆盖能够达到多少。软件测试是以需求为中心的,因此,测试用例的设计也需要以需求为中心,并且测试用例应覆盖功能需求以及软件中的高风险。软件中的高风险指的是可能因为测试的不完备而导致软件缺陷，从而对软件产生严重影响。因此，设计测试用例时需要发现特定的缺陷，确保风险被覆盖。其次，测试用例的数量要少，并且测试用例的冗余度应低，缺陷定位能力应高。最后，需要测试方法的复杂度低，使得测试经济可行。

在选择测试方法时，可以遵循以下综合策略。

（1）进行等价类划分，包括输入条件和输出条件的等价划分，将无限测试变成有限测试，可以有效减少工作量以及提高测试效率。

（2）任何情况下都必须使用边界值分析法，该方法设计的测试用例发现程序错误的能力最强。

（3）根据工作经验，使用错误推测法补充一些测试用例。

（4）根据程序逻辑，检查当前测试用例的逻辑覆盖度达到多少。若没有达到覆盖标准的要求，则应当再补充足够的测试用例。

（5）若程序的功能说明中有较清晰的输入条件组合情况，则可以采用因果图法和判定表法。

（6）对于参数配置类的软件，使用正交试验法选择较少的组合方式能达到最佳效果。

（7）对于业务流清晰的软件，可以使用场景贯穿测试，再综合使用各种测试方法。

3.9　小结

黑盒测试通过系统的输入以及预期的输出来验证功能是否正确。黑盒测试的进行，需要采取一定的方法、策略来保证软件测试有组织、有计划地进行，以保证软件质量。

本章介绍了黑盒测试中的等价类划分法、边界值分析法、判定表法、因果图法、场景法、错误推测法、正交表法和功能图法。通过具体的例子展示了各种黑盒测试方法设计测试用例的过程。

等价类划分法是将程序的输入划分为若干部分，然后选取每一部分的代表数据作为测试用例进行测试，从而减少测试用例的数量，提高测试效率。

边界值分析法通过选择边界附近的数据进行测试，来验证系统功能是否能够正常运行。判定表法是最严格的测试方法，通过将作为条件的所有输入的各种组合值以及对应的输出值罗列出来而形成的表格，设计出完整的测试用例。

因果图法是从使用自然语言书写的程序规格说明描述中找出因果之间的关系，绘制出因果图，然后通过因果图转换为判定表。

场景法是针对业务流程的软件系统，通过运用场景来对系统的功能点或业务流程进行描述，以提高测试效果。

错误推测法是基于软件测试人员的经验和直觉对被测程序中有可能存在的错误进行推测，这种方法严重依赖软件测试人员的经验，可以有针对性地设计测试用例。

正交表法能借助正交试验表快速得到测试组合，通常用在组合查询、兼容性测试、功能配置等方面。

功能图法是为了解决动态说明问题的一种测试用例的设计方法。

实际测试过程中，对于不同类型软件所具备的特点，所采用的测试用例设计方法也不尽相同,各有特点。只有综合使用各种测试方法,才能有效提高测试效率和测试覆盖度。

习题 3

一、选择题

1. 以下描述中,正确的是( )。

A. 设计测试用例时,应优先考虑测试没有冗余

B. 设计测试用例时,不仅要考虑对需求的覆盖,还应考虑对风险的覆盖

C. 在数据可以穷尽的情况下,如果能保证测试用例覆盖所有数据,就可以确保测试没有风险

D. 设计测试用例的目的是要确保执行测试后能找到出错原因

2. 在某个等价类中取测试数据的时候,( )。

A. 取非边界值　　　　　　　　　　　　B. 取边界值

C. 随便取值,不考虑是否是边界值　　　D. 边界和非边界值都要取

3. 以下描述中,错误的是( )。

A. 随着边界点的增加,边界值分析法可能得到数量庞大的测试用例

B. 通过使用边界值分析法,不一定能保证测试对系统边界的全覆盖

C. 如果要设计一个计算 100 以内所有质数的函数,从输入来看,则该函数涉及的边界点仅有 0 和 100

D. 任何情况下都可以使用边界值分析法设计测试用例

4. 以下关于黑盒测试的测试方法选择叙述中,不正确的是( )。

A. 任何情况下都要采用边界值分析法

B. 必要时由等价类划分法补充测试用例

C. 可以用错误推测法追加测试用例

D. 如果输入条件之前不存在组合情况,则采用因果图法

5. 根据输出对输入的依赖关系设计测试用例的黑盒测试方法是( )。

A. 等价类划分法　　B. 因果图法　　　C. 边界值分析法　　　D. 场景法

6. 以下关于边界值分析法的叙述中,不正确的是( )。

A. 边界值分析法仅考虑输入域边界,不用考虑输出域边界

B. 边界值分析法是对等价类划分法的补充

C. 错误更容易发生在输入/输出边界上而不是输入/输出范围的内部

D. 测试数据应尽可能选取边界上的值

7. 在某高校学籍管理系统中,假设学生年龄的输入范围是 16~40,则根据黑盒测试中的等价类划分技术,下面划分正确的是( )。

A. 可以划分为 2 个有效等价类,2 个无效等价类

B. 可以划分为 1 个有效等价类,2 个无效等价类

C. 可以划分为 2 个有效等价类,1 个无效等价类

D. 可以划分为 1 个有效等价类,1 个无效等价类

8. 采用边界值分析法,假定 X 为证书,10≤X≤100,那么 X 在测试中应该取( )边界值。

A. X=10,X=100

B. X=9,X=10,X=100,X=101

C. X=10,X=11,X=99,X=100

D. X=9,X=10,X=50,X=100

二、填空题

某航空公司的会员卡分为普卡、银卡、金卡和白金卡 4 个级别,会员每次搭乘该航空公司的航班均可能获得积分,积分规则如表 3-26 所示。此外银卡及以上级别会员有额外积分奖励,奖励规则如表 3-27 所示。公司开发了一个程序来计算会员每次搭乘航班累积的积分,程序的输入包括会员的级别 B、舱位代码 C 和飞行公里数 K,程序的输出为本次积分 S。其中 B 和 C 字母的大小写不敏感,K 为正整数,S 为整数(小数部分四舍五入)。

表 3-26 积分规则

舱位	舱位代码	积分
头等舱	F	200% * K
	Z	150% * K
	A	125% * K
公务舱	C	150% * K
	D/I	125% * K
	R	100% * K
经济舱	Y	125% * K
	B/H/K/L/M/W	100% * K
	Q/X/U/E	50% * K
	P/S/G/O/J/V/N/T	0

表 3-27 额外积分奖励规则

会员级别	普卡	银卡	金卡	白金卡
级别代码	F	S	G	P
额外积分奖励	0%	10%	25%	50%

(1) 采用等价类划分法对该程序进行测试,等价类表如表 3-28 所示,请补充空①～⑦。

表 3-28 等价类表

输 入 条 件	有 效 等 价 类	编号	无 效 等 价 类	编号
会员等级 B	F	1	非字母	12
	S	2	非单个字母	13
	G	3	⑤	14
	①	4		

续表

输入条件	有效 等价类	编号	无效等价类	编号
	F	5	非字母	15
	②	6	⑥	16
舱位代码 C	③	7		
	R/B/H/K/L/M/W	8		
	Q/X/U/E	9		
	P/S/G/O/J/V/N/T	10		
飞行公里数 K	④	11	非整数	17
			⑦	18

（2）根据表 3-28 所示的等价类表设计的测试用例，请补充表 3-29 中的空①～⑬。

表 3-29　测试用例表

测试用例编号	输入数据			预期结果 S	覆盖等价类
	B	C	K		
1	F	F	500	①	1,5,11
2	S	Z	②	825	2,6,11
3	G	A	500	781	③
4	P	④	500	750	4,8,11
5	⑤	Q	500	250	1,9,11
6	F	P	500	⑥	1,10,11
7	⑦	P	500	N/A	12,10,11
8	⑧	F	500	N/A	13,5,11
9	A	Z	500	N/A	14,6,11
10	S	⑨	500	N/A	2,15,11
11	S	⑩	500	N/A	2,16,11
12	S	Q	⑪	⑫	2,9,17
13	S	P	⑬	N/A	2,10,18

三、综合题

1. 对 QQ 登录界面（见图 3-22）进行测试，QQ 账号的要求为 5～10 位自然数。采用等价类划分法进行测试。

2. 有一个小程序，能够求出 3 个在 0～9999 之间的整数中的最大者，请使用边界值分析法设计测试用例。

3. 假定有一台 ATM 机允许提取金额的增量为 100 元，总金额为从 100～20000 元不

图 3-22　QQ 登录界面

等的现金。请结合等价类划分法和边界值分析法进行测试。

4．什么是黑盒测试？有哪些常用的黑盒测试方法？

5．自动贩卖机的程序说明如下：该程序能够处理单价为 2 元的饮料。若投入 2 元，并选择"绿茶"、"矿泉水"、"可乐"按钮，相应的饮料就会送出。若投入的钱大于 2 元，则在送出饮料的同时退出多余的钱。若投入的钱不够，则直接退款，不送出饮料。

请采用黑盒测试方法对该软件进行测试，并设计测试用例。

6．软件系统几乎都是使用事件触发来控制流程的，事件触发时的情景便形成了场景，而同一事件不同的触发顺序和处理结果就形成事件流。场景法就是通过用例场景描述业务操作流程，从用例开始到结束遍历应用流程上所有的基本流（基本事件）和备选流（分支事件）。下面是对某 IC 加油卡应用系统的基本流和备选流的描述。

基本流 A 如表 3-30 所示。

表 3-30　基本流 A

序号	用例名称	用例描述
A1	准备加油	客户将 IC 加油卡插入加油机
A2	验证 IC 加油卡	加油机从 IC 加油卡的磁条中读取账户代码，并检查它是否属于可以接收的加油卡
A3	验证黑名单	加油机验证 IC 加油卡账户是否存在于黑名单中，如果属于黑名单，则加油机吞卡
A4	输入购油量	客户输入需要购买的汽油数量
A5	加油	加油机完成加油操作，从 IC 加油卡中扣除相应金额
A6	返回 IC 加油卡	退还 IC 加油卡

备选流 B、C、D、E 如表 3-31 所示。

（1）使用场景法设计测试用例，指出场景涉及的基本流和备选流，基本流用字母 A 表示，备选流用题干中描述的相应字母表示。

表 3-31 备选流

序号	用例名称	用例描述
B	IC 加油卡无效	在基本流 A2 过程中,不能够识别或非本机可以使用的 IC 加油卡,加油机退卡,并退出基本流
C	IC 加油卡账户属于黑名单	在基本流 A3 过程中,判断 IC 加油卡账户属于黑名单,例如,已经挂失,加油机吞卡并退出基本流
D	IC 加油卡账面现金不足	系统判断 IC 加油卡内现金不足,重新加入基本流 A4,或选择退卡
E	加油机油量不足	系统判断加油机内油量不足,重新加入基本流 A4,或选择退卡

（2）场景中的每一个场景都需要确定测试用例,一般采用矩阵来确定和管理测试用例。表 3-32 所示的是一种通用的测试用例表,其中行代表各个测试用例,列代表测试用例的信息。本例中的测试用例包含测试用例 ID 号、场景、测试用例中涉及的所有数据元素和预期结果等项目。首先确定执行用例场景所需的数据元素（本例中包括账号、是否是黑名单卡、输入油量、账面金额、加油机油量）,然后构建矩阵,最后确定包含执行场景所需的适当条件的测试用例。在下面的测试用例表中,V 表示有效数据元素,I 表示无效数据元素,例如 C01 表示“成功加油”基本流。请按上述规定为其他应用场景设计用例矩阵。

表 3-32 测试用例表

测试用例 ID 号	场景	账号	是否黑名单卡	输入油量	账面金额	加油机油量	预期结果
C01	场景1;成功加油	V	I	V	V	V	成功加油
C02							
C03							
C04							
C05							

（3）假如每升油为 4 元人民币,用户的账户金额为 1000 元,加油机内油量足够,那么在 A4 输入油量的过程中,请运用边界值分析法为 A4 选取合适的输入数据（即油量,单位为升）。

（4）假设本系统开发人员在开发过程中通过测试发现了 20 个错误,独立的测试组通过上述测试用例发现了 100 个软件错误,系统上线后,用户反馈了 30 个错误,请计算缺陷探测率（DDP）。

第4章 白盒测试

【学习目标】

白盒测试是指清楚地了解程序结构和处理过程,检查程序结构及路径的正确性,检查软件内部动作是否按照设计说明书的规定正常进行。通过本章的学习:

(1)掌握白盒测试的基本概念。

(2)掌握白盒测试的主要方法。

(3)掌握其他白盒测试方法。

(4)掌握白盒测试方法的选择。

4.1 白盒测试的基本概念

白盒测试也称结构测试或逻辑驱动测试,它是按照程序内部的结构测试程序,通过测试来检测软件内部动作是否按照设计说明书的规定正常进行,检验程序中的每条通路是否都能按预定要求正确工作。白盒测试示意图如图4-1所示。

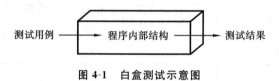

图 4-1 白盒测试示意图

白盒测试通常可分为静态测试和动态测试两种方法。静态测试方法有代码检查法、静态结构分析法;动态测试方法有逻辑覆盖测试法、基本路径测试法、数据流测试法、域测试法、符号测试法、程序插桩和程序变异法等。

1. 程序控制流图

程序的结构形式是白盒测试的主要依据,在进行测试前,需要对程序进行静态结构分析。静态结构分析是指测试者通过使用测试工具来分析程序源代码的系统结构、数据结构、数据接口、内部控制逻辑等内部结构,生成函数调用关系图、模块控制流图、内部文件调用关系图等各种图表,清晰地标识整个软件的组成结构,通过分析这些图表(包括控制流分析、数据流分析、接口分析、表达式分析),检查软件是否存在缺陷或错误。

控制流图与程序流程图类似,是由节点和连接节点的边组成的图形。节点代表一条或多条语句;边代表节点间的控制流向,用于显示函数内部的逻辑结构。进行测试设计时,对程序流程图进行简化,可以更加突出程序的控制流结构,简化后的图形称为程序控制流图。

程序控制流图由节点和控制流线组成。节点代表一条或顺序执行的多条语句;有向箭头代表控制流,称为边。程序控制流图是程序在执行时对应于从源节点到汇聚节点的路径,使用它可以明确地描述测试用例与其所测试的程序片段之间的关系。程序的 5 种基本控制流图结构如图 4-2 所示。

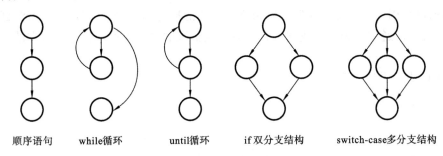

顺序语句　　　while循环　　　until循环　　　if双分支结构　　　switch-case多分支结构

图 4-2　程序的 5 种基本控制流图结构

在将程序流图转化为控制流图时,应注意以下原则。

(1) 分支汇聚处应有一个汇聚节点。

(2) 边和节点圈定的范围称为区域,当对区域计数时,图形外的范围应算成一个区域。

(3) 若程序有复合条件,则必须将其分解为多个嵌套的简单条件(包含简单条件的节点称为判定节点,即谓词节点),并映射成控制流图。

(4) 谓词节点就是不含复合判定条件的节点,分支判断节点和循环判断节点都可能是谓词节点。程序或流程图中的复合条件,应转化为多个简单条件判断节点,在控制流图中采用相应的谓词节点加以表示。

图 4-3(a)所示为一个程序的流程图,可以映射为图 4-3(b)所示的控制流图。

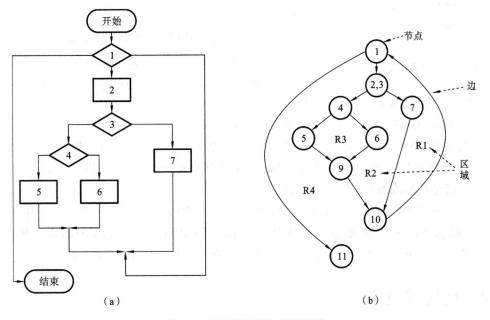

(a)　　　　　　　　　　　　　　　　　(b)

图 4-3　程序流程图和控制流图

图 4-3(a)中的节点 2、3 可以合并为一个控制流图节点,分支汇聚节点如图 4-3(b)中的节点 9、10。图形外的范围也是一个区域 R4。其中,节点 1 是程序源节点,节点 4 到节点 9 是一个 if 双分支结构,节点 1 到节点 10 再到节点 1 是一个循环结构。

控制流图对应程序执行从源节点到汇聚节点的路径。由于测试用例需要设计为按某条路径执行程序,因此可以通过控制流图来进行明确的描述,表示测试用例及其所测试的程序段之间的关系。通过这种描述找到一种可以让人信服的方法来处理程序中潜在的大量执行路径。

若有 C 语言语句如下:

```
if(m&&n)
    x;
else
    y;
```

其中,条件语句 m&&n 为复合语句,条件 m 和条件 n 应各有一个且只有单个条件的判断节点。复合逻辑的控制流图如图 4-4 所示。

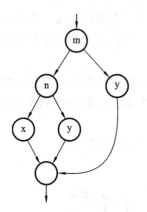

图 4-4 复合逻辑的控制流图

首先对条件 m 进行判断,再对条件 n 进行判断,以防出现"条件屏蔽"的情况。

2. McCabe 复杂性度量

程序的环路复杂性为控制流图的区域数。从程序的环路复杂性可以导出程序基本路径集合中的独立路径条数,该条数为每条可执行语句至少执行一次所需要的测试用例数目的上界。

环路复杂性有以下三种获得方式。

(1)通过控制流图的边界数和节点数计算。

控制流图的边数用 E 表示,节点数用 N 表示,则环路复杂性为 $V(G)=E-N+2$。如图 4-3(b)所示,若边数 E=11,节点数 N=9,则环路复杂性 $V(G)=E-N+2=11-9+2=4$。

(2)通过控制流图中的判定节点个数来计算。

若控制流图中的判定节点个数为 P,则环路复杂性为 $V(G)=P+1$。如图 4-3(b)所示,若判定节点有节点 1,节点 2、3,节点 4,即 P=3,则环路复杂性 $V(G)=P+1=4$。

(3)通过控制流图的区域个数来计算。

控制流图中的区域数用 R 表示,则环路复杂性为 $V(G)=R$。其中,控制流图中的边与节点所围成的面积称为区域,区域除被围起来的部分外,所有未被围起来的部分记为一个区域。如图 4-3(b)所示,总共有 4 个区域,即 R=4,则环路复杂性为 $V(G)=R=4$。

4.2 代码检查法

代码检查法是静态测试的主要方法,包括代码走查、桌面检查、流程图审查等。代码检查法更容易发现与构架以及时序相关等较难发现的问题,还可以帮助团队成员统一编程风格,提高编程技能等。代码检查法被认为是一种提升代码质量的有效手段。

4.2.1 代码检查的概念

代码检查主要用来检查代码和设计意图的一致性、代码结构的合理性、代码编写的标准性和可读性、代码逻辑表达的正确性等方面。代码检查法用来发现违背程序编写标准的问题；检查程序中不安全、不明确和模糊的部分；找出程序中不可移植的部分；检查违背程序编程风格的问题，如变量的检查、命名和类型审查、程序逻辑审查、程序语法检查和程序结构检查等内容。

采用代码检查的目的主要有以下几个。

(1) 检查程序是不是按照某种编码标准或规范编写的。

(2) 检查代码是不是符合流程图要求。

(3) 发现程序缺陷和程序产生的错误。

(4) 检查有没有遗漏的项目。

(5) 检查代码是否易于移植。

(6) 使代码易于阅读、理解和维护。

4.2.2 代码检查的方式

代码检查的方式主要有桌面检查、代码走查和代码审查。

1. 桌面检查

桌面检查是一种传统的检查方法，在程序通过编译之后，由程序员自己检查编写的程序，包括对源程序代码进行分析、检查等，并对相关文档进行补充，以发现程序中的错误。程序员作为开发者，极其熟悉自己编写的程序及其设计风格，进行桌面检查可以节省很多时间，但由于是"自写自查"，所以极易具有主观片面性。

2. 代码走查

代码走查是通过对代码的阅读来发现程序中的问题。代码走查是由走查小组进行的，走查小组由若干程序员和测试人员以及一个负责人组成。在进行代码走查时，负责人先把设计规格说明书、控制流图、程序文本及相关要求和规范等材料发给每个成员，让他们认真研究程序，然后开会讨论。开会前，测试组成员为所测程序准备一些具有代表性的测试用例，提交给走查小组。开会时，每个参与者都充当"计算机"的角色，即使用测试组成员所准备的测试用例，将程序运行一遍，并记录程序的踪迹，然后分析讨论，通过这种方式可以发现30%～70%的逻辑设计和编码错误。

代码走查的优点：能在代码中对错误进行精确定位，降低调试成本；可以发现成批的错误，便于一同得到修正。而动态测试通常只能暴露错误的某个表征，且错误是逐个发现并得到纠正的。

3. 代码审查

随着软件技术的飞速发展，软件规模的不断扩大，软件复杂性越来越高，软件质量也越来越难以保证。这一方面源于软件系统固有的复杂性；另一方面源于软件代码缺少良好的风格，难以阅读、分析、理解、测试和维护。因此，必须对代码进行审查。代码审查是在不执行软件的条件下，有条理地仔细审查软件代码，从而找出软件的缺陷。

代码审查的目的是在程序开发的早期发现和定位源程序代码中可能存在的错误，如果有就纠正错误，以降低测试和维护的代价。

代码审查是由审查小组进行的，审查小组由若干程序员和测试人员组成，通过阅读、讨论和争议，对程序进行静态分析的过程。审查小组有一个小组负责人。

代码审查过程为小组负责人提前将设计规格说明书、控制流程图、程序文本及其相关要求和规范等发给小组成员，并分配代码审查任务，确定软件代码的审查重点，小组成员需要充分阅读这些材料。小组成员详细阅读材料后，召开程序审查会。会议首先由程序员逐句讲解程序的逻辑，在讲解过程中，小组成员可以提出问题并展开讨论，在讨论的过程中可以发现很多以前没有发现的错误，这大大改善了软件的质量。

为了提高代码审查的效率，通常在会前会给审查小组的成员提供一份常见的错误清单，这个清单也称代码检查表。代码检查表是将程序中可能发现的各种错误进行分类，并将每类列举出的典型错误制成表格，供再次审查时使用。

代码审查工作结束后，项目负责人进行总结，编写测试报告，对软件代码质量进行评估，并给出合理的建议。详细记录代码审查时成员提出的所有问题可以供其他代码审查人员借鉴。

代码检查表包括一系列规程式的步骤，并要求检查人员严格按照这些步骤执行。如果想发现和改正程序中的每一个缺陷，就必须遵照精确的规程，而检查表可以确保遵循这个规程。代码检查表可以帮助我们查找程序中的缺陷，并且能够发现以前程序中曾经引起大多数问题的缺陷。通过使用代码检查表，就能够知道如何进行代码复查。代码检查表中定义了代码复查的每个步骤、细节。

代码检查时需要注意：是否所有功能都已经编码实现；根据编码标准复查代码时，有没有漏掉关键的注释；有没有使用不正确的格式；使用代码检查表时，通常只能找到一些已知的可能的缺陷；要从系统或用户的角度进行全面检查（检查业务的合理性等）。

使用代码复查检查表时：

（1）要了解每一项的说明，并按照这些步骤去执行。

（2）每检查一项，就在后面的表格中记录相关的数据。

（3）直至检查完整个表格。

建立一个属于自己的代码检查表，步骤如下。

（1）在建立个人检查表前，先检查缺陷数据并找出引起大部分问题的缺陷类型，根据软件开发过程中每个阶段发现的缺陷类型和数目制作一张表。

（2）按缺陷类型降序排列在编译和测试阶段发现各种类型缺陷的数目（数目大的在最上面）。

（3）对于有多数缺陷的那些类型，看看是由于什么原因引起的。

（4）一般根据自身的情况、所用语言、经常发现的或漏过的缺陷类型来设计检查表。开始时，可以参考别人的检查表。对于个人检查表，应该是一张持续改进的表。

（5）定期复查缺陷数据、重新审核检查表，保留有效的步骤，删除无效的，从而不断更改个人检查表。

（6）检查表是个人经验的总结，可以帮助我们按照总结出来的步骤来查找和修复缺陷，提高软件质量。

4.2.3 代码检查项目

进行代码检查时，一般要检查以下项目。

（1）验证调用及其位置是否正确，确认每次所调用的子程序、宏、函数是否存在，调用方式与参数顺序、个数、类型是否一致。

（2）检查数制、数据类型是否一致，检查引用时的取值、数制、数据类型是否一致。

（3）检查条件判断语句、循环语句是否正确。

（4）检查代码注释是否正确。

（5）桌面检查。

（6）检查目录文件与程序设计风格是否一致。

进行人工代码检查时，可以制作缺陷检查表，缺陷检查表中可以列出工作中遇到的典型错误，如表 4-1 所示。

表 4-1 缺陷检查表

序号	缺 陷 类 型	备 注
1	Documentation	注释、提示信息等
2	Syntax	拼写错误、指令格式错误等
3	Build,Package	组件版本、调用库方面的错误
4	Assignment	声明、变量影响范围等方面的错误
5	Interface	调用接口错误
6	Checking	出错信息、未充分检验等错误
7	Data	数据结构、内容错误
8	Function	逻辑错误以及指针、循环、计算、递归等方面的错误
9	System	配置、计时、内存方面的错误
10	Environment	设计、编译、测试或者其他支持系统的错误

4.3 逻辑覆盖测试法

逻辑覆盖测试法是根据程序内部的逻辑结构来设计测试用例的技术，是白盒测试的主要动态测试技术之一，是以程序内部的逻辑结构为基础的测试技术，通过对程序内部的逻辑结构的遍历来实现程序的覆盖。逻辑覆盖可以分为语句覆盖、判定覆盖、条件覆盖、判定-条件覆盖、条件组合覆盖和路径覆盖。

现有 C 语言程序段如下：

```
if(a> 8&&b> 10)
```

```
    m= m+ 1;
if(a= 10||c> 5)
    m= m+ 5;
```

C 语言程序段的流程图如图 4-5 所示。

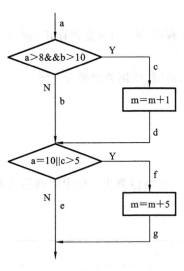

图 4-5　C 语言程序段的流程图

a、b、c、d、e、f、g 为所要经过的路径(边)。通过 C 语言程序段,下面讨论几种常用的逻辑覆盖技术:语句覆盖、判定覆盖、条件覆盖、判定-条件覆盖、条件组合覆盖以及路径覆盖。

4.3.1　语句覆盖

语句覆盖,即设计的若干个测试用例在运行时使程序中的每条语句至少执行一次。

为了使每条语句执行一次,需要的测试用例如下。

a＝10,b＝15,c＝8,执行路径为 a—c—d—f—g。

若选择数据 a＝10,b＝6,c＝8,则执行路径为 a—b—f—g,语句 m＝m+1 未被覆盖,该测试用例不能达到语句覆盖的目的。

语句覆盖执行了每一条语句,但是对于逻辑运算,如||和＆＆,则无法全面测试到错误。语句覆盖是一种弱覆盖,它只测试了条件为真的情况,条件为假的情况并没有进行测试。例如有语句,

```
if(i> = 0)
    sum= a+ b;
```

若由于编程人员的疏忽而遗漏了"＝"号,错写成:

```
if(i> 0)
    sum= a+ b;
```

当给出的测试用例为 i＝3 时,则 sum 的值为 a 与 b 之和,得到的实际结果与预期结果是一致的,也满足了语句覆盖,但是其中条件的错误并没有被检测出来。语句覆盖可以很直观地从源代码得到测试用例,无须细分每个判定表达式。

4.3.2　判定覆盖

判定覆盖又称分支覆盖,即设计的若干个测试用例在运行时使程序中的每个判断的真、假分支至少执行一次。虽然判定覆盖的测试能力比语句覆盖的测试能力强,但是只能判定整个判断语句的最终结果,无法确定内部条件的正确性。跟语句覆盖相比,由于可执行语句不是在判定的真分支上,就是在判定的假分支上,所以,只要满足了判定覆盖标准,就一定满足语句覆盖标准,反之则不然。

要使每个判断的真假至少各执行一次,需要的测试用例如下。

(1) a＝9,b＝15,c＝8,执行路径为 a—c—d—f—g(判断的结果分别为:T,F)。

（2）a＝5,b＝8,c＝8,执行路径为 a—b—e(判断的结果分别为:F,T)。

若将第二个判断中的 c＞5 错写成 c＜5,则使用上述两组数据仍然可以得到一样的结果,因此判定覆盖不一定能够保证测试出判定条件中存在的错误。

4.3.3　条件覆盖

条件覆盖,即设计的若干个测试用例在运行时使程序中的每个判断的每个条件都至少取一次真值或一次假值。这种情况覆盖了每个条件,但是并不一定覆盖到了每个判断的分支。

要使程序中每个判断的每个条件都至少取值一次,需要的测试用例如下。

（1）a＝10,b＝15,c＝8,执行路径为 a—c—d—f—g(条件的结果分别为:T,T,T,T)。

（2）a＝5,b＝8,c＝4,执行路径为 a—b—e(条件的结果分别为:F,F,F,F)。

4.3.4　判定-条件覆盖

判定-条件覆盖是将判定覆盖和条件覆盖结合起来设计测试用例。这种方法是让程序中所有条件的可能取值都至少执行一次,所有判断的可能结果也至少执行一次。判定-条件覆盖满足判定覆盖准则和条件覆盖准则,弥补了二者的不足。判定-条件覆盖准则的缺点是未考虑条件的组合情况。

判定-条件覆盖需要使得判断中的每个条件都至少取值一次,同时每个判断的可能结果也要取值一次,需要的测试用例如下。

（1）a＝10,b＝15,c＝8,执行路径为 a—c—d—f—g(判断的结果分别为:T,T;条件的结果分别为:T,T,T,T)。

（2）a＝5,b＝8,c＝4,执行路径为 a—b—e(判断的结果分别为:F,F;条件的结果分别为:F,F,F,F)。

在这种测试数据的情况下,判定-条件覆盖与条件覆盖的举例相同,因此,判定-条件覆盖并不一定比条件覆盖的逻辑更强。

4.3.5　条件组合覆盖

条件组合覆盖,即设计的若干个测试用例在运行时使程序中所有可能的条件取值组合至少执行一次。条件组合覆盖满足了判定覆盖、条件覆盖和判定-条件覆盖准则。

条件组合覆盖需要使得每个判断的所有可能条件取值组合至少执行一次,需要的测试用例如下。

（1）a＝10,b＝15,c＝8,执行路径为 a—c—d—f—g(条件的结果分别为:T,T,T,T)。

（2）a＝5,b＝8,c＝4,执行路径为 a—b—e(条件的结果分别为:F,F,F,F)。

（3）a＝10,b＝8,c＝4,执行路径为 a—b—f—g(条件的结果分别为:T,F,T,F)。

（4）a＝5,b＝15,c＝8,执行路径为 a—b—f—g(条件的结果分别为:F,T,F,T)。

这四组数据虽然满足了条件组合覆盖的要求,但是并没有将所有路径都覆盖,如路径 a→c→d→e。因此,条件组合覆盖的测试结果也并不完全。

4.3.6 路径覆盖

若选择足够的测试用例,使得程序中的每一条可能组合的路径都至少执行一次,则为路径覆盖。因此,需要的测试用例如下。

(1) a=10,b=15,c=8,执行路径为 a—c—d—f—g。

(2) a=9,b=12,c=4,执行路径为 a—c—d—e。

(3) a=10,b=8,c=8,执行路径为 a—b—f—g。

(4) a=5,b=8,c=4,执行路径为 a—b—e。

路径覆盖相对于以上几种覆盖方式而言,覆盖率要大,但是随着程序代码复杂度的增加,测试的工作量将呈指数级增长。如果一个函数包含 10 条 if 语句,则将会有 2^{10} 条路径需要进行测试。

4.4 基本路径测试

1. 基本路径测试概述

基路径测试是在程序控制流图的基础上,通过分析控制构造的环路复杂性,导出基本可执行路径的集合,从而设计测试用例的方法。

基本路径测试主要包含以下 4 个方面。

(1) 绘制程序流程图,根据程序流程图绘制程序控制流图。

(2) 计算程序环路复杂度。环路复杂度是一种为程序逻辑复杂性提供定量测度的软件度量,将该度量用于计算程序的基本独立路径数目,这是程序中每条可执行语句至少执行一次所必须的最少测试用例数。

(3) 确定独立路径的集合。通过程序控制流图导出基本路径集,列出程序的独立路径。

(4) 设计测试用例。根据程序结构和程序环路复杂性设计用例输入数据和预期结果,确保基本路径集中的每一条路径可执行。

以以下代码为例:

```
if(a>8&&b>10)
    m=m+1;
if(a=10||c>5)
    m=m+5;
```

根据图 4-6(a)所示的程序流程图绘制程序控制流图,并采用基本路径法,设计出测试用例进行测试(m 初始值为 0)。

(1) 绘制程序控制流图,如图 4-6(b)所示。

(2) 计算程序环路复杂度。在对程序进行基本路径法测试时,需要依靠程序的环路复杂度来获得程序基本路径集合中的独立路径数目。独立路径需要包含一条在之前不曾用到的边,而环路复杂度则决定了测试用例数目的上界。独立路径即为至少引入一条新的处理语句或者一条新的判断的程序通路。

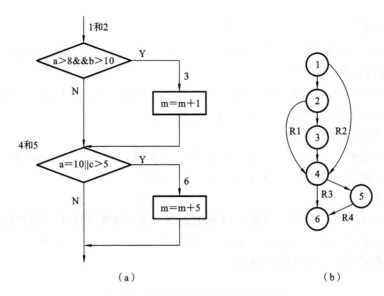

（a）　　　　　　　　　　　　（b）

图 4-6　程序流程图和程序控制流图

计算环路复杂度的方法有以下三种。

① 定义环路复杂度为 V(G)，E 为控制流图的边数，V 为控制流图的节点数，则有：V(G)＝E-N＋2。

② 定义 P 为控制流图中的判定节点数，则有：V(G)＝P＋1。

③ 定义控制流图中的区域数为 R，则有：V(G)＝R。

在图 4-6（b）中：

● V(G)＝E－N＋2＝8（边数）－6（节点数）＋2＝4；

● V(G)＝P＋1＝3＋1＝4（其中判定节点为 1,2,4）；

● V(G)＝4（共有 4 个区域）。

（3）确定独立路径的集合。

● 路径 1：1—4—6。

● 路径 2：1—4—5—6。

● 路径 3：1—2—4—5—6。

● 路径 4：1—2—3—4—5—6。

根据以上路径，设计测试所需输入数据，使得程序分别执行到上述 4 条路径。

（4）设计测试用例。满足以上基本路径集的测试用例如表 4-2 所示。

表 4-2　测试用例

编号	路　　　径	输 入 数 据	预 期 输 出
1	路径 1：1—4—6	a＝2,b＝3,c＝4	m＝0
2	路径 2：1—4—5—6	a＝2,b＝3,c＝8	m＝5
3	路径 3：1—2—4—5—6	a＝10,b＝6,c＝8	m＝5
4	路径 4：1—2—3—4—5—6	a＝10,b＝15,c＝8	m＝6

2. 循环测试

基本路径测试简单高效,但是在有循环的情况下,测试覆盖并不充分,此时可以使用循环测试来提高白盒测试的质量。

循环测试专注于测试程序中的循环结构,进一步提高了测试的覆盖率。循环结构通常分为简单循环、嵌套循环、串联循环和非结构化循环。

(1) 简单循环。

简单循环(见图 4-7)只有一个循环层次,若 m 是循环的最大次数,则通常设计 5 个测试集(循环通过的次数):0 次、1 次、n 次(n<m)、m-1 次、m 次。

(2) 嵌套循环。

嵌套循环(见图 4-8)为两个及两个以上的循环嵌套,如果直接采用简单循环的测试方法,则测试数量会随着嵌套层数的增加而呈几何级数增长,使得测试用例数量十分庞大。因此,可以采用降层的方式进行循环测试。

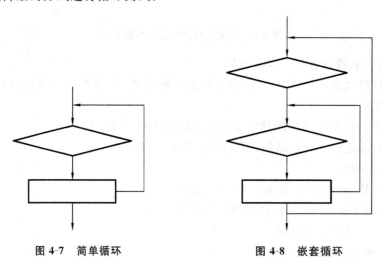

图 4-7 简单循环　　　　　图 4-8 嵌套循环

以以下代码为例:

```
int cock,hen,chick;                              //定义三种鸡
    for (cock=0;cock<=20;cock++)                  //公鸡
    {
        for (hen=0;hen<=33;hen++)                 //母鸡
        {
            for (chick=0;chick<=99;chick++)       //小鸡
            {
                if(15*cock+9*hen+chick==300 && cock+hen+chick==100)
                    printf("公鸡:% d,母鸡:% d,小鸡:% d\n",cock,hen,chick);
            }
        }
    }
```

① 最内层进行简单循环的全部测试,其余层保持循环变量取最小值。对小鸡使用简单

循环的全部测试,测试时公鸡、母鸡的循环变量取最小值。

② 由内向外构造下一层的循环测试,测试时保持所有的外层循环变量取最小值,嵌套内的循环变量取"典型"值,测试层使用相应的测试用例。公鸡的循环变量取最小值,小鸡的循环变量取"典型"值,母鸡的循环变量取 5 个测试值。

③ 重复至所有循环层均被测试。

(3) 串联循环。

两个及两个以上的简单循环串联在一起,称为串联循环(见图 4-9)。如果串联在一起的多个循环之间互不独立,则分别做简单循环测试;若两个循环之间相互不独立,则使用嵌套循环的方式进行测试。

(4) 非结构化循环。

非结构化循环(见图 4-10)不能进行测试,需要重新设计为结构化程序后再进行测试。

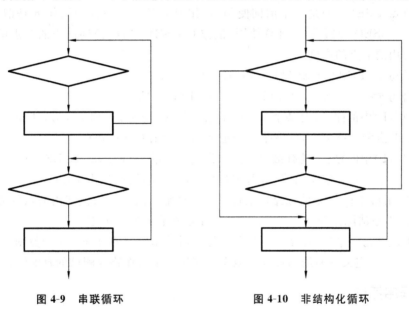

图 4-9 串联循环   图 4-10 非结构化循环

4.5 其他白盒测试方法

4.5.1 数据流测试

数据流测试是基于程序的控制流,考察变量从接收到值到使用这些值的路径,从建立的数据目标状态的序列中发现异常的结构测试的方法。数据流测试使用程序中的数据流关系来指导测试者选取测试用例,测试常集中在定义、引用异常故障分析上。其基本思想是:一个变量的定义,通过辗转的引用和定义,可以影响到另一个变量的值,或者影响到路径的选择等。进行数据流测试时,根据被测程序中变量的定义和引用位置来选择测试路径。因此,可以选择一定的测试数据,使程序按照一定变量的定义-引用路径执行,并检查执行结果是否与预期的相符,从而发现代码的错误。

基于数据流的测试可以从离散数学的角度来理解。假定有程序 P,则程序 P 有程序图 G(P)以及一组程序变量 V。G(P)按照控制流图构造出一个有向图,其中节点代表语句片段,边代表节点序列,有一个单入口节点和一个单出口节点。该有向图不允许存在由某个节点到其自身的边,即不允许存在自环。因此,可以有如下定义。

当且仅当变量 $v \in V$ 的值由对应节点 $n \in G(P)$ 的语句片段定义时,n 称为变量 v 的定义节点,记作 DEF(v,n)。一般来说,输入语句、赋值语句、循环控制语句和过程调用都是定义节点的语句。通过对定义节点语句的执行,与该变量相关联的存储单元的内容就会改变。

当且仅当变量 $v \in V$ 的值由对应节点 $n \in G(P)$ 的语句片段使用时,称为变量 v 的使用节点,记作 USE(v,n)。一般来说,输入语句、赋值语句、条件语句、循环控制语句和过程调用语句都是使用节点的语句。执行使用节点的语句时,与该变量相关联的存储单元的内容保持不变。

使用节点 USE(v,n)是一个谓词使用(记作 P-USE),当且仅当语句 n 是谓词语句;否则,使用节点 USE(v,n)是一个计算使用(记作 C-USE)。对应谓词使用的节点的出度≥2,对应计算使用的节点的出度≤1。

若有语句 a=b,则有 DEF(1)={a},USE(1)={b}。

若有语句 a=a+b,则有 DEF(1)={a},USE(1)={b}。

PATHS(P)中的路径,对某个 $v \in V$,存在 DEF(v,m)和 USE(v,n),使得 m 和 n 是该路径的最初节点和最终节点,则该路径为定义-使用路径(du-path)。

PATHS(P)中的路径,具有最初节点和最终节点的 DEF(v,m)和 USE(v,n),使得该路径中没有其他节点是 v 定义的节点,则该路径为定义-清除路径(dc-path)。

定义-使用路径和定义-清除路径描述了从值被定义的点到值被使用的点的源语句的数据流。不是定义-清除路径的定义-使用路径,是潜在有问题的地方。

从数据流的角度来讲,程序是一个程序元素对数据访问的过程。对于数据来说,形成数据流,就是一个从定义到使用的过程。数据流测试通常用作路径测试的真实性检查。

4.5.2　程序插桩

程序插桩(program instrumentation)是一种基本的测试手段,有着广泛的应用。程序插桩,简单来说,就是借助向被测程序中的插入来实现测试目的的方法。例如,调试程序时,常常会在程序中插入一些打印语句来检测我们所关心的信息是否正确,或者了解特定变量在特定时刻的取值是否正确,等等。程序插桩技术能够按照用户的要求获取程序的各种信息,已成为测试工作的有效手段。

设计插桩程序时,需要考虑有哪些信息需要探测、在程序的什么位置设置探测点、设置多少个探测点、在程序中的特定部位插入某些用以判断变量特性的语句。

程序插桩需要从插桩位置、插桩策略、插桩过程三方面进行考虑。

1. 插桩位置

在进行程序插桩时,一般选择在以下位置进行插桩。

(1)程序的开始,即程序块的第 1 条可执行语句之前。

(2)转移指令之前,for、do、do-while、do until 等循环语句处,if、else if、else 及 end if 等

条件语句各分支处、输入/输出语句之后，函数、过程、子程序调用语句之后。

（3）标号之前。

（4）程序的出口，return 语句之后，call 语句之后。

2. 插桩策略

插桩策略主要解决如何在程序中植入探针，包括植入的位置和方法。主要考虑块探针和分支探针。

3. 插桩过程

在被测试的源程序中植入探针函数的桩，即函数的声明。而插桩函数的原型在插桩函数库中定义。当目标文件连接成可执行文件时，必须连入插桩函数库。探针函数是否被触发，要依据插桩选择记录文件，要求不同的覆盖率测试会激活不同的插桩函数。

以计算整数 X 和整数 Y 的最大公约数程序为例说明插桩方法的要点。插桩后求最大公约数程序的流程图如图 4-11 所示。

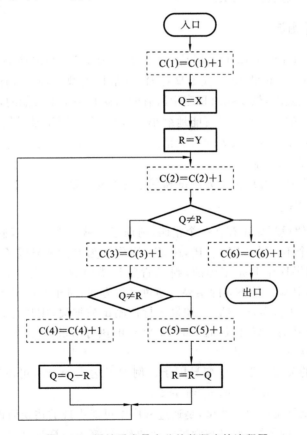

图 4-11　插桩后求最大公约数程序的流程图

在程序开始位置的第 1 条可执行语句之前插入 C(1)，在循环语句分支处插入 C(2)，在条件语句分支 Q≠R 处插入 C(3)，在过程语句之后插入 C(4)、C(5)，在程序出口处插入 C(6)。

4.5.3　域测试

域测试(domain testing)是一种基于程序结构的测试方法。Howden 曾对程序中出现的错误进行分类,他将程序错误分为域错误、计算型错误和丢失路径错误三种。这是相对于执行程序的路径来说的。

域测试的"域"是指程序的输入空间。域测试方法基于对输入空间的分析。

域测试的缺点:为了进行域测试,对程序提出的限制过多;当程序有很多路径时,测试点也很多。

域测试的基本步骤如下。

(1) 根据各个分支谓词,给出子域的分割图。

(2) 对每个子域的边界,采用 ON-OFF-ON 原则选取测试点。

(3) 在子域内选取一些测试点。

(4) 针对这些测试点进行测试。

4.5.4　程序变异测试

程序变异(program mutation)测试是一种错误驱动方法,与之前的功能测试及结构测试都不同。它提出于 20 世纪 70 年代末期,是针对某种类型的特定程序错误而提出来的。经过人们长期的实践发现,想要找出程序中所有的错误几乎是不可能的,其中一种比较好的解决方法就是将错误的搜索范围尽可能地缩小,以便于专门测试某类错误是否存在。这样可以集中目标对付对软件危害最大的可能错误,而暂时忽略危害较小的可能错误,这样可以提升测试效率,降低测试成本。

错误驱动测试主要有程序强变异测试和程序弱变异测试。

1. 程序强变异测试

对于某程序 P,假设程序中存在一个错误,则程序 P 就变为 P_1。若假设了 n 个错误 e_1, $e_2, \cdots, e_n$,对应了 n 个不同的程序 $P_1, P_2, \cdots, P_n$,则称 P_i 为 P 的变异因子。

从理论上讲,如果程序 P 是正确的,则 P_i 肯定是错误的。例如,若设计一个测试用例 C_i,那么执行后 P 和 P_i 应该是不同的结果。通过这种方式,对于程序 P 和其变异程序,可以得到测试数据集 $C = \{C_1, C_2, \cdots, C_n\}$。如果运行该测试数据集,则执行结果 P 均为正确,P_i 均为错误,说明程序 P 的正确性较高。如果某个 C_i 的执行结果 P 是错误的,而 P_i 是正确的,说明程序 P 存在错误 e_i。

变异测试技术的关键在于产生变异因子。例如表达式 m>n,可以有以下表达式作为变异因子:m<n,m==n,m! =n,m≥n,m≤n。

程序强变异测试是错误驱动测试,是通过程序中可能出现的错误而进行的变异运算,因此,可以进行变量之间的替换、变量与常量之间的替换、算术运算符之间的替换、关系运算符之间的替换、逻辑运算符之间的替换等。使用变异因子时,需要根据实际情况进行选择,否则测试的工作量将会非常多。

2. 程序弱变异测试

当变异因子非常多的时候,程序强变异测试的工作量就会变得非常多,因此采用程序弱变异测试技术来减少开销。

程序弱变异测试也是错误驱动测试,与程序强变异测试类似,是把目标集中在程序的一系列基本组成成分上,并考虑组成成分内部的错误可以在哪个局部地方发现。对于某程序P,C作为P的简单组成部分,使用变异变换作用于C而生成了C'。如果P'是包含C'的P的变异因子,则在程序弱变异测试中,要求存在测试数据。当P执行该测试数据时,C被执行,并且至少执行一次,C所产生的值与C'所产生的值是不同的。

与程序强变异测试不同的是,程序弱变异测试强调的是变动程序的组成部分,并不实际产生变异因子。组成部分可以是变量定义与引用、算数表达式、关系表达式、布尔表达式等。虽然程序弱变异测试的开销比较小,效率高,但是在实际测试中有很大的局限性。

4.5.5 白盒测试方法的选择

采用白盒测试方法,必须遵循以下几条原则。

(1) 保证一个模块中的所有独立路径至少被使用一次。

(2) 对于所有逻辑值,均需测试逻辑真(True)和逻辑假(False)。

(3) 在上、下边界及可操作范围内运行所有循环。

(4) 检查程序的内部数据结构,以确保其结构的有效性。

在白盒测试中,可以使用各种测试方法进行测试。但是测试时要考虑以下几个问题。

(1) 尽量使用自动化工具来进行静态结构分析。

(2) 建议先进行静态测试,如静态结构分析、代码走查和静态质量度量,然后进行动态测试,如逻辑覆盖测试。

(3) 将静态结构分析的结果作为依据,再使用代码检查和动态测试方法对静态结构分析结果进行进一步确认,以提高测试效率及准确性。

(4) 逻辑覆盖测试是白盒测试中的重要手段,在测试报告中可以作为量化指标的依据,对于软件的重点模块,应使用多种覆盖率标准衡量代码的覆盖率。

(5) 在不同的测试阶段,测试的侧重点是不同的。

① 单元测试阶段:以程序语法检查、程序逻辑检查、代码检查、逻辑覆盖为主。

② 集成测试阶段:需要增加静态结构分析、静态质量度量,以接口测试为主。

③ 系统测试阶段:在真实系统工作环境下,通过与系统的需求定义做比较,检验完整的软件配置项能否和系统正确连接。

④ 验收测试阶段:按照需求开发,体验该产品是否能够满足使用要求,有没有达到原设计水平,完成的功能怎样,是否符合用户的需求,以达到预期目的为主。

4.6 灰盒测试

灰盒测试是介于白盒测试与黑盒测试之间的测试。灰盒测试关注输出对于输入的正确性,同时也关注内部表现,但这种关注不像白盒测试那样详细、完整。灰盒测试结合了白盒测试和黑盒测试的优点,相对于黑盒测试和白盒测试而言,灰盒测试投入的时间相对较少,维护量也较小。

灰盒测试考虑了用户端、特定的系统和操作环境,主要用于多模块的较复杂系统的集成测试阶段。灰盒测试既使用被测对象的整体特性,又使用被测对象的内部具体实现,即它无法知道函数内部的具体内容,但可以知道函数之间的调用。灰盒测试重点在于检验软件系统内部模块的接口,主要用于集成测试阶段。

由于黑盒测试把整个软件系统当成一个整体来测试,所以,如果软件系统的某个关键模块还没有完工,那么测试人员就无法对整个软件系统进行测试。而灰盒测试是针对模块的边界进行的,模块开发完一个就测试一个,这样及早地介入了测试。

测试人员想要进行灰盒测试,首先要熟悉内部模块之间的协作机制,这有助于测试人员发现一些系统结构方面的缺陷。对于黑盒测试而言,由于测试人员不清楚软件系统的内部结构,所以很难发现一些结构性的缺陷。如果仅仅使用黑盒测试方法测试系统的外部边界,那么有很多缺陷是不容易发现的,因此,需要灰盒测试来构造测试用例。

灰盒测试能够有效地发现黑盒测试的盲点,可以避免过渡测试,能够及时发现没有来源的更改,行业门槛及研发成本要比白盒测试的低。因此,灰盒测试具有投入少、见效快的优点。但是灰盒测试不适用于简单的系统。相对于黑盒测试来说,灰盒测试门槛较高,测试也没有白盒测试那么深入。

4.7　小结

本章主要介绍了白盒测试的主要方法以及选择策略。对于大规模复杂软件,想要穷举所有的逻辑路径是不可能的,因此有可能遗漏某些路径而无法检测出数据相关的错误。白盒测试主要包括静态测试和动态测试两种方法。静态测试方法主要为代码检查法、静态结构分析法;动态测试方法主要包括逻辑覆盖法、基本路径测试法、数据流测试法、程序插桩和程序变异法等。

代码检查法要检查代码和设计意图的一致性、代码结构的合理性、代码编写的标准性和可读性、代码逻辑表达的正确性等方面。代码检查的方式主要有桌面检查、代码走查和代码审查。

逻辑覆盖法由强到弱依次为语句覆盖、判定覆盖、条件覆盖、判定-条件覆盖、条件组合覆盖和路径覆盖。

基本路径测试法是在程序控制流程图的基础上,通过计算环路复杂性而得出基本可执行路径的集合,进而设计相应的测试用例。

程序变异法是一种错误驱动方法,主要有程序强变异测试和程序弱变异测试。

在进行白盒测试时,需要了解程序的内部结构,选择合适的测试方法,从而进行合理、高效的测试。

习题 4

一、选择题

1. 一个程序的控制流图中有 6 个节点,10 条边,在测试用例数最少的情况下,确保程序中每条可执行语句至少执行一次所需要的测试用例数的上限是(　　)。

    A. 2   B. 4   C. 6   D. 8

2. 对于逻辑表达式((b1&b2)‖ln)需要(　　)个测试用例才能完成条件组合覆盖。

    A. 2   B. 4   C. 8   D. 16

3. 以下关于测试方法的叙述中,不正确的是(　　)。

    A. 根据被测代码是否可见,可分为白盒测试和黑盒测试

    B. 黑盒测试一般用来确认软件功能的正确性和可操作性

    C. 静态测试主要是对软件的编程格式 M 结构等方面进行评估

    D. 动态测试不需要实际执行程序

4. 在软件测试中,逻辑覆盖标准主要用于(　　)。

    A. 白盒测试方法   B. 黑盒测试方法   C. 灰盒测试方法   D. 软件验收方法

5. 以下不属于白盒测试的是(　　)。

    A. 逻辑覆盖   B. 基本路径测试   C. 条件覆盖   D. 等价类划分法

6. 逻辑路径覆盖法是白盒测试用例的重要设计方法,其中语句覆盖法是较为常用的方法。针对下面的语句段,采用语句覆盖法完成测试用例设计,测试用例见下表,对于表中的空缺项(TRUE 或者 FALSE),正确的选择是(　　)。

语句段:

if (A & & (B‖C)) x=1;

else x＝O;

用例表:

	用例 1	用例 2
A	TRUE	FALSE
B	①	FALSE
C	TRUE	②
A & & (B‖C)	③	FALSE

    A. ①TRUE ②FALSE ③TRUE   B. ①TRUE ②FALSE ③FALSE

    C. ①FALSE ②FALSE ③TRUE   D. ①TRUE ②TRUE ③FALSE

7. 下列叙述中正确的是(　　)。

    A. 白盒测试又称"逻辑驱动测试"

    B. 穷举路径测试可以查出程序中因遗漏路径而产生的错误

    C. 一般而言,黑盒测试对结构的覆盖比白盒测试的高

    D. 必须根据软件需求说明文档生成用于白盒测试的测试用例

8. 关于白盒测试与黑盒测试,最主要的区别是(　　)。

    A. 白盒测试侧重于程序结构,黑盒测试侧重于功能

    B. 白盒测试可以使用测试工具,黑盒测试不能使用测试工具

    C. 白盒测试需要程序员参与,黑盒测试不需要程序员参与

    D. 黑盒测试比白盒测试应用更广泛

二、综合题

1. 什么是白盒测试？包含哪些常用的白盒测试方法？

2. 根据下列简单的 Java 程序画出控制流程图，并进行基本路径测试。

```
publicvoidsort(int iRecordNum,int iType)
{
  intx=0;
int y=0;
while(iRecordNum>0){
    if(iType==0)
    x=x+2;
  else{
    if(iType==1)
       x=y+5;
  else
    x=y+10;
}
}
}
```

3. 逻辑覆盖法是设计白盒测试用例的主要方法之一，它是通过对程序逻辑结构的遍历来实现程序的覆盖。针对以下由 C 语言编写的程序，按要求回答问题。

```
getit(int m)
{
    int I,k;
    k=sqrt(m);
    for(i=2;i<=k;i++)
    if(m%i==0)  break;
if(i>=k+1)
printf("%d is a selected number\n",m);
else
printf("%d is not a selected number\n",m);
}
```

（1）请找出程序中所有的逻辑判断子语句。

（2）请找出 100％DC（判断覆盖）所需的逻辑条件填入下表。

（3）请画出上述程序的控制流程图，并计算其控制流程图的环路复杂度 V(G)。假设函数 getit 的参数 m 的取值范围是 150＜m＜160，请使用基本路径测试法设计测试用例，并将参数 m 的取值填入下表，使之满足基本路径覆盖要求。

用例编号	m 的取值
1	
2	

4. 逻辑覆盖是通过对程序逻辑结构遍历实现程序的覆盖,是涉及白盒测试用例的主要方法之一。分析下列 C 语言编写的代码,按要求回答问题。

```
void cc(int n)
{
int g,s,b,q;
if((n>1000)&&(n<2000))
{
    g=n% 10;
    s=n% 100/10;
    b=n/100% 10;
    q=n/1000;
    if((q+g)==(s+ b))
     { printf("%-5d",n);}
  }
  printf("\n");
  return;
}
```

(1) 请找出程序中所有的逻辑判断语句。

(2) 请分析并给出满足 100% 判定覆盖(DC)和 100% 条件覆盖(CC)时所需要的逻辑条件。

(3) 假设 n 的取值范围是 0<n<3000,请使用逻辑覆盖法为 n 的取值设计测试用例,使测试用例满足基本路径覆盖标准。

5. 阅读下列 C 语言编写的代码,回答问题。以下代码可根据指定的年和月来计算当月所含的天数。

```
int GetMaxDay(int year,int month)
{
int maxday=0;
if(month>=1&&month<=12)
{
    if(month==2)
    {
    if(year%4==0)
    {
     if(year%100==0)
     {
      if(year%400==0)
          maxday=29;
      else
          maxday=28;
     }
     else
```

```
            maxday=29;
      }
      else
          maxday=28;
      }
      else
      {if(month==4||month==6||month==9||month==11)
        maxday=30;
      else
        maxday=31;}
  }
    return maxday;
  }
```

（1）根据以上代码绘制出控制流程图。

（2）根据控制流程图计算环路复杂度 V(G)。

（3）假设 year 的取值范围是 1000＜year＜2020，请使用基本路径测试法为变量 year、month 设计测试用例（包括 year 取值、month 取值、maxday 的预期结果），以满足基本路径测试法的覆盖要求。

第5章 单元测试

【学习目标】

软件测试是软件开发过程的一个重要环节,是在软件投入运行前,对软件需求分析、设计规格说明和编码实现的最终审定,贯穿于软件定义与开发的整个过程。按照软件开发的阶段划分,软件测试可以分为单元测试、集成测试、确认测试、系统测试和验收测试。通过本章的学习:

(1)掌握单元测试的环境、原则、意义。

(2)掌握单元测试的内容、过程、主要技术。

(3)掌握单元测试工具 UnitTest、覆盖率统计工具 Coverage。

5.1 单元测试概述

单元测试(unit testing)是软件开发过程中所进行的最低级别的测试活动,其目的在于检查每个单元能否正确达到详细设计规格说明中的功能、性能、接口和设计约束等要求,发现单元内部可能存在的各种缺陷。单元测试作为代码级功能测试,目标就是发现代码中的缺陷。

5.1.1 单元测试的环境

单元测试是对软件设计的最小单元进行测试。一般来说,"单元"是软件里最小的可以单独执行编码的单位。例如,如果对 Java 或 C++这种面向对象语言进行测试,则被测的基本单元可以是类,也可以是方法。对于一个模块或一个方法来说,其并不是独立存在的,因此在测试时需要考虑外界与它的联系。这时,需要用到一些辅助模块来模拟被测模块与其他模块之间的关系。辅助模块有以下两种。

(1)驱动模块。驱动模块用于模拟被测模块的上级模块。相当于被测模块的主程序,用于接收测试数据,并把这些数据传送到所测模块,最后输出实测结果。

(2)桩模块。桩模块用于模拟被测模块在工作过程中所需调用的模块。桩模块只需要执行少量的数据操作,不需要把模拟被调用子模块的所有功能都带进来,但是不能什么事情都不做。

驱动模块、桩模块与被测模块共同构成测试环境,如图 5-1 所示。

单元测试的定义通常有广义和狭义之分。狭义的单元测试是通过编写测试代码来验证被测代码的正确性;广义的单元测试不仅包括编写测试代码进行单元测试,还包括代码规范性检查、代码性能以及安全性验证等。

单元测试是软件测试的基础,因此,单元测试的效果会直接影响到软件的后期测试,最终影响到产品的质量。

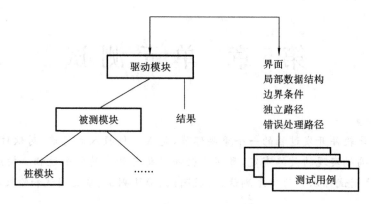

图 5-1　单元测试的测试环境

卡内基·梅隆大学软件工程研究所(CMU SEI)的 Watts S. Humphrey 于 1995 年推出个体软件过程(personal software process,PSP),其是一种个体级用于管理和改进软件工程师个人工作方式的持续改进过程。在这个过程中,从需求调研、策划、设计、编码、编译、单元测试、总结直至完成产品,都有着相应的过程操作指南,这个过程为提高软件过程质量并最终提高产品质量提供了基石。单元测试在提高软件过程质量当中也是非常重要的一个环节,软件工程师通过度量、跟踪和管理自己的工作来管理软件组件的质量,且从自己开发过程的偏差中学习、总结,并整合到自己后续的开发过程中,通过这个持续改进的过程,逐步提高个人的软件质量。通过单元测试,开发者可以更准确、全面地找到错误,提高软件质量。在单元测试阶段发现缺陷,能够大量减少修复缺陷所产生的费用。

进行单元测试时,大多数采用白盒测试技术,系统内多个模块可以并行进行单元测试。

5.1.2　单元测试的原则及意义

进行单元测试时,应尽量遵守以下原则。

(1) 单元测试要尽早进行。在软件开发过程中,错误发现得越早,修改维护的费用就越低,修改的难度也越小。因此,有的开发团队甚至奉行"先写测试,再写代码"的测试驱动开发方式。

(2) 单元测试应该遵循详细设计规格说明。单元测试并不是简单地运行一下模块,编译器没有报错就好。单元测试不仅需要验证代码是否正确运行,还要验证代码应不应该做这件事情。

(3) 对于修改过的代码应重新进行单元测试,以保证修改后没有引入新的错误。

(4) 测试过程中,当测试结果与设计规格说明上不一致时,应如实地详细记录结果。

(5) 设计适当的被测单元。被测单元的大小应适当,若单元划分太大,则该单元内部逻辑和程序结构就会比较复杂,测试用例则会比较多,测试用例的设计及评审的工作量也会增加;若单元划分太小,则会造成测试工作太烦琐,测试效率较低。因此,在测试过程中要把握被测单元的规模。

(6) 使用单元测试工具。单元测试工具可以帮助测试人员把握进度,避免大量的重复劳动,减少工作强度,提高测试效率。

进行单元测试的最终目的是保障代码级的行为与我们预期的一致。进行单元测试有着多方面的意义。

对于软件设计来说,进行单元测试就是保证软件的质量。就像是对一台饮水机进行清洗,如果只是整体清洗,那么在饮水机的内部可能还有许多地方没有被清洗到,但是,如果把每个零件都拆开来清洗,那么洁净度就有了一定的保证。单元测试也一样,在代码较少、模块较小的情况下,更容易发现开发过程中的一些缺陷。通过单元测试对代码进行分支和覆盖,增强了代码的可测试性,也更加清晰地揭示了开发中的设计流程。

对于软件开发者来说,单元测试可以帮助开发者更加清晰地认识所需要的功能,通过静态测试拓展开发人员的逻辑思维,促进代码编写标准的一致性。

5.2 单元测试的内容

单元测试主要解决模块接口测试、模块局部数据结构测试、模块中所有独立执行路径测试、各种错误处理测试以及模块边界测试。

(1)模块接口测试。模块接口测试是单元测试的基础,在进行模块接口测试时,首先对通过模块接口的数据流进行测试,检查进出模块单元的数据流是否正确。例如,输入的实参与形参是否一致,调用其他方法的接口是否正确,标识符定义是否一致,是否进行出错处理等。在模块接口测试进行内外存交换时,需要考虑文件属性是否合适、OPEN 语句与CLOSE 语句是否正确、缓冲区容量与记录长度是否匹配等问题。

(2)模块局部数据结构测试。模块局部数据结构测试是检查局部数据结构的完整性,包括内部数据的内容、形式及相互关系不发生错误。例如,是否有不合适或者不相容的类型说明,变量是否有初值、初始化或者默认值是否正确,是否存在从未使用的变量名等。

(3)模块中所有独立执行路径测试。检查每一条独立执行路径的测试,保证每条语句至少执行一次。在进行测试时,测试用例必须能够发现由于计算错误、不正确的判断或不正常的控制流等产生的错误。例如,是否有不正确的算术优先级、是否缺少初始化或者是否有错误的初始化、精确度是否匹配、是否有不同数据类型的比较等。

(4)各种错误处理测试。若模块工作时发生了错误,则要查找是否进行了出错处理、处理的措施是否有效、出错的描述是否能够对 bug 进行定位、是否提供了充分的报错信息等。

(5)模块边界测试。模块边界测试是单元测试的最后一步,主要检查模块边界处的数据是否能够正常处理,可采用边界值分析法来设计测试用例。

若对模块运行时间有要求,则需要专门进行关键路径测试,检测最坏情况下和平均意义下影响模块运行时间的因素。

5.3 单元测试的过程

单元测试是从制订测试计划开始,然后设计单元测试、实施测试,最后生成测试报告。

(1)制订测试计划。在制订单元测试计划时,需要先做好单元测试的准备,如测试所需的资源、功能的详细描述、项目计划的相关资料等。然后制定单元测试策略,如在单元测试过程中需要采用的技术和工具、测试完成的标准等。最后根据实际的项目情况及客观因素制订单元测试的日程计划。

（2）设计单元测试。根据详细设计规格说明创立单元测试环境，完成测试用例的设计和脚本的开发。

（3）实施测试。根据单元测试的日程计划，执行测试用例对被测软件的完整测试。若在测试过程中修改了缺陷，则应注意回归测试。

（4）生成测试报告。测试完成后，对文档和测试结果进行整理，形成相应的测试报告。

5.4 单元测试的主要技术

用于单元测试的主要技术有静态测试和动态测试。

静态测试可以采用代码检查法，包括代码走读、代码审查和代码评审。代码检查法是最常用的单元测试方法，通过该方法，主要检查代码是否符合编程规范；通过阅读代码了解程序如何工作，内部结构是怎样的，是否有错误存在。

在进行单元结构测试时，要关注代码内部的执行情况和代码执行的覆盖率，主要采用动态测试。功能性测试可以采用黑盒测试方法，内部结构测试可以采用白盒测试方法。在进行单元测试的过程中，如果所测试的功能不涉及大量数据，通常可以使用具有代表性的一小部分人工制作的测试数据，而不是真实的数据；若涉及大量数据，且涉及的单元模块较多，则可以使用真实数据的一个较小的、有代表性的样本。

5.5 单元测试工具

在结构化程序设计中，测试的对象主要是函数或者子程序；在面向对象程序设计中，如Java/C++等语言，测试的对象可能是类，也可能是类的成员函数，或者是被典型定义的一个菜单、屏幕显示界面或者对话框等。在测试的过程中，可以通过借助工具来减少工作量，降低测试的盲目性，提高测试效率、覆盖率和准确度。对于不同的语言，有不同的工具可以选择，例如汇编语言可以使用 AsmTester 单元测试工具；C/C++可以使用 QA C++、C++ Test 等测试工具来满足测试要求；对于 Java 语言的单元测试，可以借助 JUnit 单元测试包来完成；对于 Python 语言的单元测试，则可以使用 UnitTest 来进行测试。

5.5.1 单元测试工具简介

自动化单元测试工具的工作原理是借助驱动模块与桩模块来工作的，运行被测软件单元以检查输入的测试用例是否按软件详细设计规格说明的规定执行相关操作。

目前，单元测试工具类型较多，按照测试的范围和功能，可以分为下列一些种类。

（1）静态分析工具：Java 常用的静态分析工具有 FindBugs、Checkstyle 和 PMD。Codacy 官方支持的语言版本都支持静态分析、代码重复率、代码复杂性和测试覆盖率，并支持 Scala、Java、Python、Ruby、PHP 等语言。

（2）代码规范审查工具：CodeStriker 是一个免费的、开源的 Web 应用程序，可以帮助开发人员基于 Web 进行代码审查,它不但允许开发人员将问题、意见和决定记录在数据库中,还为实际执行代码审查提供一个舒适的工作区域。Codebrag 是一款简单轻巧、能提高进程的代码审查工具,它能解决如非阻塞代码审查、智能邮件通知、联机注释等问题。Barkeep 是"非常友好的代码审查系统",可以使用一种快速且有趣的方式来检查代码,也可以使用它翻阅 Git 存储库的提交记录、查看 diff 文件、写注释,并且还可以将这些注释通过电子邮件发送给下一位提交者。

(3) 内存和资源检查工具:BoundsChecker 是一个运行时代码检错工具,它主要定位程序在运行时期发生的各种错误。BoundsChecker 能检测的错误包含指针操作和内存、资源泄露,对指针变量的错误操作,内存读/写溢出,使用了未初始化的内存,API 函数使用错误等。

(4) 测试数据生成工具:DataFactory 是一个功能强大的数据产生器,拥有图形界面。开发人员和 QA(质量保证)人员能很容易产生百万行有意义的正确的测试数据库代码,该工具支持 DB2、Oracle、Sybase、SQL Server 等数据库,支持 ODBC 连接方式,无法直接使用 MySQL 数据库;DataFactory 首先读取一种数据库方案,用户随后点击鼠标产生一个数据库。JMeter 是 Apache 组织使用 Java 语言开发的一个性能测试工具,可以用来作为生成测试数据的工具,如 tcpcopy 可以将外网机器的用户请求复制到测试环境。Generatedata 是一个免费、开放源码的脚本,主要由 JavaScript、PHP 和 MySQL 构成,它可以迅速生成大量各种格式的客户数据,用于测试软件,将数据输入数据库等。

(5) 测试文档生成和管理工具:TestCenter(简称 TC)是面向测试流程的测试生命周期管理工具,符合 TMMi(测试成熟度模型集成)标准的测试流程,可迅速建立完善的测试体系,规范测试流程,提高测试效率与质量,实现对测试的过程管理,提高测试工程的生产力。TestLink 是一个基于 Web 的测试管理和执行系统,包括测试规范、计划编制、报表、需求、需求跟踪等功能。

5.5.2　UnitTest 介绍

UnitTest 是 Python 自带的测试框架,主要用于单元测试,可以对多个测试用例进行管理和封装,并通过执行输出测试结果。UnitTest 模块是 Python 标准库中的模块,提供了许多类和方法来处理各种测试工作。

UnitTest 由测试用例(test case)、测试固件(test fixture)、测试套件(test suite)和测试运行器(test runner)共同构建整个测试框架。

接口自动化和接口并发测试是时下非常流行及重要的测试方法,通过使用 Python 的 Unit Test 框架及 Jenkins 持续集成技术,让自动化测试组成一套完整的测试体系。

UnitTest 属性如下:['BaseTestSuite', 'FunctionTestCase', 'SkipTest', 'TestCase', 'TestLoader', 'TestProgram', 'TestResult', 'TestSuite', 'TextTestResult', 'Text-TestRunner', '_TextTestResult', '__all__', '__builtins__', '__doc__', '__file__', '__name__', '__package__', '__path__', '__unittest', 'case', 'defaultTestLoader', 'expect-edFailure', 'findTestCases', 'getTestCaseNames', 'installHandler', 'loader', 'main', 'makeSuite', 'registerResult', 'removeHandler', 'removeResult', 'result', 'runner', 'signals′,′skip′,′skipIf′,′skipUnless′,′suite′,′util′]

5.5.3　UnitTest 的基本用法

1.　测试用例

测试就是由一个个测试用例组成的,对于测试框架来说,测试用例存在于最底层,是测试最基础的内容。测试用例可以是对同一个测试点的不同输入,也可以是对不同测试点的不同输入,还可以是多个测试点的组合测试。

在 UnitTest 模块中,需要通过继承 TestCase 类来构建单元测试用例。

```
class 测试类名(unittest.TestCase):
    测试用例
```

使用时,可以一个测试用例生成一个类,也可以多个测试用例生成一个类。通常,我们采用多个测试用例生成一个类的方式,这样执行效率较高。

```
class 测试类名(unittest.TestCase):
    测试用例 1
    测试用例 2
    测试用例 3
    ……
```

一个测试用例可以通过定义一个函数完成,将执行测试的代码封装到函数内,再通过 TestCase 类中的断言 assert * ()来判断测试得到的实际结果与预期结果是否一致,决定是否通过。

断言函数方法有以下几种。

assertEqual(a,b):断言 a、b 是否相等,当两者相等时,测试通过。测试时,可以将 a 赋值为预期值,b 赋值为实际值。

assertNotEqual(a,b):断言 a、b 是否相等,当两者不相等时,测试通过。测试时,可以将 a 赋值为预期值,b 赋值为实际值。

assertTrue(x):断言 x 是否为 True,当表达式为 True 时,通过测试用例。

assertFalse(x):断言 x 是否为 True,当表达式为 False 时,通过测试用例。

assertIsNone(x):断言 x 是否为 None,当表达式为 None 时,通过测试用例。

assertIsNotNone(x):断言 x 是否为 None,当表达式不为 None 时,通过测试用例。

assertIn(a,b):断言 a 是否在 b 中,当 a 在 b 中时,通过测试用例。

assertNotIn(a,b):断言 a 是否在 b 中,当 a 不在 b 中时,通过测试用例。

进行测试时,通过给出不同的输入来获取其结果,再使用断言判断预期结果与实际结果是否相等。某网上计算机销售系统登录界面的测试代码如下所示:

```
import unittest                              # 导入 UnitTest 模块
import requests
class cssell_logintest(unittest.TestCase):
    def test_login1(self):
```

```
            url="http://www.xxx.com/cssllogin.html"
            form={"username":wangwu,"password":wang12345}
            r=requests.post(url,data=form)
            self.assertEqual(r.text,"登录成功")
        def test_login2(self):
            url="http://www.xxx.com/cssllogin.html"
            form={"username":"","password":wang12345}
            r=requests.post (url,data=form)
            self.assertEqual(r.text,"用户名不能为空")
        def test_login3(self):
            url="http://www.xxx.com/cssllogin.html"
            form={"username":wangwu,"password":""}
            r=requests.post(url,data=form)
            self.assertEqual(r.text,"密码不能为空")
        def test_login4(self):
            url="http: //www.xxx.com/cssllogin.html"
            form={"username":wangwu, "password":123456}
            r=requests.post(url,data=form)
            self.assertEqual(r.text,"账号或密码错误")
```

以上代码中,首先导入 UnitTest 模块,然后定义一个 cssell_logintest 的测试类。cssell_logintest 测试类继承了 UnitTest 的 TestCase 基类来完成测试实例。该实例中包含多个测试用例,可通过函数来完成每一个测试用例。

(1) test_login1()函数通过设置正确的账号和密码进行登录,以测试是否可以正常登录。url 的地址为自己设置。使用 assertEqual 断言判断返回信息是否是"登录成功",如果为"登录成功",则通过测试用例;如果该返回信息不是"登录成功",则测试用例不通过。

(2) test_login2()函数通过设置空账号和正确的密码进行登录,以测试异常登录情况时的报错。通过使用断言 assertEqual 来判断在该情况下的返回信息是否为"用户名不能为空"。如果报错信息为"用户名不能为空",则通过测试用例;如果不是该报错信息,则测试用例不通过。

(3) test_login3()函数通过设置正常的账号以及空密码进行登录,以测试异常登录情况时的报错。通过使用断言 assertEqual 来判断在该情况下的返回信息是否为"密码不能为空"。如果报错信息为"密码不能为空",则通过测试用例;如果不是该报错信息,则测试用例不通过。

(4) test_login4()函数通过设置正常的账号以及错误的密码进行登录,以测试该异常登录情况时的报错。通过使用断言 assertEqual 来判断在该情况下的返回信息是否为"账号或密码错误"。如果报错信息为"账号或密码错误",则通过测试用例;如果不是该报错信息,则测试用例不通过。

通过该方式构建测试用例,并对 4 种不同登录情况的输入进行了测试。

2. 测试固件

测试固件为固定的测试代码,即在编写测试代码时可能会有一些相同的部分,测试固件就是整合代码的公共部分。通过某网上计算机销售系统登录界面测试代码的例子可以看出,不同的测试用例使用的 URL 都是相同的,这个相同的部分就可以通过 setUp() 进行初始化。setUp() 用于测试用例执行前的初始化工作。如果测试用例中需要访问数据库,则可以在 setUp() 中建立数据库连接并进行初始化;如果测试用例需要登录 Web,则可以先实例化浏览器。

对接口进行测试时,相同的部分即为接口地址。对于这一部分相同的内容,可以使用 setUp() 进行初始化,各个测试用例通过调用初始化的接口地址来简化代码,通过使用 teardown() 来结束测试工作。

对某网上计算机销售系统登录界面测试代码进行修改,即使用 setUp() 进行初始化后的代码如下:

```python
import unittest                              # 导入 UnitTest 模块
import requests
class cssell_logintest(unittest.TestCase):
    def setUp(self):
        self.url="http://www.xxx.com/cssllogin.html"
    def test_login1(self):
        form={"username":wangwu,"password":wang12345}
        r=requests.post(self.url,data=form)
        self.assertEqual(r.text,"登录成功")
    def test_login2(self):
        form={"username":"","password":wang12345}
        r=requests.post (self.url,data=form)
        self.assertEqual(r.text,"用户名不能为空")
    def test_login3(self):
        form={"username":wangwu,"password":""}
        r=requests.post(self.url,data=form)
        self.assertEqual(r.text,"密码不能为空")
    def test_login4(self):
        form={"username":wangwu,"password":123456}
        r=requests.post(self.url,data=form)
        self.assertEqual(r.text,"账号或密码错误")
```

首先导入 UnitTest 模块,然后定义一个 cssell_logintest 的测试类。在该测试类中首先定义 setUp() 函数,通过函数初始化接口的 URL,相当于定义了一个全局变量 self. url。其他函数在使用地址时,不需要再重复定义,直接调用 self. url 变量即可。

通过这种方式,对于复杂的超大系统来说,可以大大减少冗余代码,也便于后期的维护。

3. 测试套件

测试套件是将多个测试用例集合到一起。在完成测试用例准备部分之后,需要根据用例进行组合,这时需要采用测试套件。

TestSuite 类的属性如下:

['__call__','__class__','__delattr__','__dict__','__doc__','__eq__','__format__', '__getattribute__'，'__hash__'，'__init__'，'__iter__'，'__module__'，'__ne__'，'__new__'，'__reduce__'，'__reduce_ex__'，'__repr__'，'__setattr__'，'__sizeof__'，'__str__'，'__subclasshook__'，'__weakref__'，'_addClassOrModuleLevelException'，'_get_previous_module'，'_handleClassSetUp'，'_handleModuleFixture'，'_handleModuleTearDown'，'_tearDownPreviousClass'，'_tests'，'addTest'，'addTests'，'countTestCases'，'debug'，'run']

　　addTest()方法是将测试用例添加到测试套件中，如下述语句所示。首先定义一个suite()函数，用来返回已经创建好的测试套件实例。采用 addTest()方法将 cssell_logintest 模块下的 test_login1 测试用例添加到测试套件中。

```
def suite():
loginTestCase=unittest.TestSuite()
loginTestCase.addTest(cssell_logintest("test_login1"))
```

　　对某网上计算机销售系统登录界面测试代码进一步改进，即使用测试套件后的代码如下：

```
import unittest                          # 导入 UnitTest 模块
import requests
class cssell_logintest(unittest.TestCase):
    def setUp(self):
        self.url="http://www.xxx.com/cssllogin.html"
    def test_login1(self):
        form={"username":wangwu,"password":wang12345}
        r=requests.post(self.url,data=form)
        self.assertEqual(r.text,"登录成功")
    def test_login2(self):
        form={"username":"","password":wang12345}
        r=requests.post (self.url,data=form)
        self.assertEqual(r.text,"用户名不能为空")
    def test_login3(self):
        form={"username":wangwu,"password":""}
        r=requests.post(self.url,data=form)
        self.assertEqual(r.text,"密码不能为空")
    def test_login4(self):
            form={"username":wangwu,"password":123456}
        r=requests.post(self.url,data=form)
        self.assertEqual(r.text, "账号或密码错误")
    def suite():
        loginTestCase=unittest.TestSuite()
        loginTestCase.addTest(cssell_logintest("test_login1"))
        loginTestCase.addTest(cssell_logintest("test_login2"))
        loginTestCase.addTest(cssell_logintest("test_login3"))
        loginTestCase.addTest(cssell_logintest("test_login4"))
```

```
return loginTestCase
```

使用 addTest()方法进行测试时,发现需要一个一个添加测试用例,若有很多个测试用例,则会很烦琐,因此可以采用 makeSuite()方法来创建测试用例类追踪所有测试用例的测试套件。在如下所示的代码中,makeSuite()函数将 cssell_logintest 中所有以 test 开头的测试用例加入测试套件中。这种方法只需要采用一行代码就可以添加全部的测试用例到测试套件中,大大简化了代码量。但是,一旦使用这种方法,就只能全部添加所有的测试用例,不能只添加其中某些测试用例。

```
def suite():
    loginTestCase=unittest.makeSuite(cssell_logintest,"test")
    return loginTestCase
```

4. 测试运行器

测试运行器能给测试用例提供运行环境。通过使用 TextTestRunner 类中的 run()方法来执行测试用例,并在执行完成后将测试结果输出。

TextTestRunner 类的属性如下:

['__class__', '__delattr__', '__dict__', '__doc__', '__format__', '__getattribute__', '__hash__', '__init__', '__module__', '__new__', '__reduce__', '__reduce_ex__', '__repr__', '__setattr__', '__sizeof__', '__str__', '__subclasshook__', '__weakref__', '_makeResult', 'buffer', 'descriptions', 'failfast', 'resultclass', 'run', 'stream', 'verbosity']

run()方法是运行测试套件的测试用例,入参为 suite 测试套件。

```
runner=unittest.TextTestRunner()
runner.run(suite)
```

对某网上计算机销售系统登录界面测试代码进一步改进,即使用测试运行器后的代码如下:

```
import unittest                              # 导入 UnitTest 模块
import requests
class cssell_logintest(unittest.TestCase):
    def setUp(self):
        self.url="http://www.xxx.com/cssllogin.html"
    def test_login1(self):
        form={"username":wangwu,"password":wang12345}
        r=requests.post(self.url,data=form)
        self.assertEqual(r.text,"登录成功")
    def test_login2(self):
        form={"username":"","password":wang12345}
        r=requests.post (self.url,data=form)
        self.assertEqual(r.text,"用户名不能为空")
    def test_login3(self):
        form={"username":wangwu,"password":""}
```

```
                r=requests.post(self.url,data=form)
                self.assertEqual(r.text,"密码不能为空")
            def test_login4(self):
                form={"username":wangwu,"password":123456}
                r=requests.post(self.url,data=form)
                self.assertEqual(r.text,"账号或密码错误")
        def suite():
            loginTestCase=unittest.TestSuite()
            loginTestCase.addTest(cssell_logintest("test_login1"))
            loginTestCase.addTest(cssell_logintest("test_login2"))
            loginTestCase.addTest(cssell_logintest("test_login3"))
            loginTestCase.addTest(cssell_logintest("test_login4"))
            return loginTestCase
        if__name__="__main__"
            runner=unittest.TextTestRunner()
            runner.run(suite())
```

5. 生成测试报告

UnitTest 测试框架在执行测试用例之后,可以看到运行结果。但是在实际的工作中需要有测试报告的输出信息,以方便我们进一步分析问题,并且保存结果。因此,需要导入 HTMLTestRunner 模块,这个模块需要自己安装,使用执行测试用例就会生成一个 HTML 的测试报告,里面会有每个测试用例的执行结果。

下载 HTMLTestRunner 模块后,需要将这个 PY 文件放在 Python 安装目录下的 lib 文件夹中。HTMLTestRunner 扩展模块是基于 Python 2 开发的,使用 Python 3 时,需要进行相应的修改来解决语法不兼容的问题。代码如下:

```
第 94 行 import StringIO                修改为  import io
第 539 行 StringIO.StringIO()           修改为  io.StringIO()
第 631 行 print>>>sys.stderr,"\nTime Elapsed:%s"%(self.stopTime-self.start-
Time)                                   修改为  print(sys.stderr,"\nTime E-
lapsed:%s"%(self.stopTime-self.startTime))
第 642 行 if not rmap.has_key(cls):      修改为  if not cls in rmap:
第 766 行 uo=o.decode("latin-1")        修改为  uo=e
第 775 行 ue=e.decode("latin-1")        修改为  ue=e
第 778 行 output=saxutils.escape(uo+ue)  修改为  output=saxutils.escape
(str(uo)+str(ue))
```

修改后的代码就可以在 Python 3.6 上使用 HTMLTestRunner 这个模块了。首先新建一个名为 res.html 的文件,权限为独写。然后使用 HTMLTestRunner 模块中的 HTML-TestRunner() 方法构建一个运行器对象,再将参数结果写入新建的 res.html 文件中。报告的标题为"登录界面测试报告",描述为详情,最后通过 run() 方法运行完成测试用例。

```
        if__name__="__main__"
            fp=open("res.html",'wb')        # 打开一个保存结果的 HTML 文件
```

```
runner=HTMLTestRunner.HTMLTestRunner(stream=fr,title="登录界面测试报
告",description="详情")
runner.run(suite())
```

对某网上计算机销售系统登录界面测试代码进一步改进,添加生成测试报告相应代码后如下:

```
import HTMLTestRunner
import unittest                          # 导入 UnitTest 模块
import requests
classcssell_logintest(unittest.TestCase):
    def setUp(self):
        self.url="http://www.xxx.com/cssllogin.html"
    def test_login1(self):
        form={"username":wangwu,"password":wang12345}
        r=requests.post(self.url,data=form)
        self.assertEqual(r.text,"登录成功")
    def test_login2(self):
            form={"username":"","password":wang12345}
        r=requests.post(self.url,data=form)
        self.assertEqual(r.text,"用户名不能为空")
    def test_login3(self):
        form={"username":wangwu,"password":""}
        r=requests.post(self.url,data=form)
        self.assertEqual(r.text,"密码不能为空")
    def test_login4(self):
        form={"username":wangwu,"password":123456}
        r=requests.post(self.url,data=form)
        self.assertEqual(r.text,"账号或密码错误")
def suite():
    loginTestCase=unittest.TestSuite()
    loginTestCase.addTest(cssell_logintest("test_login1"))
    loginTestCase.addTest(cssell_logintest("test_login2"))
    loginTestCase.addTest(cssell_logintest("test_login3"))
    loginTestCase.addTest(cssell_logintest("test_login4"))
    return loginTestCase
if__name__="__main__"
    fp=open("res.html",'wb')        # 打开一个保存结果的 HTML 文件
    runner=HTMLTestRunner.HTMLTestRunner(stream=fr,title="登录界面测试报
告",description="详情")
    runner.run(suite())
```

运行之后就会生成一个 HTML 的报告文件,报告以表格形式列出测试项目和测试结果。

6. 使用 UnitTest 的基本思路

使用 UnitTest 时，可以采用以下基本思路进行测试。

（1）导入 UnitTest 模块，代码如下：

```
import unittest
```

（2）定义测试类。

测试类的父类为 unittest. TestCase。测试类可以继承 unittest. TestCase 的方法，如 setUp()方法和 tearDown()方法，还可以继承 unittest. TestCase 的各种断言方法，通过 assert * ()来判断测试所得的实际结果与预期结果是否一致，以决定是否通过。

```
class 测试类名(unittest.TestCase):
```

（3）定义 setUp()方法用于测试用例执行前的初始化工作。当所有类中方法的入参为 self 时，则定义方法的变量为"self. 变量"。当输入的值为字符型时，需要转为 int 型。

```
def setUp(self):
        self.url="http://www.xxx.com/cssllogin.html"
```

（4）定义测试用例，以"test_"开头命名方法。方法的入参为 self，可使用 unittest. TestCase 类下面的各种断言方法对测试结果进行判断，可定义多个测试用例。代码如下：

```
def test_login1(self):
        form={"username":wangwu,"password":wang12345}
        r=requests.post(self.url,data=form)
        self.assertEqual(r.text,"登录成功")
    def test_login2(self):
        form={"username":"","password":wang12345}
        r=requests.post (self.url,data=form)
        self.assertEqual(r.text,"用户名不能为空")
    def test_login3(self):
        form={"username":wangwu,"password":""}
        r=requests.post(self.url,data=form)
        self.assertEqual(r.text,"密码不能为空")
    def test_login4(self):
        form={"username":wangwu,"password":123456}
        r=requests.post(self.url,data=form)
        self.assertEqual(r.text, "账号或密码错误")
```

（5）如果直接运行该文件（__name__值为__main__），则执行以下语句，常用于测试脚本是否能够正常运行。

```
if__name__="__main__"
```

（6）执行测试用例。

执行测试用例有以下两种方法。

① 使用 unittest. main()方法。unittest. main()方法会搜索其模块下所有以 test 开头

的测试用例方法,并自动执行它们。执行顺序是先执行 test_login1,再执行 test_login2。

```
unittest.main()
```

② 使用 run()方法运行测试套件。首先构造测试集,实例化测试套件,将测试用例加载到测试套件中,再实例化 TextTestRunner 类,使用 run()方法运行测试套件。代码如下:

```
def suite():
    loginTestCase=unittest.TestSuite()
    loginTestCase.addTest(cssell_logintest("test_login1"))
    loginTestCase.addTest(cssell_logintest("test_login2"))
    loginTestCase.addTest(cssell_logintest("test_login3"))
    loginTestCase.addTest(cssell_logintest("test_login4"))
    return loginTestCase
if__name__=="__main__"
    runner=unittest.TextTestRunner()
    runner.run(suite())
```

5.5.4　覆盖率统计工具 Coverage

覆盖率是用来衡量单元测试对功能代码的测试情况,通过统计单元测试中对功能代码的行、分支、类等模拟场景数量来量化说明测试的充分度。

代码覆盖率即为代码的覆盖程度,是一种度量方式。它的度量方式包括但是不仅限于以下几种。

(1) 语句覆盖:度量被测代码中每条可执行语句是否都被测试到。

(2) 判定覆盖:度量程序中每个判定分支是否都被测试到。

(3) 条件覆盖:度量判定中的每个子表达式结果分别为 True 和 False 时,是否被测试到。

(4) 路径覆盖:度量函数的每个分支是否都被测试到。

在对 Python 项目进行测试时,同 Java 的 JaCoCo、Cobertura 等一样,Python 也有自己的单元测试覆盖率统计工具 Coverage。Coverage 是一种用于统计 Python 代码覆盖率的工具,通过它可以检测测试代码对被测代码的覆盖率情况,还可以高亮显示代码中哪些语句已被执行,哪些未被执行,以方便进行单测。同时,Coverage 支持分支覆盖率统计,可以生成 HTML/XML 报告。

Coverage 的获取地址:http://pypi.python.org/pypi/coverage。

Coverage 的安装指令:pip install coverage。

Coverage 的使用帮助:$ coverage help,通过使用 help 命令查看帮助。

Coverage 的使用比较简单,直接使用 coverage run 命令去执行已经写好的单元测试用例就可。执行单元测试的脚本为 coverage run test.py arg1 arg2。其中,test.py 是已经完成的测试用例脚本,arg1、arg2 是 test.py 执行需要的参数。执行结束后,会自动生成一个覆盖率统计结果文件:.coverage。当然,这个文件中的一大堆数字是不方便我们查看的。所以我们使用另外一条命令查看覆盖率统计结果:coverage report。

当然,也可以生成更加清晰明了的 HTML 测试报告,命令为 coverage html -d report。

其中,-d 用于指定 HTML 文件夹。生成的报告直接关联代码,高亮显示覆盖和未覆盖的代码,支持排序。通过点击其中的 PY 文件可以看到各自代码被执行的情况。

还可以通过 API 方式进行测试并统计覆盖率,代码如下:

```
cov=coverage.coverage(source=["learn_coverage"])
cov.start()

suite=unittest.defaultTestLoader.discover(os.getcwd(), "test_learn_cover-
age.py")
unittest.TextTestRunner().run(suite)

cov.stop()
cov.report()
cov.html_report(directory="report_html_01")
```

5.6　小结

单元测试是对软件设计的最小单元进行功能、性能、接口和设计约束等正确性检查的工作。单元测试包含测试计划、测试设计、测试执行、测试评估 4 个步骤。在进行单元测试时,需要开发相应的桩模块和驱动模块来辅助测试。

进行单元测试时,需要选择合适的单元测试工具。C/C++可以采用 UnitTest、C++ Test 等测试工具来满足测试要求;对于 Java 语言的单元测试,可以借助 JUnit 单元测试包来完成;对于 Python 语言的单元测试,可以使用 UnitTest 来进行。

在使用 UnitTest 进行测试时,可以遵循以下步骤。

(1) 导入 UnitTest 模块。

(2) 定义测试类,父类为 unittest. TestCase。

(3) 定义 setUp()方法用于测试用例执行前的初始化工作。

(4) 定义测试用例,以"test_"开头命名的方法。

(5) 定义 tearDown()方法用于测试用例执行之后的善后工作。

(6) 运行文件,if__name__=='__main__'。

(7) 执行测试用例。

Python 也有自己的单元测试覆盖率统计工具 Coverage。可以通过单元测试覆盖率来对单元测试情况进行分析。

单元测试是软件质量控制的重要环节之一,无论是对软件质量还是对开发者来说,都具有极其重要的意义。

习题 5

一、选择题

1. 单元测试时用户代替被调用模块的是(　　　)。

A. 桩模块   B. 通信模块   C. 驱动模块   D. 代理模块

2. 以下关于单元测试的叙述,不正确的是( )。

A. 单元测试是指对软件中的最小可测试单元进行检查和验证

B. 单元测试是在软件开发过程中要进行的最低级别的测试活动

C. 结构化编程语言中的测试单元一般是函数或子过程

D. 单元测试不能由程序员自己完成

3. 单元测试按照其方式可以划分为( )。

A. 狭义类型的、广义类型的   B. 静态的、动态的

C. 代码走读、代码审查   D. 注释检查、代码整齐度检查

4. 下面( )适合进行单元测试。

A. 逻辑复杂的类   B. 涉及过多界面交互的代码

C. 逻辑简单的类   D. 涉及多个环境的代码

5. 属于单元测试的内容的是( )。

A. 接口数据测试   B. 局部数据测试

C. 模块时序测试   D. 全局数据测试

二、综合题

1. 什么是桩模块? 什么是驱动模块? 在单元测试中是否一定要开发这两类模块?

2. 在单元测试中,主要采用什么技术方法?

3. 单元测试包含哪些内容? 有哪些需要检测的?

4. 单元测试有什么意义?

第6章 集成测试

【学习目标】

在开发过程中,每个模块都能单独工作,但是将这些模块集成在一起后,却出现了很多bug,这在开发过程中很常见,其主要原因就是模块在相互调用时,接口会引入许多新问题,如数据经过接口时可能丢失了,几个子功能组合起来后没有实现主功能,全局数据结构出现了 bug,等等。为了解决这些集成过程中出现的问题,在每个模块执行完单元测试后,按照设计阶段制作的结构图,将所有模块按照设计要求进行组装,同时进行集成测试。通过本章的学习:

(1)掌握集成测试的概念、过程、原则。

(2)掌握集成测试的策略。

(3)掌握集成测试的技术。

6.1 集成测试概述

6.1.1 集成测试的概念

集成测试(integration testing),也叫组装测试或联合测试,是将已经测试过的模块组合成子系统,其目的在于检测单元之间的接口等相关问题,逐步集成为符合概要设计规格说明要求的整个系统。

在软件开发过程中,所有模块都要进行单元测试,并在通过了单元测试之后进行集成,即将模块组装起来组合成更大的单元。集成测试是介于单元测试和系统测试之间的过渡阶段,是单元测试的扩展和延伸。若不经过单元测试直接进行集成测试,则集成测试的效果会受到很大影响,并且会增加测试成本,甚至可能导致整个集成测试工作无法进行。同样,若进行单元测试后不经过集成测试,直接把所有模块组装起来,则可能会出现有些模块虽然进行了单元测试,可以独立完成相应的功能,但是和其他模块连接起来后,并不能保证可以正常工作。若一次性将所有模块组装好,则可能出现很多错误,并且在这种情况下为每个错误进行定位和纠正是非常困难的,当改正错误时,很容易引入新的错误。因此,在集成过程中需要引入集成测试,用来测试程序在某些局部反映不出来而在子系统或者接口上很可能暴露出来的问题。

集成测试就是测试单元在集成过程中是否有缺陷,通过测试来识别组合单元时出现的问题。集成测试的目标包括验证接口的功能和非功能行为是否符合设计和规定、全局数据结构的测试、计算精度的检测以及功能的正确性验证等可能在集成过程中出现的问题。集成测试主要关注的问题就是模块间的数据传递是否正确,模块之间的功能是否会产生错误影响,全局数据结构是否正确和是否会被异常修改,模块组合起来的功能是否满足需求,以及集成后各个模块的累积误差是否会扩大到不可接受的程度。最简单的集成测试就是将两个单元模块组合在一起,对它们之间的接口进行测试。当然,实际的集成测试远比这复杂,需要根据实际情况的不同采取不同的集成策略将多个模块组装成为子系统或者系统。

软件模块结构图如图 6-1 所示。

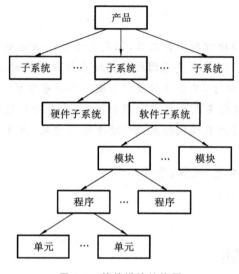

图 6-1　软件模块结构图

在集成测试过程中,主要考虑以下几个问题。

● 在将各个模块连接起来的时候,穿越模块接口的数据是否会丢失。

● 集成过程中,一个模块的功能是否会对另一个模块的功能产生不好的影响。

● 在将各个子功能组合起来时,是否能够达到预期要求。

● 全局数据结构是否正确。

● 单个模块的误差累积起来是否会放大,且是否会放大到不能接收的程度。

集成测试方法可以粗略地划分为非渐增式集成测试和渐增式集成测试。非渐增式集成测试就是先分别测试各个模块,再将所有软件模块按设计要求放在一起组合成所需的程序,集成后进行整体测试。渐增式集成测试就是从一个模块开始测试,然后把需要测试的模块组合到已经测试好的模块中,直到所有的模块都组合在一起,完成测试。

集成测试可以分为以下几类。

(1) 基于功能分解的集成测试。在软件工程中,常常基于系统功能的分解来进行模块化程序设计,因此系统在进行集成测试时,也可以基于功能模块来进行组装。基于功能分解的集成测试根据概要设计规格说明中的功能分层,按照一定的集成策略来进行集成测试。通常有自顶向下集成、自底向上集成以及三明治集成。

(2) 基于调用图的集成测试。在实际应用中,并不是所有的软件系统的功能层次关系都很明确,因此,需要结合软件程序的内部结构来缓解功能层次不明确的缺陷,这时,就需要用到基于调用图的集成测试。基于调用图的集成测试是一种根据调用关系来设计实施的集成测试,包含成对集成和相邻集成。

(3) 基于路径的集成测试。MM(message-method)路径可以用于描述单元之间的控制转移。

MM 路径是模块执行路径和消息的序列,是描述单元之间控制转移的模块执行路径序列。一条 MM 路径从一个消息开始,通过激活相应的方法和函数,到一个自身不产生任何消息的方法结束。在面向对象的系统中,MM 路径可以看成是一个由消息连接起来的方法执行序列。基于路径的集成测试就是基于这种 MM 路径而进行的集成测试。

6.1.2 集成测试的原则

集成测试的需求主要来源于概要设计规格说明。很多公司在进行软件测试的过程中往往忽略集成测试,将程序联调作为集成测试,而进行到系统测试时,发现错误太多,不得不回头重新进行测试。因此,集成测试需要针对概要设计规格说明尽早开始。在进行集成测试时,需要遵循以下原则。

(1)所有公共接口必须被测试到,关键模块必须进行充分测试。

(2)集成测试应当按照一定层次进行,集成测试策略的选择应当综合考虑质量、成本、进度三者之间的关系。

(3)在模块和接口的划分上,测试人员应该和开发人员充分沟通。

(4)当测试计划中的结束标准满足条件时,集成测试才能结束。

(5)当接口修改时,涉及的相关接口都必须进行回归测试。

(6)集成测试应根据集成测试计划和方案进行,不能随意测试,测试执行结果应当如实记录。

(7)项目管理者应保证审核测试用例。

6.1.3 集成测试过程

在进行集成测试时,要经历制订集成测试计划、设计集成测试用例、实施集成测试、执行集成测试的过程,并在过程中穿插回归集成测试,最终评估集成测试。集成测试过程图如图6-2 所示。

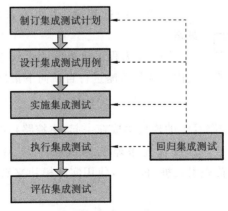

图 6-2 集成测试过程图

(1)制订集成测试计划。测试人员根据项目组提供的设计模型和集成构建计划,制订出适合本项目的集成测试计划。测试计划的制定对集成测试的顺利实施起着至关重要的作用,测试计划的质量直接影响到后续测试工作的进行。根据 W 模型,一般在概要设计规格说明评审通过后约一周时间,根据需求规格说明书、概要设计规格说明文档、产品开发计划时间表来制订集成测试计划。集成测试计划包括确定被测试的对象和测试范围,评估测试的工作量等。

(2)设计集成测试用例。测试人员根据集成测试计划以及设计模型,设计集成测试用例和测试过程。

(3)实施集成测试。测试人员根据集成测试用例、测试过程以及工作版本,编制测试脚本(桩模块、驱动模块),更新测试过程。

(4)执行集成测试。测试人员根据测试脚本以及工作版本进行测试,并记录测试的结果。

(5)回归集成测试。测试人员针对集成测试过程中的修改进行回归集成测试。

(6)评估集成测试。测试人员根据集成测试计划以及测试结果,与程序员、设计工作人员等相关干系人评估此次测试,并形成测试评估摘要。

6.2 基于功能分解的集成

基于功能分解的集成测试是根据概要设计规格说明中的功能分层,按照一定的集成策略来进行集成测试。通常有自顶向下集成、自底向上集成以及三明治集成。

6.2.1 自顶向下集成

自顶向下集成是从主控模块开始,采用深度优先策略或广度优先策略从上到下组合模块。在测试过程中,需要设计桩模块来模拟下层模块。在进行自顶向下集成时,首先以主控模块作为测试驱动模块,把对主控模块进行单元测试时引入的所有桩模块用实际模块替代;然后依据所选的集成策略,每次只替代一个桩模块;最后每集成一个模块就测试一遍,直到所有模块集成完毕。为了避免引入新的 bug,需要不断进行回归测试。

在组合的过程中,主要有深度优先和广度优先两种策略。

图 6-3 为程序模块化设计示意图,可根据深度优先和广度优先两种策略进行自顶向下集成测试。

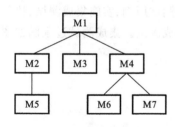

图 6-3 程序模块化设计示意图

1. 深度优先策略

深度优先策略是把主控路径上的模块集成在一起,主控路径的选择是任意的,带有随意性,一般由问题的特性确定。深度优先策略的测试顺序是 M1—M2—M5—M3—M4—M6—M7。在测试过程中,首先引入桩,再逐步使用实际模块来替代桩模块,测试过程如图 6-4 所示。

2. 广度优先策略

广度优先策略是沿着水平方向,把每一层中所有直接隶属于上一层的模块集成起来,直到底层。广度优先策略的测试顺序是 M1—M2—M3—M4—M5—M6—M7。在测试过程

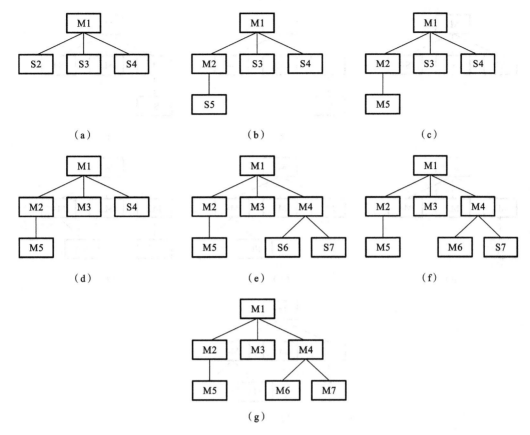

图 6-4　深度优先策略集成过程

中,首先引入桩,再逐步使用实际模块来替代桩模块,测试过程如图 6-5 所示。

自顶向下集成测试要求先测试控制模块,这样可以较早地验证控制点和判定点,也有助于降低对驱动模块的需求,但是需要编写桩模块。自顶向下集成测试的主要优点是可以自然地做到逐步求精,可以让测试人员较早地看到系统的主要功能;其缺点是需要编写桩模块。由于桩模块不能模拟数据,如果模块间的数据流不能构成有向的非环状圈,那么一些模块的测试数据难以生成,观察测试输出也很困难。在测试较高层的模块时,低层处理采用桩模块代替,不能反映真实情况,重要数据不能及时回送到上层模块,因此测试并不充分。

针对这些问题,可以采用把某些测试推迟到用真实模块替代桩模块之后进行;或者开发能够模拟真实模块的桩模块;或者采用自底向上的方式进行集成。

6.2.2　自底向上集成

自底向上集成是从程序的最底层功能模块开始组装测试逐步完成整个系统。这种集成方式可以较早地发现底层的错误,而且不需要编写桩模块,但是需要编写驱动模块。

在进行自底向上集成时,首先需要按照概要设计规格说明来明确哪些模块需要被测试。然后对被测模块进行分层,列出测试活动的先后关系,制订测试计划。其次按照先后顺序将模块逐步集成为实现某个子功能的模块群,并在集成过程中测试所出现的问题。按照这种

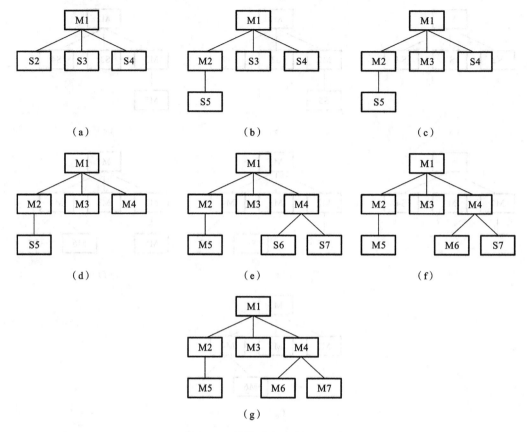

图 6-5　广度优先策略集成过程

方式,再将子模块集成为一个较大的模块,最终集成为完整的系统。

以图 6-3 为例,底层模块为 M5、M3、M6、M7,先底层模块作为测试对象,分别建立好驱动模块 D1、D2、D3,并行地进行集成。自底向上集成测试过程如图 6-6 所示。

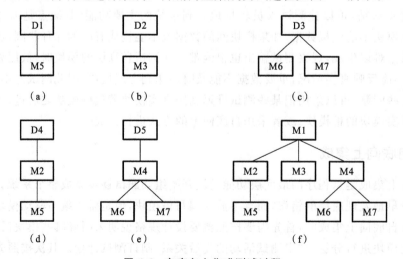

图 6-6　自底向上集成测试过程

自底向上集成测试的优点是先通过驱动模块模拟了所有调用参数,容易生成测试数据,如果关键的模块在结构图的底部,这种测试方式就有优越性。然后,按照自底向上的顺序,直到最后一个模块被集成进来之前都无法看到整个程序/系统的框架。

6.2.3 三明治集成

三明治集成也称混合法,是将自顶向下和自底向上两种集成方式组合起来的集成测试。软件结构的居上层部分可以采用自顶向下集成方式完成测试,而软件结构的居下层部分可以采用自底向上集成方式完成测试。三明治集成兼有两种方式的优缺点,桩模块和驱动模块的开发工作量都比较小,适合关键模块较多的被测软件,但是这种方式在一定程度上增加了定位缺陷的难度。

使用三明治集成时,要尽量减少设计驱动模块和桩模块的数量。

同样以图 6-3 为例,在图 6-3 的 6 个模块中,总共有三层,中间层以上的部分采用自顶向下集成的方式完成测试,中间层以下的部分采用自底向上集成的方式完成测试,最后将上下两部分汇合进行集成测试。进行三明治集成时,先对模块 M5、M6、M7 进行单元测试,再对 M1 进行测试,并将模块 M5、M2 集成到一起进行测试,将 M6、M7、M4 集成到一起进行测试,最后将所有模块进行集成测试。三明治集成过程如图 6-7 所示。

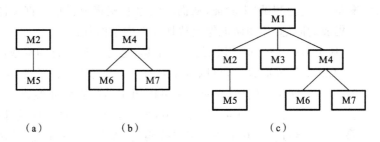

图 6-7 三明治集成过程

在测试软件系统时,应根据软件的特点和工程的进度选用适当的测试策略,有时混合使用两种策略更为有效。

在综合测试中,尤其要注意关键模块。关键模块一般具有以下几个特征:对应几个需求,高层控制功能;复杂、易出错;有特殊的性能要求等。关键模块应尽早测试,并反复进行回归测试。

6.3 集成测试技术

6.3.1 集成测试技术及内容

集成测试主要测试软件的结构问题,因为测试建立在模块的接口上,所以多采用黑盒测试,适当辅以白盒测试。

软件集成测试具体内容包括功能性测试、可靠性测试、易用性测试、性能测试和维护性测试。

集成测试一般覆盖的区域包括以下几个。

（1）从其他关联模块调用一个模块。

（2）在关联模块间正确传输数据。

（3）关联模块之间的相互影响，即检查引入一个模块会不会对其他模块的功能产生不利的影响。

（4）模块间接口的可靠性。

集成测试时应按照下面的方法进行。

（1）确认组成一个完整系统模块之间的关系。

（2）评审模块之间的交互和通信需求，确认模块间的接口。

（3）使用上述信息产生一套测试用例。

（4）采用增量式测试，依次将模块加入（扩充）系统，并测试新合并后的系统，这个过程以一种逻辑/功能顺序重复进行，直至所有模块被功能集成进来形成完整的系统为止。

6.3.2 集成测试工具 Jenkins

持续集成是一种软件开发实践，由于团队开发成员需要经常集成他们的工作，通常每个成员的工作至少集成一次，也就意味着每天可能会发生多次集成。每次集成都通过自动化构建（包括编译、发布、自动化测试）来验证，从而尽快地发现集成错误。许多团队发现这个过程可以大大减少集成的问题，让团队能够更快地开发内聚的软件。

Jenkins 是一个基于 Java 的免费、开源的测试工具，是时下最流行的集成测试工具。它可以兼容 Windows、Linux 及 iOS 系统，可以避免因为系统问题而导致的持续集成功能无法

使用的问题。Jenkins 可以用于监控持续重复的工作，可用于定时执行 Python 脚本。Jenkins 是开源 CI&CD 软件领导者，提供超过 1000 个插件来支持构建、部署、自动化，能满足任何项目的需要。Jenkins 的作用和它的图标（见图 6-8）表现出来的一样，就是为了在做工作的时候能够比较轻松，像一个绅士一样游刃有余。

Jenkins 提供可视化管理，可以在浏览器中打开，其设计人性化，容易进行管理和配置。Jenkins 可以通过安装插件来实现具体的功能，除本身提供齐全的插件，还可以自己编写插件并上传使用，有良好的可扩展性。Jenkins 还可以用来执行代码的静态

图 6-8 Jenkins 图标

扫描、自动化测试脚本、自动化部署代码等。

Jenkins 的下载地址为：http://updates.jenkins-ci.org/。

1. Jenkins 的安装

Jenkins 是基于 Java 语言的，所以需要先配置一个 Java 环境，下载一个 war 文件。在官网地址的最下面可以下载 war 文件，如图 6-9 所示。

将最新版本的 war 文件放到制定的文件目录下面，打开运行界面，输入 cmd 命令进入控制台。这里要注意文件所在目录的位置，例如文件放在 D 盘的根目录，则需要先进入 D 盘根目录，然后通过输入 Java 命令启动。

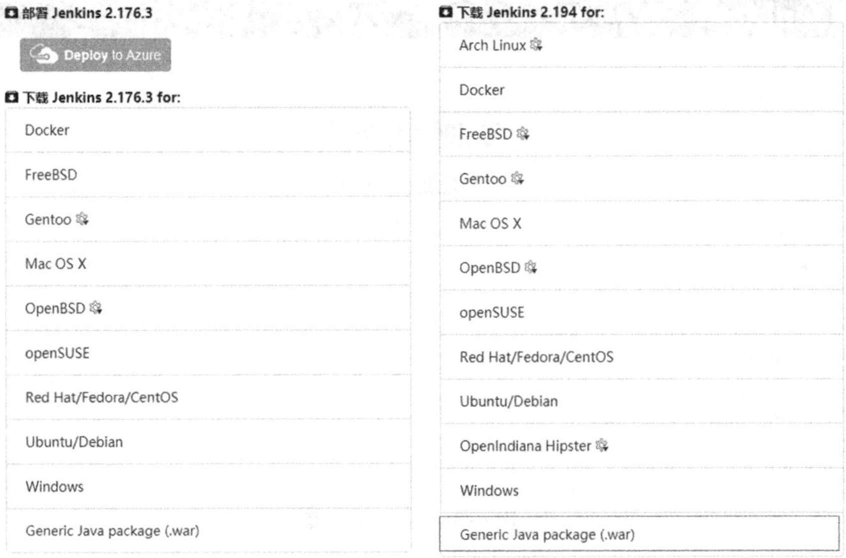

图 6-9　Jenkins 的 war 文件下载

```
java -jar jenkins.war
```

输入命令后会启动各种相关服务，最后会显示 Jenkins is fully up and running，表示启动完毕。此时默认端口为 8080。

在 Windows 系统下，可以采用批处理脚本来启动 Jenkins。新建一个 txt 文件，输入以下代码：

```
set JENKINS_HOME=c:\jenkins
cd /d % JENKINS_HOME%
java - jar % JENKINS_HOME% \jenkins.war
```

将 txt 文件保存为 .bat 文件，以后可以通过双击此文件来启动 Jenkins。

在浏览器上输入 localhost:8080 可看到 Jenkins 界面，如图 6-10 所示。

2. Jenkins 的配置

Jenkins 使用起来并不复杂，只需要配置好相关工具以及插件即可。

（1）新建账户。

首先用 admin 账户登录进去，在系统管理→管理用户→新建用户中新建账户。

（2）配置安全策略。

由于 Jenkins 默认为任何人都可以访问该系统，所以需要配置安全策略系统管理→全局安全配置→授权策略将其改为安全矩阵，添加需要的账户，给特定的人勾选所需的策略，这样就安全了。

（3）添加节点（添加机器）。

Jenkins 和测试环境一般不会在同一台机器上，多个测试环境也有可能在多台机器上。先增加一台机器作为官网的测试环境。操作步骤为：系统管理→管理节点→新建节点名称。

图 6-10　Jenkins 界面

（4）部署应用。

通过系统管理中的各项任务可以设置好全局的工具，如 JDK、Maven、Git 等，也可以安装各种插件，如 Python、ansible 等。在这项设置完成之后，可以新建一个任务，使用 ansible 或普通的 shell 或 bat 脚本部署应用。

6.3.3　构建基于 Python 的持续交付

构建基于 Python 的持续交付过程的第一步是编写代码，并进行代码扫描和单测以保证代码质量，此时需要使用的工具为 SonarQube、PyTest、UnitTest、Coverage，以及代码管理工具 Git&GitLab。

在高质量的代码提交以后，需要对各个阶段的代码进行测试，内容包括接口、性能、安全、自动化等，使用的工具及框架有 Selenium、JMeter、Locust 等。

在测试过程中，不断地发现 bug，修改 bug，再进行回归测试，直至通过测试为止。在这个持续的过程中，做到持续部署自动化，如可以使用 ansible 等进行自动化部署。

6.4　小结

集成测试就是测试单元在集成过程中是否有缺陷，通过测试来识别组合单元时出现的问题。集成测试方法可以粗略地划分为非渐增式集成测试和渐增式集成测试。

在实际测试过程中，一般会采用渐增式集成测试。从功能分解的角度进行集成，是在模块化的基础上开展的。基于功能分解的集成测试通常有自底向上集成、自顶向下集成和三明治集成三种。

集成测试过程一般包括制订集成测试计划、设计集成测试用例、实施集成测试、执行集成测试。

习题 6

一、选择题

1. 集成测试的方法主要有两个,一个是( ),另一个是( )。

A. 白盒测试方法,黑盒测试方法

B. 等价类划分法,边界值分析法

C. 渐增式集成测试方法,非渐增式集成测试方法

D. 因果图法,场景法

2. 以下属于集成测试的是( )。

A. 系统功能是否满足用户要求

B. 系统中一个模块的功能是否会对另一个模块的功能产生不利影响

C. 系统的实时性是否满足

D. 函数内部变量的值是否为预期值

3. 关于集成测试的描述中,正确的是( )。

① 集成测试也叫组装测试或联合测试,通常是在单元测试的基础上,将所有模块按照概要设计规格说明和详细设计规格说明的要求进行组装和测试的过程

② 自顶向下的增值方式是集成测试的一种组装方式,它能较早地验证主要的控制和判断点,对于输入/输出模块、复杂算法模块中存在的错误能够较早发现

③ 自底向上的增值方式需要建立桩模块,并行地对多个模块实施测试,并逐步形成程序实体,完成所有模块的组装和集成测试

④ 在集成测试时,测试者应当确定关键模块,并对这些关键模块及早进行测试,比如高层控制模块、有明确性能要求和定义的模块等

A. ①②   B. ②③   C. ①④   D. ②④

二、综合题

1. 集成测试主要测试哪些内容?

2. 简述基于功能分解的集成测试的特点,并分析其适用于哪些场景。

3. 集成测试的过程是怎样的? 每一步需要做什么工作?

4. 在集成测试过程中,可以采用哪些技术?

5. 根据图 6-11 所示的模块图,对其进行基于功能分解的集成测试,分别采用自顶向下、自底向上和三明治集成的方法。分析在使用不同的方法时,是否需要设计桩模块和驱动模块。

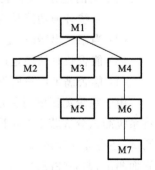

图 6-11 模块图

第7章 系 统 测 试

【学习目标】

从软件测试阶段看，经过集成测试后，分散的多个功能模块已经被集成起来构成子系统，其中各模块间接口存在的问题都已基本消除，测试开始进入系统测试阶段。因此，系统测试即是在集成测试的基础上，将子系统组装成整个系统，以整个系统为测试对象而进行的一系列测试活动，目的是从用户的角度检查系统的功能与非功能特性是否满足用户的需求。本章将从系统测试的含义、系统测试的过程、系统测试的内容等方面展开，通过本章的学习：

（1）掌握系统测试的含义与过程。

（2）掌握系统功能测试如何实施，如借助自动化测试完成回归测试。

（3）掌握系统性能测试流程及开源工具 JMeter 的应用。

（4）了解与系统测试相关的其他测试项目，如安全性测试、兼容性测试、用户界面测试等。

7.1 系统测试概述

7.1.1 系统测试的含义

系统测试是在集成测试的基础上，运行或模拟实际运行环境，发现软件系统的潜在问题，保证系统的运行。因此，系统测试针对的是整个系统，关注的是整个系统的输入/输出，通过测试保证整个系统运行的稳定性。

系统测试的基本策略是通过与定义的用户需求进行比较，发现软件与系统定义不符或与之相矛盾的地方，以验证系统的功能和非功能特性是否满足需求所给的条件。例如：

（1）系统各项功能是否都能正常运行，以满足用户完成相应的业务。

（2）当系统出错时，是否有友好的提示信息，并有相应的恢复、转移机制。

（3）能否长时间稳定运行。

（4）能否满足用户所提出的在一定的并发用户操作下经得起考验。

由于系统测试的对象是整个系统，包含的内容繁多，单一的测试不能全面覆盖，所以可将系统测试分成若干个不同测试类别来进行测试。因此，在系统测试中，除了系统级的功能测试，还有非功能测试。其中非功能测试包括的种类较多，例如性能测试、安全性测试、用户界面测试、兼容性测试、可靠性测试、强度测试、容量测试、配置测试及文档测试，可以根据实际情况确定测试类型。

7.1.2 系统测试的过程

由软件测试流程可知，一项测试活动通常要经历制订系统测试计划、设计系统测试用例、执行系统测试、缺陷跟踪与总结 4 步。作为一项独立的测试活动,系统测试也应遵循该流程,只是前提应在系统测试阶段。因此系统测试的过程即包括如下 4 步。

【Step1】制订系统测试计划。

由系统测试小组各成员共同协商测试计划。测试组组长按照指定的模板起草系统测试计划。系统测试计划主要包括:测试范围(内容)、测试方法、测试环境与辅助工具、测试完成准则、人员与任务表。由项目经理审批系统测试计划。系统测试计划批准后,转向【Step2】。

【Step2】设计系统测试用例。

系统测试小组各成员依据系统测试计划、产品需求规格说明书、设计原型以及指定测试文档模板,设计(撰写)测试需求分析、系统测试用例。测试组组长邀请开发人员和同行专家对系统测试用例进行技术评审。系统测试用例通过技术评审后,转向【Step3】。

【Step3】执行系统测试。

系统测试小组各成员依据系统测试计划和系统测试用例执行系统测试。将测试结果记录在系统测试报告中,采用缺陷管理工具管理所发现的缺陷,并及时通报给开发人员。

【Step4】缺陷跟踪与总结。

从【Step1】至【Step3】,任何人发现软件系统中的缺陷时都必须使用指定的缺陷管理工具。该工具将记录所有缺陷的状态信息,并可以自动产生缺陷管理报告。开发人员及时消除已经发现的缺陷,并在消除缺陷之后立即进行回归测试,以确保不会引入新的缺陷。直至系统测试完成,形成总的测试报告。

7.2 系统测试的内容

系统测试是软件交付前最重要且最全面的测试活动之一。它要求对系统的各个环境进行全面测试,所以其测试的内容较多,也较繁杂。根据其测试对象的性质,可以做一个粗略的划分,即功能特性的测试和非功能特性的测试。

功能特性的测试包括功能测试、用户界面测试、安装/卸载测试、可使用性测试;而非功能特性的测试包括性能测试、压力测试、负载测试、安全性测试、疲劳测试、恢复测试、兼容性测试、可靠性测试、强度测试、容量测试、配置测试等。在实际应用中,由于进度、资源等方面的原因,不可能面面俱到,而大多会根据系统、项目的特点有所取舍。下面重点介绍部分测试类型。

7.2.1 系统功能测试

系统功能测试是继单元测试、集成测试后开展的一项主要测试活动,主要针对产品的各项功能进行验证,根据功能测试用例逐项测试,检查产品是否达到用户的要求。

我们知道,功能测试在单元测试、集成测试阶段都有进行。在单元测试中,功能测试是从代码开发者的角度来编写的,而系统测试中的功能测试应从最终的用户和业务流程的角度来编写。系统功能测试是指在规定的一段时间内运行软件系统的所有功能,以验证这个软件系统有无严重错误,即测试软件系统的功能是否正确。由于正确性是软件最重要的质量因素,故功能测试是软件测试中不可或缺的重要测试内容之一。

功能测试要对整个产品的所有功能进行测试,检验功能是否正确实现。因此要测试的功能非常多,其内容包括正常功能、异常功能、边界测试、错误处理测试等。这些内容的测试依据就来源于需求文档,如产品需求规格说明书,这些需求文档记录了用户的所有功能需求,是制订系统测试计划和设计系统测试用例的依据。功能测试的方法主要采用黑盒测试。下面以场景法为例来进行系统功能测试。

以 ATM 取款机的取款流程为例。ATM 取款机的取款功能描述如下:客户将银行卡插入 ATM 取款机卡槽进行校验(失败则退卡),校验通过则输入密码(共 3 次机会,3 次都错则吞卡),密码验证通过则进入 ATM 取款机主界面,点击"取款"按钮则进入取款界面,输入取款金额,若取款金额不大于账户余额且当日未超过日上限额及 ATM 现金充足,则确认取款并出钞,取款成功。

通过 ATM 取款机的取款功能描述,可以设计场景,并得出如下基本流和备选流。

基本流:银行卡校验通过,密码验证通过,进入取款界面并输入金额,确认,成功取款。

备选流 1:银行卡校验失败,退卡。

备选流 2:第 1 次密码输入错误,可重新输入。

备选流 3:第 2 次密码输入错误,可重新输入。

备选流 4:3 次密码输入错误,卡被吞。

备选流 5:取款金额大于账户余额。

备选流 6:取款金额大于日上限额。

备选流 7:ATM 现金不足。

备选流 8:ATM 现金为 0。

备选流 x:在取款流程上的某个步骤,执行取消操作。

通过场景法列出基本流及备选流后,就可以根据基本流或基本流＋备选流来生成各个场景,如表 7-1 所示。

表 7-1　场景

场景描述	覆盖的基本流及备选流
场景 1:成功取款	基本流
场景 2:卡退出	基本流和备选流 1
场景 3:第 1 次密码输入错误,可重新输入	基本流和备选流 2
场景 4:第 2 次密码输入错误,可重新输入	基本流、备选流 2 及备选流 3
场景 5:3 次密码输入错误,卡被吞	基本流、备选流 2、备选流 3 及备选流 4
场景 6:取款金额大于账户余额	基本流和备选流 5
场景 7:取款金额大于日上限额	基本流和备选流 6
场景 8:ATM 现金不足	基本流和备选流 7
场景 9:ATM 现金为 0	基本流和备选流 8

针对各个场景设计测试用例,如表 7-2 所示。其中 v 表示有效,1 表示无效,n/a 表示不适合该用例。

表 7-2　测试用例

ID	卡号	密码	取款金额	账户余额	ATM 现金	场景
1	v	v	v	v	v	场景 1
2	1	n/a	n/a	n/a	n/a	场景 2
3	v	1	n/a	v	v	场景 3
4	v	1	n/a	v	v	场景 4
5	v	1	n/a	v	v	场景 5
6	v	v	1	v	v	场景 6
7	v	v	1	v	v	场景 7
8	v	v	v	v	1	场景 8
9	v	v	v	v	0	场景 9

接着对表 7-2 中各个测试用例构造数据,得到测试用例设计结果,如表 7-3 所示。

表 7-3　测试用例设计结果

ID	卡号	密码	取款金额	账户余额	ATM 现金	预期结果
1	v	v	v	v	v	取款成功
2	1	n/a	n/a	n/a	n/a	退卡
3	v	1	n/a	v	v	还有 2 次机会
4	v	1	n/a	v	v	还有 1 次机会
5	v	1	n/a	v	v	卡被吞
6	v	v	1	v	v	账户余额不足
7	v	v	1	v	v	超日上限额
8	v	v	v	v	1	再输入取款金额
9	v	v	v	v	0	取款功能失效

表 7-3 中的测试用例可协助开展测试。同时,读者也可依据等价类划分法或其他方法进行测试用例的补充。由于在系统测试阶段需要经常从整个系统的业务流程角度来测试系统的主体功能是否正常,所以系统功能测试用例设计常采用场景法,读者可以将此方法迁移到其他业务流程分析与测试用例设计中。而对于业务流程中的某单个步骤的合法性验证再运用其他黑盒测试法,如等价类划分法、边界值分析法。

7.2.2　系统性能测试

对于实时性或嵌入式系统,软件部分即使满足功能要求,也未必能满足用户的期望,如可以访问某个网站,而且可以提供预先设定的功能,但每打开一个页面都要数分钟,用户无法忍受,也就没有用户愿意使用这个网站所提供的服务。虽然在单元测试阶段可以对代码进行性能测试,但只有当系统真正集成为整个系统,对外提供服务时,在真实环境中才能全面、可靠地测试系统性能,系统性能测试就是为了完成这个任务。

1. 性能测试的含义

在质量标准中,性能是作为非功能特性的一个重要评价指标,因此在评估软件产品质量时,只要有用户的性能需求,其测试的优先级仅次于系统功能测试。那到底什么是性能测试? 又如何开展性能测试呢? 在回答这些问题之前,我们先了解一下性能问题的外在表现。

例如,2007年10月30日,北京奥运会第二阶段门票销售刚启动就因为购票者太多而被迫停止销售。性能的外部表现一般为启动系统速度慢或打开页面的速度越来越慢,或者查询数据需要很长时间才能显示列表,即响应时间过长、系统吞吐量过低,或网络下载速度很慢,如1 KB/s。而内因一般为:资源耗尽,如CPU使用率达到100%;资源泄露,如内存泄露,最终会导致资源耗尽;资源瓶颈,如线程、GDI(图形设备接口)、DB连接等资源变得稀缺。

由此可以看出,影响性能的主要因素有响应时间、并发用户数、吞吐量、资源利用率等。

(1)响应时间。响应时间是用户使用系统某个功能的最直观感受,通常是从用户端发出请求到得到处理的总时间。这个总时间包括客户端处理用户操作并发送请求的时间、网络传输时间、服务器端返回结果时在客户端展示的时间。

(2)并发用户数。并发用户数是指在给定时间内,某个时刻与服务器同时进行会话操作的用户数。与并发用户数相关的概念还包括系统用户数、同时在线人数、业务并发用户数等。

(3)吞吐量。吞吐量是指单位时间内系统处理客户请求的数量,直接体现软件系统的性能承载能力。一般来说,吞吐量用每秒钟的请求数或页面数来衡量。从业务的角度来看,吞吐量也可以用每天的访问人数或每小时处理的业务数等来衡量。

(4)资源利用率。资源利用率是指系统资源的使用程度,一般用资源的实际使用量与总的资源可用量的比值来衡量,通常包括硬件、网络、操作系统、数据库,以及支持性软件(如应用服务器)等。

对于一个软件系统,其性能指标主要有上述4个,但不限于且每一个用户并不一定关心所有的性能指标。不同的角色所关心的系统性能指标不同。例如:

用户主要关注系统的外部表现,如响应时间,即操作的响应时间。当用户在程序界面中点击某个按钮或发送一条指令来实现一项功能时,从用户点击开始到应用系统将相应的结果展示给用户为止,这个过程消耗的时间即为用户对软件性能的直观印象。

系统管理员关注的软件性能不仅包括系统的响应时间,还包括与系统状态相关的信息,如CPU的利用率、内存的利用率、网络I/O、数据库状况等。同时,系统管理员还关心系统的可扩展性、可维护性,系统所能支持的最大用户数是多少,系统的最大业务处理量是多少,系统的性能瓶颈在何处,如何提高系统的性能等。

业务部门主要关注系统的容量和数据吞吐量。

而作为技术团队的软件开发人员,他们从软件开发的角度看软件性能,不仅包括用户、系统管理员所关注的内容,还包括软件架构、设计、代码、数据库结构等软件内部因素对软件性能的影响,更关注系统资源利用率或占用率。

以上 4 个主要指标具有一定的关联性,共同反映了软件性能的不同侧面。比如,对于用户所关心的软件性能,可以使用响应时间来衡量;对于软件的扩充能力和容量,可以使用最大并发用户数来衡量;对于软件的处理能力,可以用吞吐量来衡量;对于系统的运行状态,可以用资源利用率来衡量。通过以上指标的综合反映,可以完整地展现出软件的性能状况。这些指标并不是一成不变的,软件系统在实际的应用中,软件的性能还受到环境、业务、用户等因素的影响,但这些因素发生变化或在不同的时间内,同一软件也会表现出不同的性能。比如,当服务器数据库的数据量存在明显差异时,执行同样的测试,所获得的响应时间、吞吐量等指标会发生显著的变化。可以把这些性能影响因素分成两类,如图 7-1 所示。

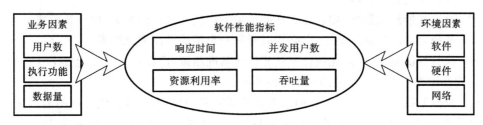

图 7-1 性能影响因素

环境因素主要包括软件(包括系统软件和支持软件)、硬件、网络等。环境因素中不仅包括硬件与网络的配置、软件的类型及版本,还包括硬件的安装方式、网络连接方式、软件的参数设置等,尤其是软件方面,对于同一个软件,不同的参数设置会对应用软件的性能产生不同的影响。

业务因素主要包括数据量、用户数、执行功能。数据量主要是指数据库或数据文件中的数据记录条数。对于同一结构的数据库,在所有安装配置参数都相同的情况下,不同的数据量级别,可能会使软件的性能发生明显的差异。用户数主要是指系统的用户数,即使用该系统的人数。不同的系统,由于其使用人数及用户的使用时间段等不同,故系统的最大用户数也会不同。当不同数量的用户同时访问系统时,系统也会展现出不同的性能特征。如分别在 200 个用户和 500 个用户下进行测试,系统的响应时间、吞吐量等指标皆会不同。一个软件包含多个功能,每个功能所执行的交互和处理过程皆不同,对服务器所产生的负载压力也不同,则测试时所执行的功能种类、数量、每种功能执行的人数等皆可能对所获得的软件性能指标造成影响。

上述业务因素、环境因素是软件性能表现的基础。对于同一个软件系统,不同的业务情景、不同的环境,其性能表现也不同。当使用性能指标描述软件的性能特征时,应该给出明确的业务情景和环境条件。

弄清楚了性能的内因后,就容易理解性能测试的含义。性能测试(performance test)就是为了发现系统性能问题或获取与系统性能相关的指标而进行的测试。一般在真实环境、特定负载条件下,通过工具模拟实际软件系统的运行及其操作,同时监控性能各项指标,最后对测试结果进行分析以确定系统的性能状况。其基本方法是模拟生产运行的业务和使用场景,测试系统性能是否满足生产性能要求,具体考察指标有响应时间、最大用户数、系统资源消耗情况、处理精度、系统最优配置等。其主要目标包括以下几个方面。

（1）获取系统性能的某些指标数据。

（2）验证系统是否达到用户提出的性能指标。

（3）发现系统中存在的性能瓶颈，优化系统的性能。

与性能测试相关的测试还有压力测试。压力测试（stress test），也称强度测试、负载测试。压力测试是模拟实际应用的软硬件环境及用户使用过程的高负载、异常负载、超长时间运行，以检查程序对异常情况的抵抗能力，找出性能瓶颈、不稳定或不可靠等问题。

2. 性能测试流程

性能测试过程同功能测试过程类似，通常也是从以下几步来开展。

（1）评估系统性能需求。

（2）给出性能测试策略，如在什么样的环境下产生什么样的业务，即负载模式。

（3）选择合适的性能测试工具，必要时开发一定量的性能测试脚本。

（4）执行性能测试，通常先执行基线测试或基准测试，即在系统标准配置下获得有关性能指标数据作为将来性能改进的基线（baseline）。

（5）分析基线测试或基准测试的结果并验证需求，明显不符合性能标准的需调试系统，调试之后重新进行基准测试即步骤（4）；分析结果还不能得出性能测试结论则进行探索性测试，在基准测试中寻找任意一个性能指标（并发用户数、响应时间、吞吐量、资源利用率），在出现性能拐点的位置拟定下一次性能测试的环境及业务场景，开发相关的性能测试脚本，再重复新场景下的基准测试并分析结果，即重复执行步骤（2）、（3）、（4）、（5）。

（6）直到得到性能指标数据，则认为系统的性能测试完成。

性能测试并不能一蹴而就，通常情况下，在不清楚系统性能的情况下，首先要设计场景进行探索性测试，得到系统性能的初步情况，进而在性能指标出现拐点的位置重点分析并有针对性地给出新的业务场景，进一步进行性能测试。出现拐点的位置越多，则说明新的性能场景也越多，不断循环往复，直到得到具体的性能指标数据。有了性能指标，再评估是否能达到用户需求的标准，若未达到，则要推动相关开发人员调试系统，重新执行性能测试场景设计及执行和分析结果等过程，直到达到用户的性能需求为止。性能测试过程具体如图7-2所示。

由于执行测试、分析结果、验证需求、调整性能测试负载模式是一个反复的过程，因此将以上过程概括起来主要有如下三个主要步骤：首先获得性能测试需求以确定性能测试点；其次进行性能测试设计以确定并发用户数及负载模式；最后执行性能测试，运用合适的工具得到性能测试相关数据，进而分析结果并验证需求，直至性能测试通过。

（1）获得性能测试需求。

从性能测试过程可看出，性能测试的第一步是要获得性能测试需求。那么如何获得性能测试需求呢？一般情况下，首先，从用户需求中获得相关性能指标，文档中的业务描述："操作响应<80ms，CPU 使用率不超过 70％"；其次，在用户没有明确提出性能需求的情况下，可根据设计人员的经验来设计各项测试指标；再次，从市场产业化自由竞争的角度分析商业需求，如比竞争对手的产品好。

获取、分析和评审性能需求的结果一定要确保清楚而量化的性能指标。如：每秒平均处理约 130 笔交易，高峰期间平均每秒处理需求是平时的 4 倍即平均每秒处理 520 笔交易；平

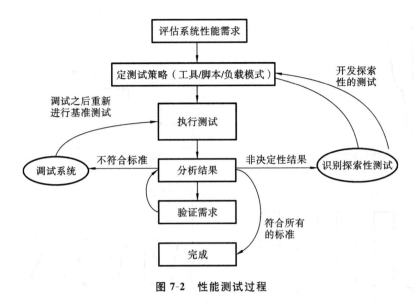

图 7-2 性能测试过程

均每笔响应时间<3ms;CPU 使用率、内存使用率不超过 80％;网络流量达到每秒一百兆甚至以上。

（2）性能测试设计。

性能测试设计即要确定包括业务场景及负载模式等。性能测试业务场景通常由一定的并发用户数(可变)间隔一定的时间对业务系统持续较长的时间进行访问,即负载模式。

系统负载可以看成是并发用户数＋思考时间＋每次请求发送的数据量＋负载模式。这里的并发用户数、思考时间、负载模式含义如下。

并发用户数:严格来讲,并发用户数是指在同一时刻做同一件事情或执行同样操作的用户总数,例如同一时刻登录、提交等。一般来说,这些并发用户在线并操作系统,但可以是不同的操作,这种并发更接近用户的实际使用情况。在性能测试中,一般采用严格意义上的并发用户数,因为同时模拟多个用户运行同一套脚本更容易实现。如果从虚拟用户(虚拟用户是指模拟浏览器向 Web 服务器发送请求并接收响应的一个进程或线程)来看,并发用户数可以理解为 Web 服务器在一段时间内为浏览器请求而建立的 HTTP 连接数或生成的处理线程数。

思考时间:浏览器在收到响应后提交下一个请求之间的间隔时间。通过思考时间模拟实际用户的操作,思考时间越短,服务器承受的负载越大。

负载模式:负载模式就是加载方式,例如是一次建立 200 个并发连接,还是以每秒 10 个逐渐增加连接数,直至 200 个。还有其他加载方式,如递增加载、高低突变加载及随机加载。

不同的用户加载模式如图 7-3 所示。图 7-3 中的 4 种主要负载模式分别是一次加载方式即一次加载恒定量的用户数,递增加载方式即每间隔一定的时间增加一定的用户数并持续递增下去,高低突变加载方式即有规律地将用户数短时间内急剧增大或减少,随机加载方式即可通过生成随机数来模拟访问用户数。

性能测试常用的负载模式有两种:一种是由已知系统或同类系统评估计算得出的并发用户数发起一次加载(恒定压力负载)测试;另一种是在完全不知道系统并发数的情况下进

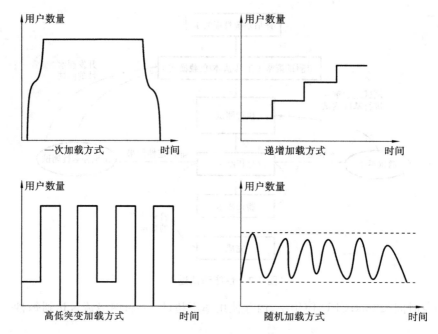

图 7-3 不同的用户加载模式

行的探索性测试,通常采用从 0 开始不断递增一定的用户数来观察相关性能指标的变化,后续只需对性能指标出现拐点的位置相对应的并发数发起恒定压力负载测试。而高低突变加载方式及随机加载方式运用得相对较少。

其中由已知系统或同类系统评估计算得出的并发用户数的具体计算方法有以下三种。

第一种:精算法。

①计算平均并发用户数的公式为:

$$C=\frac{nL}{T} \tag{1}$$

式中:C 是平均并发用户数;n 是 Login Session 的数量;L 是 Login Session 的平均长度;T 是考察的时间段长度。

②并发用户数峰值的公式为:

$$C'\approx C+3\sqrt{C}$$

式中:C′表示并发用户数的峰值;C 为式(1)中得到的平均并发用户数。该式是假定用户的 Login Session 产生符合泊松分布。

例如,某公司为 170000 名员工设计了一个薪酬系统,员工可进入该系统查询自己的薪酬信息,但并不是每个人都会使用这个系统,假设只有 50% 的人会定期使用该系统,这些人中有 70% 是在每个月的最后一周使用一次该系统,且平均使用系统时间为 5 分钟。

则一个月最后一周的平均并发用户数为(朝九晚五):

$$n=170000\times0.5\times0.7/5=11900$$

$$C=11900\times(5/60)/8=124$$

并发用户数峰值为

$$C' = 124 + 3 \times \sqrt{124}$$

第二种:估算法。

① 计算平均并发用户数的公式为:

$$C = \frac{n}{10}$$

式中:n 表示每天访问系统的用户数,并将每天访问系统的用户数的 10% 作为平均并发用户数。每天访问系统的用户数可以通过日志分析、问卷调查来获取。

② 并发用户数峰值的公式为:

$$C' \approx r \times C$$

式中:r 表示调整因子,其取值一般为 2~3。

例如:前面的薪酬系统按照估算法计算出的用户并发数为 C=11900/10=1190 个,并发用户数峰值为 C'=2×1190=2380 个,对比可以看出,估算法得到的在线用户数大于精算法得到的在线用户数。测试时应该选择较大的数据来作为性能测试设计的依据。

第三种:经验值。

对于有些系统,可以通过同类软件系统的用户数据来估算,这种估算可以通过类似系统的日志分析和问卷调查来进行。

例如:一个网站,每天的浏览量(PV)约为 10000000 次,根据 2/8 原则,可以认为这 10000000 次浏览量的 80% 是在一天的 9 个小时内完成的(人的精力有限),那么 TPS 为:

$$10000000 \times 80\% / (9 \times 3600) = 246.92(个/s)$$

取经验因子为 3,则并发量应为:

$$246.92 \times 3 = 740$$

得出估算的并发数后,可根据具体的业务系统确定每次请求发送的数据量,这两者的乘积即为当前系统的访问数据量,即吞吐量。

吞吐量计算如下:

$$F = Vu \times R / T(个/s)$$

式中:F 为事务吞吐量;Vu 为虚拟并发用户数;R 为每个虚拟用户发出的请求数;T 为处理这些请求所花费的时间。

3. 性能测试实施

性能测试实施需配置性能测试环境并使用合适的测试工具。性能测试环境要考虑如下几个因素:网络及其配置、服务器硬件选型、被测系统部署、数据库的数据量、测试机器池、SUT(system under test)监控数据。性能测试工具有很多选择,但具体实施的时候必须评估测试工具的可行性。

性能测试介于它的特性,如一些并发业务的模拟通过手工方式难以达到,一般要引入测试工具,工具的类型可以是商业化的、免费的或自行研发的。常见的商业化工具有 Load-Runner,它需要付费使用,且规模越大,安装越占资源。免费的工具有 JMeter、Apache Flood、Gatling、Grinder、Siege 等。本书推荐使用开源测试工具如 JMeter,它具有免费、小巧、容易上手等优点。下面就 JMeter 的基本使用做一个详细的介绍。

1）JMeter 的安装与运行

JMeter 是 Apache 组织开发的基于 Java 的压力测试工具。用于对软件进行压力测试，它最初被设计用于 Web 应用测试，后来扩展到其他测试领域。要使用 JMeter，必须先从 http://jmeter.apache.org/download_jmeter.cgi 下载 JMeter 最新版本，其次安装 JDK（JDK 1.6 或以上）并配置 JDK 环境。根据操作系统版本及其位数选择相应的安装包，例如：首先获取 JMeter 的使用包 apache-jmeter-2.6，其次在 32bit 操作系统下安装 jre-6u27-windows-i586-s，解压后再启动其 bin 目录下的 jmeter.bat 文件即可打开 JMeter 的主界面，如图 7-4 所示。

图 7-4　JMeter 主界面

2）JMeter 的功能

JMeter 常用于网站的性能测试，现以创建淘宝登录主页的性能测试过程为例进行相关的设置，并执行性能测试，得到最后的性能测试结果。

假定性能测试场景为：模拟 50 个用户同时打开淘宝网首页，且访问的时间要在 2 秒内结束，目标网站地址为 https://www.taobao.com/。得出这时的平均响应时间、吞吐量、资源利用率。

任务分析：模拟 50 个用户同时打开淘宝网首页，即模拟发送 50 个 HTTP 请求。

操作步骤如下。

（1）在 JMeter 主界面中修改测试计划名称为"淘宝网首页"，性能测试中的计划代表了该性能测试项目，如图 7-5 所示。

（2）测试计划创建完成后的下一步是创建线程组，线程组中主要有线程数、Ramp-Up Period(in seconds)、循环次数、调度器。下面就这几个参数进行简单介绍。

线程数：相当于要虚拟的用户数。

Ramp-Up Period(in seconds)：相当于是线程所用的首次循环的时间范围。

循环次数：指用户循环的次数，循环次数为永远默认不勾选，其主要好处是用来绘制图标。

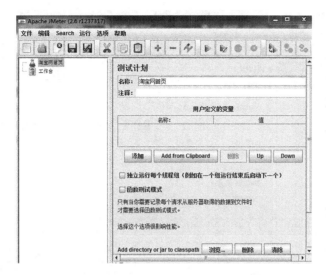

图 7-5 更改测试计划为"淘宝网首页"

调度器:主要用来设置运行的特定时间。

根据本次测试任务要求,线程数设置为 1000,Ramp-Up Period(in seconds)设置为 2,循环次数设置为 1。首先右击"淘宝网首页",在弹出的下拉菜单中选择"添加"→"Threads (Users)"→"线程组",如图 7-6 所示。执行前面的操作后进入线程组的设置界面,如图 7-7 所示,根据测试任务要求,线程数设置为 50,Ramp-Up Period(in seconds)设置为 2,循环次数设置为 1。

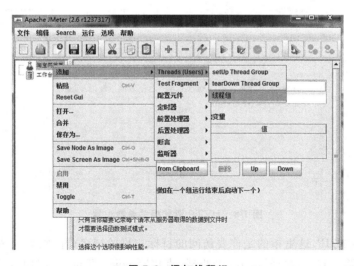

图 7-6 添加线程组

(3)线程组创建完成后就可以给线程组添加样例,本案例是基于网站的业务,故业务需通过 HTTP 访问。即创建 HTTP 请求,HTTP 请求的创建流程是:选择"线程组"→"添加"→"Sampler(取样器)"→"HTTP 请求",进入 HTTP 设置页面,如图 7-8 所示。

下面设置 HTTP 请求的主要参数。

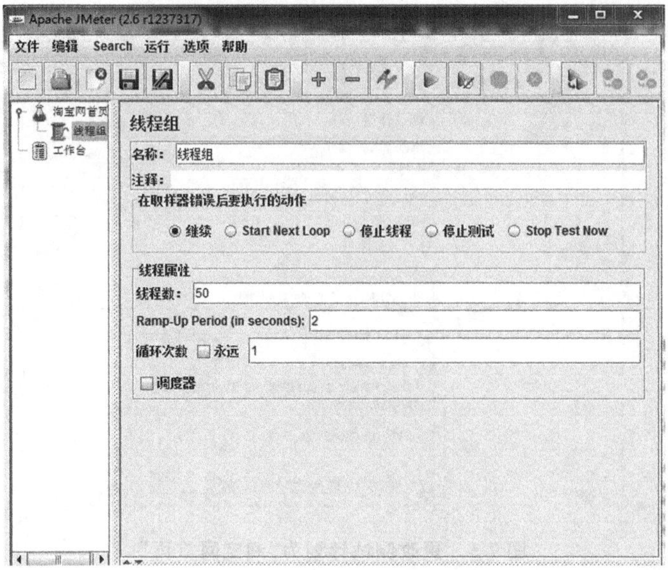

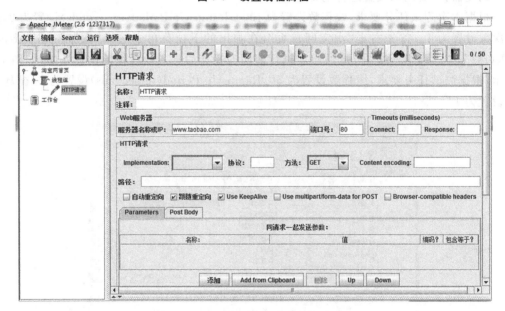

图 7-7　设置线程属性

图 7-8　HTTP 请求相关参数设置

　　服务器名称或 IP：这里指的是你要访问的目标主机的域名（注意：在输入的时候切记不要将"http：//"输入其中，这样 jmeter 会出错，直接写 www 即可，本案例也就是输入 www.taobao.com）。

　　端口号：默认的 HTTP 的端口号是 80，这个默认的端口号可以不填。

　　协议：指的是数据传输协议，一般填写的是 HTTP 协议。

　　方法：提交信息的方法，常见的是 GET、POST 方法。

　　路径：指的是发生错误所要重定向的 URL 地址或者本地 localhost 地址。同请求一起发送参数,这个参数相当于 GET 或者 POST 方法提交的一些用户的自定义信息,这个参数除可以直接设置,还可以使用 CSV 进行设置。

同请求一起发送参数:其使用方法跟路径的相似。

完成页面的设置后,性能测试设计所对应的测试环境已经搭建好了。现在可以直接运行,运行的快捷键是 Ctrl+R,也可以是如图 7-9 所示的快捷图标。

开始运行　　　　　清楚所有测试内容

图 7-9　性能测试执行的快捷图标

运行后什么现象都看不到,这是因为虽然理论上已经搭建完成,但是缺少一个监视器,也就是性能测试中很重要的一个部分即监控性能指标,所以还没有办法查看结果。现在我们来添加监视器,其方法是右击"线程组",在弹出的下拉菜单中选择"添加"→"监视器"→"监视器列表"。常见的监视器有聚合报告、用表格查看结果、查看结果树、图形结果等。

聚合报告:可以从聚合报告中获取相关的测试结果,这也是我们分析结果的主要依据,显示的是同一 HTTP 请求。

用表格查看结果:通过表格的形式将结果呈现出来,就可以看到每次 HTTP 请求发送的情况。相比聚合报告,如果同一个请求多次发送给聚合报告,则不会记录,而用表格查看结果会进行记录。

查看结果树:与用表格查看结果类似。

图形结果:通常在线程组设置界面将循环次数设置为"永远",并在发起压力后持续较长时间,生成图形结果。

下面以为线程组添加聚合报告为例,如图 7-10 所示。其他监视器的使用方法基本相同。

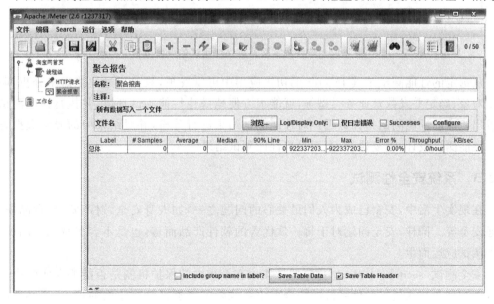

图 7-10　为线程组添加聚合报告

淘宝网首页性能测试项目结构如图 7-11 所示。

图7-11　淘宝网首页性能测试项目结构

点击运行按钮,查看淘宝网首页性能测试的聚合报告,如图 7-12 所示。

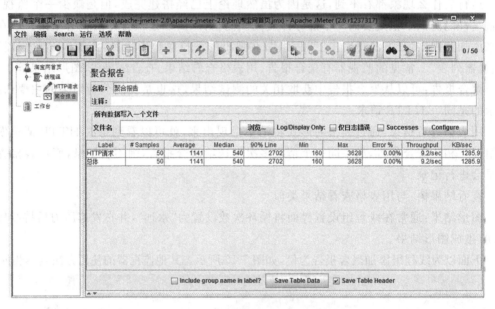

图 7-12　查看淘宝网首页性能测试的聚合报告

从选定的性能测试工具 JMeter 的初步应用中可以发现,只要通过性能需求分析,明确测试对象、确定并发数及业务类型等,就能很方便地搭建性能测试环境,并执行性能测试进而得出相应的性能测试指标数据。对性能测试结果进行分析,并对结果中的异常数据再次调整性能测试设计,重复执行,直至得出性能测试结果。

7.2.3　系统安全性测试

在现实生活中,安全已成为人们最关心的问题之一,如人身安全、财产安全、食品安全、交通安全等。同样,安全问题对于每一款优秀的软件产品而言,也是不容忽视的。因此,安全性测试应运而生。

安全测试(security testing)用来验证集成在系统内的保护机制是否能够在实际中保护系统不受到非法入侵。软件系统的安全要求系统除了能够经受住正面的攻击,还必须能够经受住侧面的和背后的攻击。随着网络的飞速发展,来自网络(内部网络、外部网络)的敏感信息对系统造成有意的或无意的影响,如黑客入侵、报复攻破系统等。还有些人为了得到非法的利益而入侵系统。软件系统安全测试已成为一个越来越不容忽视的问题。

软件产品的安全性通常是通过各种技术手段来控制用户对系统资源的访问及操作。从而保证软件产品不被破坏、数据信息不被窃取或泄露。这里提到的系统资源不仅包括应用软件本身,还包括系统硬件、数据信息等相关资源。

常见的入侵软件系统的安全性问题包括以下几个。

- 跨站脚本(cross-site scripting,XSS)攻击。
- SQL 注入式漏洞。
- URL 和 API 的身份验证。
- 缓冲区溢出。
- 不安全的数据存储或传递。
- 不安全的配置管理。
- 有问题的访问控制,有问题的权限分配。
- 口令设置不严,包括长度、构成和更新频率。
- 暴露的端口或入口。

软件系统安全性一般分为三个层次,即应用程序的安全性、数据库系统的安全性以及系统级别的安全性,针对不同的安全级别,其测试策略和方法也不相同。

1. 应用程序的安全性测试

应用程序的安全性测试包括对数据或业务功能的访问,在预期的安全性情况下,操作者只能访问应用程序的特定功能、有限的数据。应用程序的安全性测试是核实操作者只访问其所属用户类型已授权的那些功能或数据。测试时,先确定有不同权限的用户类型;然后创建各用户类型并使用各用户类型所特有的事务来核实其权限;最后修改用户类型并为相同的用户重新进行测试。具体的测试点包括以下三个方面。

(1)用户权限管理和用户访问控制测试,如用户登录密码是否可见和可复制,以及是否可以通过绝对路径登录系统,用户退出系统后是否删除了所有标记等。

(2)通信加密测试,如通信数据是否采用 VPN 加密技术、对称或非对称加密技术、Hash 加密等。

(3)安全日志测试。严格的安全测试中还要检测系统程序代码中是否包含不经意留下的后门、设计上的缺陷或编程问题。

2. 数据库系统的安全性测试

数据库系统的安全性测试包括 5 个方面:一是数据库系统的用户权限;二是数据库系统数据的机密性;三是数据库系统数据的完整性;四是数据的独立性和可管理性;五是数据库的备份和恢复机制。大多数数据库系统有很多安全漏洞,它们的默认权限设置通常都不正确,如打开了不必要的端口、创建了很多演示用户。一个有名的例子是 Oracle 的演示用户Scott,密码为 Tiger。加强数据库的安全管理与操作系统一样:关闭不需要的端口、删除或禁用多余的用户,只给一个用户完成其任务所必需的权限。

3. 系统级别的安全性测试

系统级别的安全性可确保只有具备系统访问权限的用户才能访问应用程序,而且只能通过相应的网关来访问,包括登录或远程访问。系统级别的安全性测试是核实只有具备访问权限的操作者才能访问系统和应用程序。系统还需要设置基本的安全防护,如防火墙、入侵检测、安全审计等。

系统级别的安全性测试可以从正向测试和反向测试两个层面来考虑。正向测试是从系统的需求分析、概要设计、详细设计、编码这几个方面来发现可能出现安全隐患的地方,并以此作为测试空间来进行测试。而反向测试是从缺陷空间出发,从软件中寻找可能的缺陷,建立缺陷威胁模型,再通过缺陷威胁模型来寻找入侵点,并对入侵点的已知漏洞进行扫描测试。对于安全性要求较低的软件,一般按照反向测试过程来测试;对于安全性要求较高的软件,应以正向测试过程为主,反向测试过程为辅。

系统级别的安全性测试采用的手段包括对测试项目进行扫描和模拟入侵。一般来说,扫描的成本较低,工具也较多,具体的扫描类型包括端口扫描、用户账户及密码扫描检查(包括应用系统的账户、操作系统的账户、数据库管理系统的账户)、网络数据扫描、已知缺陷扫描(利用缺陷扫描工具来扫描确认系统是否存在已知的缺陷)、程序数据扫描(如内存扫描等)。

7.2.4 用户界面测试

对于图形化界面,良好的外观往往能够吸引眼球,激发顾客(用户)的购买和使用欲望,最终实现商业利益。常见的用户界面评价属性有易用性、符合标准和规范、直观性、一致性、灵活性、舒适性、正确性和实用性。随着用户界面(UI)技术的迅猛发展,人们越来越注重UI的交互性设计。在软件设计中,良好的人机界面设计越来越受到系统分析人员、设计人员的重视。

软件人机界面的测试要求界面易用、规范、直观、一致、舒适、实用等,破除新用户对软件的生疏感,使老用户更易于上手。

1. 易用性

易用性测试没有具体的量化指标,主观性强。因此,要充分了解用户的需求,切合用户的需求。一般来说,可以从用户界面的文字表述、界面布局和输入操作上评价易用性。

用户界面上的文字表述都应该言简意赅。软件系统的界面往往包含很多元素,如菜单、图标、按钮、文字说明(包括界面文字说明以及反馈提示信息的文字说明)等;要求用词准确,摒弃模棱两可的字词;理想情况是用户不用查阅帮助就能知道该界面的功能并进行相关的操作。

界面布局要合理,以提高易用性。在界面安排上,重点功能要放在醒目的位置,相近的功能和内容应集中布置,以方便用户的查找、操作。一方面,屏幕对角线相交的位置或正上方四分之一处是用户直视的地方,容易吸引用户的注意力;另一方面,将信息分区域集中,避免鼠标移动距离过大,最好能够支持键盘自动浏览按钮功能。

界面上的所有输入操作应方便。界面上的输入操作包括键盘和鼠标的操作等,这些操作在实际使用中包含的内容很多,如文字、数字、大小写、输入焦点的变化等。具体测试内容包含两个方面:一是各种输入的切换,如按 Tab 键、回车键的自动切换可以减少键盘和鼠标直接操作时的频繁变化;二是简化输入,如提供合理的选项框、默认值等。

2. 符合标准和规范

如果软件在某个平台上运行,就要将该平台的标准和规范作为产品规格说明书的补充内容。构建测试案例时,系统在操作过程中出现的提示、警告、严重警告等提示框要符合行业标准和规范及用户的操作习惯,目的是要获得用户的普遍认可。

3. 舒适性与一致性

舒适性主要体现在:恰当的表现、合理的安排、必要的提示。

一致性是软件界面的一个基本要求。这种一致性是为了帮助用户快速适应软件系统的功能要求。这种一致性包括三方面:一是和操作系统的一致性;二是和同类软件的一致性;三是和行业标准的一致性。如果软件界面和操作系统保持一致,则可以让用户在使用时快速熟悉软件的操作环境。

4. 实用性

实用性不是指软件本身是否实用,而是指具体的特性是否实用。大型软件的开发经过迭代后容易产生一些没有实用性的功能。

7.2.5 其他非功能性测试

1. 兼容性测试

兼容性测试即测试软件在特定的硬件平台上、不同的应用软件之间、不同的操作系统平台上、不同的网络环境中能否友好地运行的测试。其目的就是检验被测软件与其他应用软件或者其他系统的兼容性。比如对共享资源(数据、数据文件或者内存)进行操作,检测两个或多个系统能否正常工作以及交互使用。

兼容性测试主要包括以下几方面。

(1)测试软件能否在不同的操作系统平台上兼容,或测试软件能否在同一操作平台的不同版本上兼容。

(2)软件本身能否向前或向后兼容。

(3)测试软件能否与其他相关的软件兼容。

(4)数据兼容性测试,即数据能否共享。

通过兼容性测试,可达到如下目标:被测软件能在不同的操作系统平台上正常运行,包括被测软件能在同一操作系统平台的不同版本上正常运行;被测软件能与相关的其他软件或系统"协调工作";被测软件能在指定的硬件环境中正常运行;被测软件能在不同的网络环境中正常运行。

通过兼容性测试,能够进一步提高产品的质量,能使软件与尽可能多的其他软件"和平共处",尽可能达到平台无关性,尽可能地保证软件存在的价值,它是衡量软件质量的一个重要指标。

兼容性测试主要分为硬件兼容性测试、软件兼容性测试及数据兼容性测试。其中硬件兼容主要包括与整机兼容,与外设兼容;软件兼容主要包括与操作系统/平台、应用软件之间的兼容,与不同浏览器的兼容,与数据库的兼容,以及与硬件的兼容;数据兼容主要包括不同版本之间、不同软件之间的兼容。

2. 可靠性测试

可靠性是指产品在一定的环境下及在给定的时间内,系统不发生故障的概率。

软件可靠性是指软件系统在规定的时间内以及规定的环境条件下完成规定功能的能力。可靠性测试包括的内容非常广泛,在性能测试方面,可靠性测试是指通过给系统加载一定的业务压力使得资源在 $70\%\sim90\%$ 的使用率下运行规定时间内的系统表现。通常使用以下几个指标来度量系统的可靠性:平均失效间隔时间,因故障而停机的时间,7×24 小时持续不中断的概率等。

3. 强度测试

强度测试是检查程序对异常情况的抵抗能力,是检查系统在极限状态下运行时性能下降的幅度是否在允许的范围内。疲劳强度测试是一类特殊的强度测试,主要测试系统长时间运行后的性能表现,例如 7×24 小时的压力测试。

强度测试总是迫使系统在异常的资源配置下运行。例如:① 当中断的正常频率为每秒 $1\sim2$ 个时,运行每秒产生 10 个中断的测试用例;② 定量地增长数据输入率,检测输入子功能的反映能力;③ 运行需要最大存储空间(或其他资源)的测试用例;④ 运行可能导致虚拟操作系统崩溃或磁盘数据剧烈抖动的测试用例;等等。

Web 系统的强度测试是一种特别重要的测试,对系统的稳定性,以及系统未来的可扩展空间均具有重要意义。在这种异常条件下进行的测试,更容易发现系统是否稳定以及性能是否容易提升。

4. 容量测试

容量测试是检验系统承受数据容量的能力能达到什么程度。容量测试是面向数据的,是在系统正常运行的范围内测试,并确定系统能够处理的数据容量,也就是观察系统承受超额数据容量的能力。

容量测试的目的是通过测试预先分析出反映软件系统应用特征的某项指标的极限值(如最大并发用户数、数据库记录数等),系统在其极限状态下没有出现任何软件故障或还能保持主要功能的正常运行。软件容量的测试能让软件开发商或用户了解该软件系统的承载能力或提供服务的能力,如某个电子商务网站所能承受的同时进行交易或结算的在线用户数。知道了系统的实际容量,如果不能满足设计要求,就应该寻求新的技术解决方案,以提高系统的容量。因此,通过性能测试,如果能找到系统的极限或在苛刻的环境中系统的性能表现,在一定的程度上就完成了容量测试。

5. 配置测试

配置测试是指在不同的环境配置下,如不同的硬件配置,不同的操作系统,不同的软件设置,检查系统是否发生功能或者性能上的问题,从而了解不同的环境对系统性能的影响程度,找到系统各项资源的最优分配。配置测试一般产生于软件项目管理工作中,最好建立专门的测试实验室。

6. 文档测试

在系统测试阶段进行文档测试,这时主要测试与软件产品相关的用户操作手册。文档测试是检验样品用户文档的完整性、正确性、一致性、易理解性、易浏览性。其方法一般由单独的一组测试人员实施。

7.3　小结

系统测试是将已经集成好的软件系统作为整个计算机系统的一个元素,与支持软件、计算机硬件、外设、数据等其他系统元素结合在一起,在实际使用环境下,对计算机系统进行一系列的测试活动。

系统测试关注整个系统,需要测试的内容较多且繁杂。系统测试主要包括功能测试、性能测试、安全性测试、用户界面测试、兼容性测试、可靠性测试、强度测试、容量测试、配置测试及文档测试等内容。其中功能测试是最基本的内容,其他测试内容根据项目需要兼顾。

习题 7

一、选择题

1. 下列测试中不属于系统测试的是(　　)。

A. 性能测试　　　　B. 集成测试　　　　C. 压力测试　　　　D. 可靠性测试

2. 下述有关负载测试,容量测试和强度测试的描述正确的有(　　)。

A. 负载测试:在一定的工作负荷下,系统的负荷及响应时间

B. 强度测试:在负荷条件下,在较长时间跨度内的系统连续运行给系统性能所造成的影响

C. 容量测试:容量测试的目的是通过测试预先分析出反映软件系统应用特征的某项指标的极限值(如最大并发用户数、数据库记录数等),系统在其极限值状态下没有出现任何软件故障或还能保持主要功能的正常运行

D. 容量测试是面向数据的,并且它的目的是显示系统可以处理目标内确定的数据容量

3. 以下关于文档测试的说法中,不正确的是(　　)。

A. 文档测试需要确保大部分示例经过测试

B. 检查文档的编写是否满足文档编写的目的

C. 内容是否齐全,正确,完善

D. 标记是否正确

4. 以下关于性能测试的叙述中,不正确的是(　　)。

A. 性能测试是为了验证软件系统是否能够达到用户提出的性能指标

B. 性能测试不用于发现软件系统中存在的性能瓶颈

C. 性能测试类型包括负载测试、强度测试、容量测试等

D. 性能测试常通过工具来模拟大量用户操作,增加系统负载

5. 兼容性测试不包括(　　)。

A. 软件兼容性测试　　　　　　　B. 硬件兼容性测试

C. 数据兼容性测试　　　　　　　D. 操作人员兼容性测试

二、综合题

1. 简述系统测试的主要内容。

2. 针对某 Web 系统，借助 JMeter 开展 Web 服务器的性能测试，设计负载模式、测试场景并执行测试，得到性能测试结果并进行分析和总结。

3. 针对某网站如 163 邮箱，考虑其需要测试的内容。

第8章 自动化测试

【学习目标】

随着计算机技术的迅猛发展,软件产品开发迭代的周期越来越短,而软件产品的质量保证工作开展得足够充分才能让我们对软件产品树立信心。其中,软件测试作为软件质量保证的重要手段显得格外重要。由于软件产品经常迭代,软件测试工作具有较大的重复性,通常在软件产品发布之前要进行几轮测试,这意味着大量的测试用例会被执行多次。另外,在软件产品周期的末期,需要用大量的回归测试来再次证实已经实现的功能的正确性。为了避免出问题,因此应改进测试手段,所以引入了自动化测试提升测试效率。通过本章的学习:

(1)掌握自动化测试的内涵。

(2)掌握自动化测试的优缺点。

(3)掌握主流自动化测试的技术原理及测试工具的应用。

8.1 自动化测试的内涵

自动化测试是相对手工测试而存在的一个概念。从广义上讲,自动化测试是指一切通过工具(程序)的方式代替或辅助手工测试的行为,包括性能测试工具(如 JMeter、LoadRunner)或自己所写的一段程序,用于生成 1 ~ 100 个测试数据;从狭义上讲,自动化测试是指由手工方式逐个运行测试用例的操作过程被测试工具或系统自动执行的过程所代替,包括输入数据自动生成、结果的验证、自动发送测试报告等。通俗来说,主要通过工具记录或开发测试程序来模拟手工测试的过程,通过回放或运行脚本来执行测试用例,从而代替人工对系统进行测试。

自动化测试是软件测试的一个重要组成部分,它能完成许多手工测试无法完成的或难以实现的测试工作。例如,在测试后期要进行较多的回归测试工作,大部分工作是重复的,若完全依赖手工测试,不仅效率低下,时间上的压力也非常大,而且上一次执行的和本次执行的工作不能保证完全一致。因此,引入自动化测试手段非常有价值,尤其是在软件周期相对较长、迭代版本相对较多的项目中。又如,在性能测试中,模拟较大的并发量,通过手工方式难以企及,而通过测试程序则很容易达成。

因此,自动化测试是提高测试效率、模拟测试条件的重要手段,也是软件测试工程师成为技术专家的重要通道之一。

为了更好地实施自动化测试,目前,测试分层即分层测试使用频率颇高。传统的产品更注重 UI(用户界面)层的自动化测试,由内因决定外因。一个软件产品的质量主要取决于软件代码的质量,分层的自动化测试提倡软件产品在不同的阶段即层次都要实行自动化测试。例如,Web 系统中的自动化测试实施通常在业务层、服务层、数据层或 UI 与接口层开展测试工作。

8.1.1　手工测试的特点

测试人员在进行手工测试时,具有创造性,既可以举一反三,又可以结合测试经验联想到相关的测试场景,例如曾经执行类似的测试用例时发现了相关的缺陷,那么本次测试执行的重点也会朝着发现缺陷的方向去测试,包括原有的测试用例没有覆盖的,特殊情况或边界条件。同时,对于那些复杂的逻辑判断、界面是否友好等方面的测试,手工测试具有明显的优势。但是,对于一些简单的功能性测试用例被重复执行多次,具有一定的机械性,且工作量大,因此无法通过纯手工测试完成。有时,随着软件迭代版本的增多,需要回归测试的功能模块也越多,测试面临着大量重复性的测试用例,其工作量大。况且,测试人员手工进行重复性的测试,容易让测试人员感到乏味,严重影响其情绪。另外,手工测试在以下情景中难以实现。

(1)要求覆盖所有代码路径。

(2)特殊问题如许多与时序、死锁、资源冲突、多线程等有关的错误的捕捉。

(3)系统负载、性能测试时,需要模拟大量数据或大量并发用户。

(4)进行系统可靠性测试时,需要模拟系统运行十年甚至几十年,以验证系统能否稳定运行。

(5)大量的测试用例需要在短时间内完成。

综上所述,手工测试的优点如下。

(1)具有创造性,更易发现缺陷。

(2)善于解决复杂的逻辑问题。

(3)类似像界面友好性问题即需要人的主观判断必须手工测试。

手工测试的缺点如下。

(1)效率低。

(2)一些特殊问题如操作系统底层操作捕捉或大并发数、大数据量、长时间性的问题难以实现。

(3)大量回归测试,重复性的工作量大。

8.1.2　自动化测试的特点

如前所述,自动化测试是相对手工测试而言的。在手工测试无法解决的情况下,要尝试使用自动化测试来解决。因此,自动化测试与手工测试是相辅相成的。手工测试的优点正是自动化测试的不足,自动化测试的不足主要表现在如下几个方面。

(1)工具本身并无想象力,不具备创造性,不能完全取代手工测试,而且软件自动化测试也没必要取代手工测试来完成所有的测试任务。因为有些测试使用手工测试比自动化测试要简单,如果采用自动化测试,则成本较高。

(2)在发现缺陷方面,自动化测试不如手工测试。自动化测试的最大特点在于适合重复测试。一般情况下,以前运行过的测试再次用来检查软件的新版本往往暴露的缺陷要少得多。专家曾指出:85%的缺陷靠手工测试发现,而自动化测试只能发现15%的缺陷。

（3）自动化测试的成本较高，难度较大。一些中小型企业，从事专门测试的技术人员较少，项目的测试工作很难按照规范化的流程开展，很多时候在平衡商业利益与成本的同时，都会采用快捷有效的手段进行测试。而自动化测试一次性投入较大，若项目周期短，很难在短期内产生效益，所以被放弃。

自动化测试的优点包含以下几方面。

（1）速度快，测试效率高。软件自动化测试严格遵守测试计划和测试流程，可以达到比手工测试更有效、更经济的效果。

（2）测试结果准确。例如，搜索用时不管是 0.33 秒还是 0.24 秒，系统都会发现问题，不会忽视任何差异。

（3）高复用性。一旦完成所用的测试脚本，可以一劳永逸运行很多遍。对于项目周期较长，迭代版本较大，在软件项目后期，大部分是对旧有功能进行测试验证即回归测试，这时可以直接运行已经实现的自动化测试程序，从而极大限度提高了测试效率，缩短了测试时间。

（4）更好利用资源，永不疲劳。将烦琐的任务自动化，可以提高测试准确性和测试人员的积极性，将测试技术人员解脱出来投入更多精力设计更好的测试用例，从而让测试人员专注于手工测试部分，提高手工测试的效率。另外，测试人员还可以利用计算机进行 7×24 小时的自动化测试。

（5）可靠性强。由于计算机的二进制计算不是 1 就是 0，非常精准，因此通过程序进行测试，可以很好地保证可靠性。

（6）独特的能力，模拟大数据量或大并发数的测试条件。借助软件工具，可以很轻松地模拟大并发数及大数据量的测试。

由此，自动化测试给企业带来了诸多好处，主要表现如下。

（1）测试周期缩短。

（2）更高质量的产品。

（3）软件过程更规范。

（4）高昂的团队士气。

（5）节省人力资源，充分利用硬件资源，降低企业成本。

明确了手工测试与自动化测试的特点，并发现了它们各自的优缺点后，我们要正确认识自动化测试。虽然自动化测试有高效、高复用性、覆盖率更容易度量、准确、可靠、不知疲劳、更激励团队士气的优点，但有着机械、难以发现缺陷，一次性投入大的缺点。因此在实际项目测试中，要在正确的时机引入自动化测试，更好地评估自动化实施的条件、成本与收益。

8.1.3　自动化测试的引入

实施自动化测试之前要对软件项目的开发过程进行评审，看是否适合开展自动化测试，开展自动化测试的条件如下。

（1）需求变更不频繁。项目中某些模块相对稳定，而某些模块需求变动性很大。我们便可对相对稳定的模块进行自动化测试。

（2）项目周期越长，更易开展自动化测试。自动化测试需求的确定、自动化测试框架的设计、测试脚本的编写与调试均需要相当长的时间才能完成,这样的过程本身就是一个测试软件的开发过程,需要一定的时间来完成。

(3)自动化测试脚本可复用。

根据这些条件,自动化测试一般适用于如下场合。

(1)产品型项目。

对于产品型项目,虽然每个项目只需改进少量的功能,但每个项目必须反反复复地测试那些没有改动过的功能。这部分测试完全可以由自动化测试来承担,同时可以把新加入的功能的测试也逐渐加入自动化测试中。

(2)回归测试。

回归测试是自动化测试的强项,它能够很好地确保是否引入了新的缺陷,老的缺陷是否修改过来了,尤其是在软件经常进行版本更新的环境中。当新版本进行测试时,只需要几分钟时间启动已有的测试用例即可自动完成对新版本的回归测试。在某种程度上,可以将自动化测试工具称为回归测试工具。

(3)增量式开发、持续集成项目。

由于这种开发模式是对频繁发布的新版本进行测试,也就需要频繁地进行自动化测试,以便把测试人员从重复性的工作中解脱出来测试新的功能。

(4)多次重复、机械性动作的测试。

自动化测试的优势在那些包含有多次重复、机械性动作的测试中能更好地体现出来。比如要向系统输入大量的相似数据来测试压力和报表,自动化工具比手工输入的准确性高,还可以将测试人员从重复性的工作中解脱出来,将精力专注于如何设计好的测试用例。

(5)手工测试很难达到或无法完成的测试。

使用手工执行大规模的多用户并发测试是很难实现的,但是使用自动测试工具模拟多用户就比较容易了。用户场景测试随时可以运行,而且测试执行人员不需要了解应用程序的复杂业务逻辑。

手工测试时,期望的输出通常包含明显的标志,可以让测试人员识别。但是,有很多属性很难由人工来确认。例如,在图形界面测试中,界面操作经常会触发一些事件,但是并没有立刻输出结果。这种情况下,测试工具可以检测到事件被触发,并执行相应的操作。

自动化测试并不是适合所有的公司或所有的项目。下列几种情况不适宜进行自动测试。

(1)定制型项目(一次性的)。

为客户定制的项目,维护期由客户方承担的,甚至采用的开发语言、运行环境也是客户方特别要求的,即公司在这方面的测试经验很少,这样的项目不适合进行自动化测试。

(2)周期短的项目。

如果项目周期很短、测试周期也很短,就不值得花精力去投资自动化测试。测试脚本的建立不容易,若不能得到重复的利用,则不建议进行自动化测试。

(3)业务规则复杂的对象。

业务规则复杂的对象如果有很多的逻辑关系、运算关系,那么工具就很难测试。

(4)美观、声音、易用性测试。

界面的美观、声音的体验、易用性的测试等属于主观方面的,这些测试结果很容易通过人员验证,而对于自动化测试来说则难以实现。所以这方面的测试只能由测试人员来完成。

（5）测试很少运行。

测试很少运行,对自动化测试是一种浪费。自动化测试就是让它不厌其烦地、反反复复地运行才有效率。

（6）软件更改比较频繁。

如果软件的用户界面和功能频繁更改,那么修改自动化测试的成本会比较高,因此不适合采用自动化测试。另外,如果软件运行不稳定,这些不稳定因素则会导致自动化测试的失败。

正确使用自动化测试技术可以提高测试效率和测试质量,但很多引入自动化测试工具的软件公司并没有让测试自动化发挥应有的作用,其主要原因有以下几个方面。

（1）不正确的观念或不现实的期望。没有建立一种正确的软件自动化测试的观念,或操之过急,认为自动化测试可以代替手工测试,或认为自动化测试可以发现大量的新缺陷,或不够重视且不愿在初期投入比较大的费用等。多数情况下,对软件自动化测试持过于乐观的态度、抱过高的期望,人们都期望通过自动化的方案解决遇到的所有问题。而同时测试工具的软件厂商自然会强调其测试工具的优势、有利的或成功的一面,可能对要取得这种成功所要做出持久不懈的努力和困难却只字不提,导致最初的期望得不到实现。

（2）缺乏具有良好素质和经验的测试人才。有些软件公司宁愿花几十万元去购买测试工具,也不愿意吸纳具有良好素质和经验的测试人才。软件自动化测试并不是简简单单地使用测试工具,还要有好的测试流程、全面的测试用例等来配合编写脚本,这就要求测试人员不仅熟悉产品的特性和应用领域、熟悉测试的流程,而且能很好地掌握测试技术和编程技术,具有丰富的测试经验。

（3）没有进行有效的、充分的培训。测试工具的使用者必须对测试工具非常了解,在这方面,进行有效的培训是必不可少的。如果没有良好的、有效的、充分的培训,测试人员对测试工具的了解缺乏深度和广度,就会导致其使用效率低下,应用结果不理想。而且,在实际使用测试工具的过程中,测试工具的使用者可能还存在着这样或那样的问题,这也需要有专人负责解决。

（4）没有考虑公司的实际情况,盲目引入测试工具。有一点很明确,不同的测试工具具有不同的测试目的,并具有各自的特点和适用范围,所以不是任何一款优秀的测试工具都能适应公司的需求。有些公司怀着美好的愿望花了不小的代价引入测试工具,半年或一年以后,测试工具却成了摆设。究其原因,就是没有考虑公司的现实情况,不切实际地期望测试工具能够改变公司的现状,从而导致了失败。

例如,国内大多数软件公司的测试工具是针对最终用户进行的项目开发,而不是产品开发。由于项目开发周期短,不同的用户,需求也不一样,而且在整个开发过程中,需求和用户界面变动较大,这种情况下就不适合引入黑盒测试工具。因为黑盒测试工具的基本方法是录制/回放,对于不停变化的需求和界面,可能录制脚本和修改脚本的工作量大大超过测试实施的工作量,运用测试工具不但不能减轻工作量,反而增加了测试人员的负担。这种情况下可以考虑引入白盒测试工具,以提升代码质量。

（5）没有形成一个良好的使用测试工具的环境。建立一个良好的使用测试工具的环境，需要测试流程和管理机制进行相应的变化，只有这样，测试工具才能真正发挥其作用。例如，对基于 GUI 录制/回放的自动化测试来说，产品界面的改变对脚本的正常运行影响较大。再者，白盒测试工具一般在单元测试阶段使用，而单元测试在大多数公司是由开发人员自己完成的，如果没有流程来规范开发人员的行为，在项目进度压力比较大的情况下，开发人员很可能就会有意识地不使用测试工具。所以，有必要将测试工具的使用在开发和测试流程中明确标出来。

（6）其他技术问题和组织问题。首先，软件自动化测试的测试脚本的维护量很大，且软件产品本身代码的改变需要遵守一定的规则，从而能保证良好的测试脚本使用的重复性，也就是说，测试自动化和软件产品本身不能分离。其次，提供软件测试工具的第三方厂商，对客户方的应用缺乏足够理解，很难提供强有力的技术支持，也就是说，软件测试工具和被测对象（软件产品或系统）的互操作性会存在或多或少的问题，加上技术环境的不断变化，所有这些对测试自动化的应用推广和深入都会带来很大的影响。最后，就是安全性的错觉，即如果软件测试工具没有发现被测软件的缺陷，也不能说明软件中不存在问题，也可能是测试工具本身不够全面或测试的预期结果设置不对。

8.2 自动化测试技术

在软件测试各个阶段即单元测试、集成测试和系统测试阶段，只要符合自动化测试的条件，都应尽可能开展自动化测试。根据被测对象是否运行，自动化测试又可分为静态测试和动态测试。

在单元测试阶段，静态测试表现在通过代码扫描工具逐行检查，对代码进行语法分析、规范性检查等；在系统测试阶段，静态测试表现为通过相关工具扫描前端代码，进行 XSS 漏洞检查。而动态测试首先要通过特定的程序（脚本、指令）模拟测试人员对软件系统的操作过程，如测试过程的对象捕获和回放，其中最重要的是识别用户界面元素以及捕获键盘、鼠标的输入，将操作过程转换为测试工具可执行的脚本；然后，增强脚本的参数化、结构化，并加入测试的验证点；最后，通过测试工具运行测试脚本，将实际输出记录和预先给定的期望结果进行比较分析，确定是否一致。

在性能测试方面，自动化测试的引入更为常见，例如模拟成千上万的用户对系统进行某种操作。

8.2.1 静态代码分析

静态代码分析通常在不运行被测代码的情况下，对代码进行检查。静态代码扫描工具的功能和编译器的某些功能其实是很相似的，它们也需要词法分析、语法分析、语意分析，但和编译器不一样的是，它们可以自定义各种复杂的规则对代码进行分析。一般针对不同的高级语言去构造分析工具，在工具中定义类、对象、函数、变量、运算等语法规则；在分析时对代码进行语法扫描，找出不符合编码规范的地方。

　　根据某种质量模型评价代码质量，可以生成系统的调用关系图等。为了更好地进行代码分析，可以在代码中设置一些"断点"，在这些断点和其他地方插入一些监测代码，以便于随时了解这些关键点/关键时刻的某个变量的值、内存/堆栈状态等。

　　静态代码分析可以借助一些工具来实现。例如 Java 代码检查工具 PMD、Checkstyle 等。

　　PMD 是一款代码检查工具，它用于分析 Java 源代码，找出潜在的问题：① 潜在的 bug，如空的 try/catch/finally/switch 语句；② 未使用的代码，如未使用的局部变量、参数、私有方法等；③ 可选的代码，如 String/StringBuffer 的滥用；④ 复杂的表达式，如使用 while 循环完成的 for 循环；⑤ 重复的代码，如拷贝/粘贴代码意味着拷贝/粘贴 bug。

　　PMD 内置的规则可以找出 Java 源代码中的许多问题，同时，用户还可以自定义规则，检查 Java 代码是否符合某些特定的编码规范，而且 PMD 已经与 Eclipse、IntelliJ IDEA、Maven 等主流工具集成在一起。

　　Checkstyle 是一款检查 Java 程序源代码的样式工具。它可以有效地帮助我们检查代码以便更好地遵循代码编写规范。同时它提供了高可配置性，以便适用于各种代码规范，所以除了使用它提供的几种常见标准外，还可以定制自己的标准。Checkstyle 提供了支持大多数常见的 IDE 插件，大部分插件包含有最新的 Checkstyle，可以免安装，因此使用起来很方便。

8.2.2　录制与回放

　　代码分析是一种白盒测试的自动化方法，录制（record）和回放（playback）则是一种黑盒测试的自动化方法。录制是将用户的每一步操作都记录下来。这种记录的方式是把程序用户界面的像素坐标或程序显示对象（窗口、按钮、滚动条等）的位置，以及相对应的操作、状态变化或属性变化记录下来，然后将所有的记录转换为一种脚本语言所描述的过程，以模拟用户的操作。

　　回放时，将脚本语言所描述的过程转换为屏幕上的操作，然后将被测系统的输出记录下来并与预先给定的标准结果进行比较以判断测试是否成功。通过这种方式，可以大大减轻测试的工作量，在迭代开发的过程中，能够很好地进行回归测试。

　　除了在功能测试中采用"录制—回放"技术外，目前自动化负载测试的解决方案几乎都要采用这种技术。负载测试中的"录制—回放"是先由手工完成一遍需要测试的流程，同时由计算机记录下这个流程期间客户端和服务器端之间的通信信息，这些信息通常是一些协议和数据，并形成特定的脚本程序。然后在系统的统一管理下同时生成多个虚拟用户，并运行该脚本的程序，监控硬件和软件平台的性能，从而提供分析报告或相关资料。这样，通过几台机器就可以模拟出成百上千的用户对应用系统进行负载能力的测试。

　　录制与回放实现起来非常简单，技术门槛低。但是，由于录制的操作将操作对象和数据绑定在一起，造成脚本的复用性很差，因此，其是实现自动化测试的一种辅助手段或第一步，先通过录制来获得对象，从而得到该对象的属性和操作，为进一步增强脚本奠定基础。同时，录制生成的测试脚本是操作到哪则录制到哪，是流水线方式，因此也叫线性脚本。

8.2.3 脚本技术

脚本(script)是一种特殊的计算机程序,包括指令和数据。指令作为控制信息用来操作软件中的对象,数据则是被操作对象属性的值。脚本技术是围绕脚本程序结构而进行的设计,它可以实现测试用例所要求的输入、各步骤的执行、自动验证,可以在创建脚本和维护脚本中实现平衡,以获得测试自动化的最大收益。

脚本可以通过前面所介绍的录制方式产生,也可以由相关人员直接采用脚本语言编写脚本。测试脚本按照实现方式和技术可以分为线性脚本、结构化脚本、数据驱动脚本和关键字驱动脚本。基于录制方式生成的脚本,不做任何修改的即是线性脚本。

1. 线性脚本

线性脚本如图 8-1 所示,通常是通过录制手工执行测试用例得到的脚本,这种脚本包含手工测试中的点击、键盘键入、输入数据等。所有录制的测试用例都可以得到完整的回放。

```
Sub Main
    Dim Result As Integer

    Window SetContext, "Class=Shell_TrayWnd", ""
    PushButton Click, "Text=开始"

    Window SetContext, "Caption=「开始」菜单", ""
    ListView Click, "ObjectIndex=2;\;ItemText=控制面板(C)", "Coords=57,17"

    Window SetContext, "Caption=控制面板", ""
    ListView DblClick, "Text=FolderView;\;ItemText=显示", "Coords=37,30"

    Window SetContext, "Caption=显示 属性", ""
    TabControl Click, "ObjectIndex=1;\;ItemText=桌面", ""
    PushButton Click, "ObjectIndex=2"

    Window SetContext, "Class=#32770", ""
    GenericObject Click, "Class=Static;ClassIndex=1", "Coords=77,58"

    Window SetContext, "Caption=显示 属性", ""
    TabControl Click, "ObjectIndex=1;\;ItemText=屏幕保护程序", ""
    EditBox Click, "Label=等待(W):", "Coords=23,9"
    EditBox Left_Drag, "Label=等待(W):", "Coords=22,9,31,9"
    InputKeys "6"
    ComboBox Click, "ObjectIndex=1", "Coords=160,11"
    ComboListBox Click, "ObjectIndex=1", "Text=贝塞尔曲线"
    PushButton Click, "Text=设置(T)"

    Window SetContext, "Caption=贝塞尔曲线屏幕保护程序设置", ""
    SpinControl Click, "ObjectIndex=1", "Coords=8,5"
    SpinControl DblClick, "ObjectIndex=2", "Coords=9,7"
    ScrollBar HScrollTo, "ObjectIndex=1", "Position=13"
    PushButton Click, "Text=确定"

End Sub
```

图 8-1 线性脚本

对于线性脚本,可以加入一些简单的指令,如时间等待、验证点等。线性脚本适合一些简单的操作,如 Web 页面,但是,由于测试环境稍一改变,甚至只是程序界面的小小变动,就会导致整段脚本完全不能运行。因此,线性脚本通常为一次性测试,或者可为后续增强脚本奠定基础。

2. 结构化脚本

结构化脚本是比线性脚本更加灵活的一种脚本技术,它在线性脚本的基础上增加了一些相应的选择条件。结构化脚本类似于结构化程序设计,不仅具有各种逻辑结构(顺序、分支、循环),而且具有函数调用功能,使得脚本变得结构化,如图 8-2 所示。这样不仅可以提高脚本的可复用性,而且可以增加脚本的功能和灵活性。在结构化脚本中,充分利用不同的结构控制语句,可以开发出易于维护的合理脚本,更好地支持自动化测试集实现的功能。

```
;Include 常量
#include <GUIConstants.au3>

;初始化全局变量
Global $GUIWidth
Global $GUIHeight

$GUIWidth = 300
$GUIHeight = 250

;创建窗口
GUICreate("New GUI", $GUIWidth, $GUIHeight)
......
While 1
    ;检查用户点击窗口中哪个按钮
    $msg = GUIGetMsg()

    Select
        Case $msg = $GUI_EVENT_CLOSE
            GUIDelete()
            Exit
        Case $msg = $OK_Btn
            MsgBox(64, "New GUI", "You clicked on the OK button!")
        Case $msg = $Cancel_Btn
            MsgBox(64, "New GUI", "You clicked on the Cancel button!")

    EndSelect

WEnd
```

图 8-2　结构化脚本

结构化脚本的主要优点是其健壮性比较好。由于引入了一些条件判断语句,可以很容易在脚本内加入一些错误处理功能,从而降低了脚本对被测系统的依赖性。同时,由于加入了循环结构,脚本重复执行了一些操作,使下一步的数据驱动脚本技术变得可能。结构化脚本的函数调用技术可以让脚本成为被其他脚本调用的模块。

结构化脚本的缺点是脚本复杂,而且测试数据仍然"捆绑"在脚本中,使得测试修改和定制非常复杂且困难。

3. 数据驱动脚本

数据驱动脚本是将测试输入和预期输出存储在独立的数据文件中，而不是与测试操作捆绑在一起放在测试脚本中。测试脚本仅包含一些与软件界面交互的操作信息，在执行测试时，所需的数据直接从文件中读取，而不是从测试脚本中读取，这样就完成了测试数据和测试操作的分离，如图 8-3 所示。测试数据集中在 DataTable 中，对脚本进行参数化，让参数关联测试数据，从而实现数据驱动脚本。这种方法最大的好处是同一个脚本允许不同的测试，若需要对数据进行修改，也不必修改执行的脚本。

测试数据列表（Datatable）

序号	用户名	口令
1	Test	Pass1
2	test sp	pass1
3	test	pass 1
4	test	P@ss!
… …		

数据驱动脚本示例

```
For i=1 to Datatable.GetRowCount
    Dialog("Login").WinEdit("AgentName:").SetDataTable("username", dtGlobalSheet)
    Dialog("Login").WinEdit("Password:").SetDataTable("passwd", dtGlobalSheet)
    Dialog("Login").WinButton("OK").Click
    datatable.GlobalSheet.SetNextRow
Next
```

图 8-3　数据驱动脚本

使用数据驱动脚本可以以较少的开销实现较多的测试用例，这可以通过为一个测试脚本指定不同的测试数据文件达到要求。将数据文件单独列出，选择合适的数据格式和形式，可使测试工程师的注意力集中到数据的维护和测试上，达到了简化数据、减少出错概率的目的。数据驱动脚本技术给测试用例的数据输入和维护带来了极大方便。

4. 关键字驱动脚本

关键字驱动技术是数据驱动技术的一种改进。数据驱动技术限制每个测试用例执行的步骤和操作都必须一样，测试的逻辑是建立在脚本中而不是独立的数据文件中。而关键字驱动脚本技术将被测试软件的业务逻辑从测试脚本中脱离出来，克服了数据驱动脚本技术将测试逻辑从脚本中剥离出来的困难，它将测试逻辑按照关键字进行分解，形成数据文件，其中关键字对应封装的业务逻辑。主要关键字包括被操作对象（item）、操作（operation）和值（value）三类，可采用面向对象形式将其表现为 item. operation(value)。

业务无法灵活适应技术的缺点,实现了关键字驱动技术所带来的数据、业务和脚本三者的分离。关键字驱动脚本的数量不随测试用例的数量变化而变化,仅随软件规模的增大而增加。关键字驱动脚本技术可以极大地减少脚本的维护开销,加速自动化测试的实现,提高自动化测试的效率。如图 8-4 所示,Command 列表即为关键字。

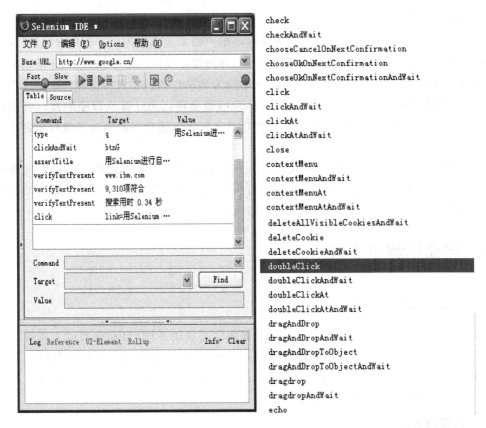

图 8-4　关键字驱动脚本

5. 自动化比较

测试验证是检验软件是否产生了正确的输出过程,是通过在测试的实际输出与预期输出(例如,当软件正确执行时的输出)之间完成一次或多次比较来实现的。进行自动化测试工作,自动比较就成为一个必需的环节,有计划地进行比较比随意地进行比较有更高的效率和更好的发现问题的能力。

在自动化测试中,预期输出是事先定义的。在测试过程中运行脚本,将捕获的结果和预期输出进行比较,从而确定测试用例是否能通过测试,这就需要自动化比较技术。

自动比较的内容可以是多方面的,包括基于磁盘输出的比较,如对数据文件的比较;基于界面输出的比较,如对显示位图的比较;基于多媒体输出的比较,如对声音的比较;还有其他输出内容的比较。

可以使用简单比较,仅匹配实际输出与预期输出是否完全相同,这是自动化比较的基础。智能比较是允许用已知的差异来比较实际输出和预期输出。比如,要求比较包含日期信息的输出报表的内容,如果使用简单比较,这显然是不行的,因为每次生成报表的日期信息肯定不同。这时就需要智能比较,忽略日期的差别,比较其他内容,甚至还可以忽略日期的具体内容,仅比较日期的格式,要求日期按特定格式输出。智能比较需要使用较为复杂的比较手段,包括正则表达式的搜索技术、屏蔽的搜索技术等。

6. 虚拟用户技术

将业务流程转化为测试脚本,就是创建虚拟用户脚本或虚拟用户。创建虚拟用户时,将被测软件的业务流程从头至尾进行确认和记录,弄清每步操作的细节和时间,并能精确地转化为脚本。此过程类似制造一个能够模仿人的行为和动作的机器人的过程。这个过程非常重要,在这里将现实世界中的单个用户行为比较精确地转化为计算机程序语言。虚拟用户通过驱动一个真正的客户程序来模拟真实用户。一般可以通过多进程或多线程来创建多个虚拟用户。

虚拟用户对于性能测试来说,意义重大。一些负载测试工具可用较少的硬件资源模拟成千上万个虚拟用户同时访问被测软件,并可模拟来自不同的 IP 地址、不同的浏览器类型以及不同的网络连接方式的请求,同时可实时监控系统的性能指标。

8.3 自动化测试工具

8.3.1 测试工具的分类

测试工具可以从不同的角度来分类。根据测试方法的不同,自动化测试工具可以分为白盒测试工具和黑盒测试工具。根据测试的对象和目的不同,自动化测试工具可以分为安全性测试工具、单元测试工具、功能测试工具、负载测试工具、数据库测试工具、嵌入式测试工具、页面链接测试工具、测试管理工具等。

1. 白盒测试工具

白盒测试工具一般是针对代码进行测试,测试所发现的缺陷可以定位到代码级。根据测试工具的工作原理不同,白盒测试工具可分为静态测试工具和动态测试工具。

静态测试工具是在不执行程序的情况下,分析软件的特性。静态测试工具一般是对代码进行语法扫描,找出不符合编码规范的地方,并根据某种质量模型评价代码的质量,生成系统的调用关系图等。

动态测试工具与静态测试工具不同,动态测试工具一般采用"插桩"的方式,向代码生成的可执行文件中插入一些监测代码,用来统计程序运行时的数据。其与静态测试工具最大的不同就是动态测试工具要求被测系统实际运行。

2. 黑盒测试工具

黑盒测试工具是在明确软件产品应具有的功能的条件下,完全不考虑被测程序的内部结构和内部特性,通过测试来检验软件功能是否按照软件需求规格的说明正常工作。

黑盒测试工具的一般原理是利用脚本的录制/回放来模拟用户的操作,然后将被测系统的输出记录下来同预先给定的预期结果进行比较。黑盒测试工具可以大大减轻黑盒测试的工作量,在迭代开发的过程中,能够很好地进行回归测试。

按照完成的职能不同,黑盒测试工具可以分为以下两种。

(1) 功能测试工具:用于检测程序能否达到预期的功能要求并正常运行。

(2) 性能测试工具:用于确定软件和系统的性能。

其中功能测试工具通过自动录制、检测和回放用户的应用操作,将被测系统的输出记录同预先给定的标准结果进行比较。功能测试工具能够有效地帮助测试人员对复杂的企业级应用的不同发布版本的功能进行测试,提高测试人员的工作效率和质量,其主要目的是检测应用程序是否能够达到预期的功能并正常运行。

而性能测试工具通常是指用来支持压力、负载测试,能够用来录制和生成脚本、设置和部署场景、产生并发用户和向系统施加持续压力的工具。性能测试工具通过实时性能监测来确认和查找问题,并针对所发现的问题对系统性能进行优化,确保应用的成功部署。性能测试工具能够对整个企业架构进行测试。通过这些测试,企业能最大限度地缩短测试时间、优化性能和加速应用系统的发布周期。

3. 安全性测试工具

安全性测试(security test)是指在测试软件系统中对程序的危险防止和危险处理进行的测试,以验证其是否有效。安全性测试工具是针对安全领域的某个问题,如 XSS 攻击、SQL 注入等进行相关的安全性测试的工具,如端口扫描工具 nmap,操作系统漏洞扫描工具 nessus,协议健壮性测试工具 Codenomicon、Peach,Web 漏洞扫描工具 Appscan、Burpsuite(可抓取、拦截 Web 报文并进行修改),数据库漏洞扫描工具 nessus、NGS。而 fiddler 工具可抓取 Web 报文,并可构造报文进行 Web 接口测试。

4. 测试管理工具

一般而言,测试管理工具是指在软件开发过程中,对测试需求、计划、用例和实施过程进行管理,对软件缺陷进行跟踪处理的工具。通过使用测试管理工具,测试人员或开发人员可以更方便地记录和监控每个测试活动、阶段的结果,找出软件的缺陷和错误,记录测试活动中发现的缺陷并改进。通过使用测试管理工具,测试用例可以被多个测试活动复用,可以输出测试分析报告和统计报表。有些测试管理工具可以更好地支持协同操作,共享中央数据库,支持并行测试和记录,从而大大提高了测试效率。

一般情况下,测试管理工具应包括以下内容。

(1) 测试计划、测试用例管理。

(2) 缺陷跟踪管理(问题跟踪管理)。

(3) 配置管理。

如开源的 TestLink 和 QATraq、商业化的 TestCenter(由上海泽众软件科技有限公司自主研发)、TestDirector(由 Mercury Interactive 公司研发,8.0 版本后改成 QC)、TestManager(由 IBM 公司研发)、QADirector(由 Compuware 公司研发)、oKit(由北京统御至诚科技有限公司研发)等。

5. 专用测试工具

除了上述的自动化测试工具外,还有一些专用的自动化测试工具,例如,针对 Web 系统中的链接进行测试的 Xenu Link Sleuth，针对 Web 站点 Cookies 进行测试的 IECookies View 工具和针对数据库进行测试的 TestBytes 工具。

8.3.2 白盒测试工具

白盒测试是针对代码的内部结构和逻辑进行的测试，因此，开展白盒测试的自动化测试工具与其代码的编写语言有着密切关系。不同的编程语言，一般有对应该语言的单元测试工具，例如 Python 的测试工具有 unittest；Java 的测试工具有 JUnit、JTest、EMMA 等；C/C++的测试工具有 C++ Test、CppUnit、CodeWizard 等；Web 前端应用的测试工具有 HttpUnit、HtmlUnit 等。

从前面的单元测试可知，其运用的主要测试方法为白盒测试法，相应的测试工具为白盒测试工具。前面已经详细介绍了 Python 的测试工具 unittest，下面重点介绍 Java 代码的自动化测试工具 JUnit。

JUnit 是一个 Java 语言的单元测试框架。它由 Kent Beck 和 Erich Gamma 建立，逐渐成为源于 Kent Beck 的 sUnit 的 xUnit 家族中最为成功的一个。JUnit 有它自己的 JUnit 扩展生态圈。多数 Java 的开发环境都已经集成了 JUnit 作为单元测试的工具。

JUnit 是一个开放源代码的 Java 测试框架，用于编写和运行可重复的测试。它是用于单元测试框架体系 xUnit 的一个实例（用于 Java 语言），具有：① 用于测试期望结果的断言（assertion）；② 用于共享共同测试数据的测试工具；③ 用于方便组织和运行测试的测试套件并能自动生成图形化结果。

下面以一个简单的实例来体验一下 JUnit 的使用方法及其测试过程。

图 8-5 创建 JUnit 单元测试项目

第 1 步：新建一个项目叫 JUnit_Test，如图 8-5 所示。接着，在图 8-5 中的 src 节点下创建一个 Calculator 类，它是一个能简单实现加减乘除、平方、开方的计算器类，然后对这些功能进行单元测试。这个类并不是很完美，我们故意保留了一些 bug 用于演示，这些 bug 在注释中都有说明。该类代码如下：

```java
public class Calculator {
    private static int result;              //静态变量，用于存放计算结果
    public void add(int n){
        result=result+ n;}
    public void sub(int n){
        result=result-1;                    //bug：正确的应该是 result=result-n
```

```
    }
    public void multiply(int n){
}//此方法尚未写好
    public void divide(int n){
        result=result/n;
        }
    public void square(int n){
        result=n* n;
        }
    public void squareRoot(int n){
            for(; ;){   //bug: 死循环
            }
        }
    public void clear(){
        result=0;                          //将结果清 0
        }
    public int getResult(){
        return result;
        }
    }
```

第 2 步：将 JUnit 4 单元测试包引入这个项目。在该项目"JUnit_Test"上右击，选择"属性"，在弹出的"JUnit_Test 的属性"窗口中选择"Java 构建路径"，然后到右边选择"库"标签，最后在最右边的选项中单击"添加库…"按钮，如图 8-6 所示。

图 8-6　添加库的操作

在图 8-7 所示的窗口中，选中 JUnit，单击"下一步"按钮。

弹出如图 8-8 所示的窗口，选择"JUnit 4"，单击"完成"按钮，至此成功添加了 JUnit 4

图 8-7　选中 JUnit

图 8-8　选中 JUnit 4 版本

库,如图 8-9 所示,即 JUnit 4 库不包含在 JUnit_Test 项目中了。

图 8-9 成功添加了 JUnit 4 库

第 3 步:生成 JUnit 测试框架。在 eclipse 的 Package Explorer 中右击会弹出菜单,选择"新建 JUnit 测试用例",如图 8-10 所示,勾选 setUp0(u)方法,用于执行每一个测试用例之前的环境清理工作。

图 8-10 创建 JUnit 测试用例

接着单击图 8-10 中的"下一步"按钮，系统会自动列出这个类包含的方法，如图 8-11 所示，选择要进行测试的方法。此例中，我们仅对"加、减、乘、除"四个方法进行测试。

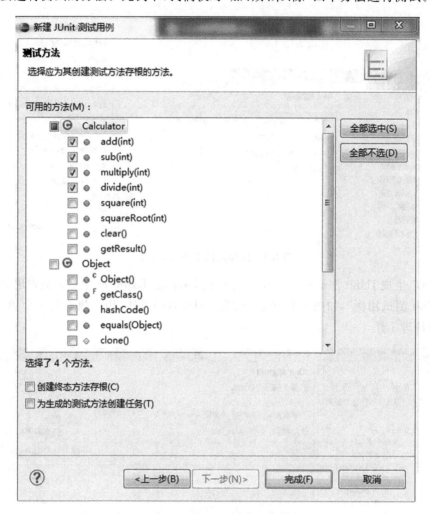

图 8-11　选择需测试的类方法

之后系统会自动生成一个新类 CalculatorTest，里面包含一些空的测试用例。只需要将这些测试用例稍做修改即可使用。完整的 CalculatorTest 代码如下：

```
import org.junit.* ;
import static org.junit.Assert.* ;
public class CalculatorTest {
private static Calculator calculator=new Calculator();
    @ Before
    public void setUp() throws Exception {
        calculator.clear();
    }
    @ Test
```

```
public void testAdd() {
    //fail("尚未实现");
    calculator.add(2);
    calculator.add(3);
    assertEquals(5, calculator.getResult());
}

@ Test
public void testSub() {
    //fail("尚未实现");
    calculator.add(10);
    calculator.sub(2);
    assertEquals(8, calculator.getResult());
}

@ Test
public void testMultiply() {
    //fail("尚未实现");
}
@ Test
public void testDivide() {
    //fail("尚未实现");
    calculator.add(8);
    calculator.divide(2);
    assertEquals(4, calculator.getResult());
}


}
```

第四步:运行测试代码。按照上述代码修改完毕后,可以在 CalculatorTest 类上右击,选择"运行方式→JUnit 测试"来运行我们的测试,如图 8-12 所示。

进度条是红颜色表示发现错误,具体的测试结果在进度条上面显示共进行了 4 个测试,其中"√"表示成功,"×"表示失败,共有 3 个成功,1 个失败。

至此,一个运用 JUnit 4 来测试类方法的简单实例已经完成,但是在测试的过程中,不仅要知其然还要知其所以然,因此我们对上述实例测试实现过程的关键点做如下说明。

1. 导入必要的包

在测试类中用到了 JUnit 4 框架,因此要把相应的 Package 包含进来。其中最主要的一个 Package 就是 org. junit. * ,把它包含进来之后,就能使用其绝大部分功能。"import static org. junit. Assert. * ;"这条语句也非常重要,我们在测试时使用的一系列 assertE-quals 方法就来自这个包。同时,这是一个静态(static)包含,是 JDK 5 中新增添的一个功能。也就是说,assertEquals 是 Assert 类中的一系列的静态方法,一般的使用方式是 As-sert. assertEquals(),但是使用了静态包含后,前面的类名就可以省略了,使用起来更加

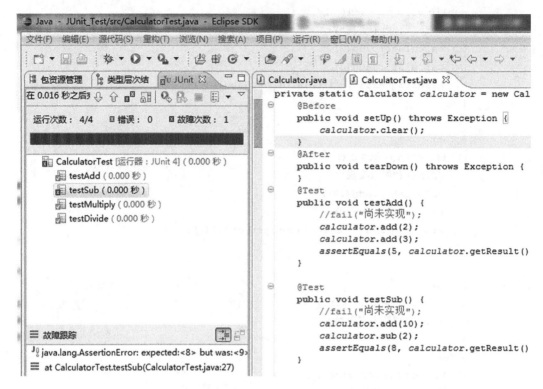

图 8-12　测试用例执行结果

方便。

　　我们注意到,这里的测试类是一个独立的类,没有任何父类。测试类的名字也可以任意命名,没有任何局限性。所以我们不能通过类的声明来判断它是不是一个测试类,它与普通类的区别在于它内部的方法的声明。在测试类中,并不是每一个方法都是用于测试的,必须使用"标注"来明确表明哪些是测试方法。"标注"也是 JDK 5 及后续版本的一个新特性,用在此处非常恰当。如我们看到的在某些方法前有@Before、@Test、@Ignore 等字样,这些就是标注,以"@"作为开头。这些标注都是 JUnit 4 自定义的,只有标注了@Test 的方法才是测试方法。

　　例如,测试代码中"加法"的方法:

```
@ Test
    public void testAdd() {
        //fail("尚未实现");
        calculator.add(2);
        calculator.add(3);
        assertEquals(5, calculator.getResult());
    }
```

　　事实上,测试方法名可以是任意名,没有任何限制,通常会自动生成 test * 为测试方法名,但是返回值必须为 void,而且不能有任何参数。如果违反这些规定,则会在运行时抛出异常。而在方法内写什么,取决于需要测试的功能。

2. 创建测试类的对象

要测试哪个类,首先就要创建该类的对象。例如,前面的测试类中有如下代码:

```
private static Calculator calculator=new Calculator();
```

为了测试 Calculator 类,必须创建一个 calculator 对象。

3. 忽略某些尚未完成的测试方法

JUnit 通过在测试方法前面加上@Ignore 标注来忽略某些尚未完成的测试方法。这个标注的含义就是"某些方法尚未完成,暂不参与此次测试"。这样,测试结果就会提示有几个测试被忽略,而不是失败。一旦完成相应的函数,只需要把@Ignore 标注删除,就可进行正常的测试。

4. Fixture

Fixture 的含义就是在某些阶段必然被调用的代码。比如上面的测试,其初始值为 0,由于只声明了一个 Calculator 对象,在测试完加法操作后,其值就不是 0 了;接下来测试减法操作时,就必须考虑上次加法操作的结果。这绝对是一个很糟糕的设计,我们希望每一个测试都是独立的,相互之间没有任何耦合度。因此,很有必要在执行每一个测试之前,对 Calculator 对象进行"复原"操作,以消除其他测试造成的影响。故"在任何测试执行之前必须执行的代码"就是一个 Fixture,我们用@Before 来标注它,如前面例子所示:

```
@ Before
public void setUp() throws Exception {
    calculator.clear();
}
```

这里不再需要@Test 标注,因为这不是一个 test,而是一个 Fixture。同理,如果"在任何测试执行之后需要进行的收尾工作"也是一个 Fixture,则使用@After 来标注。由于本例比较简单,没有用到此功能。

5. JUnit 4 的高级特性

前面我们介绍了两个 Fixture 标注,分别是@Before 和@After,现在来看看它们是否适合完成如下功能:有一个类是负责对大文件(超过 500 MB)进行读/写,它的每一个方法都是对文件进行操作。换句话说,在调用每一个方法之前,我们都要打开一个大文件并读入文件内容,这绝对是一个非常耗时的操作。如果使用@Before 和@After,那么每次测试都要读取一次文件,其效率极其低下。这里我们所希望的是在所有测试一开始读一次文件,所有测试结束之后释放文件,而不是每次测试都读一次文件。JUnit 的作者显然也考虑到了这个问题,他给出了@BeforeClass 和@AfterClass 两个 Fixture 标注来帮助我们实现这个功能。从名字就可以看出,用这两个 Fixture 标注的函数,只在测试用例初始化时执行@BeforeClass 方法,当所有测试执行完毕之后,执行@AfterClass 进行收尾工作。同时,每个测试类只能有一个方法被标注为@BeforeClass 或@AfterClass,并且该方法必须是 Public 和 Static 的。

1）限时测试

前面的计算器中有一个求平方根的函数有 bug，它是一个死循环：

```
public void squareRoot( int n)  {
    for (; ;);                    //bug: 死循环
}
```

事实上，对于那些逻辑很复杂、循环嵌套比较多的程序，很有可能出现死循环，因此一定要采取一些措施。限时测试是一种很好的解决方案。我们给这个测试函数设定一个执行时间，如果超过这个时间，它们就会被系统强行终止，并且系统还会向你汇报该函数结束的原因（超时），这样就可以发现这些 bug 了。要实现这一功能，只需要给@Test 标注加一个参数即可，代码如下：

```
@ Test(timeout =  1000 )
public  void  squareRoot() {
    calculator.squareRoot( 4 );
    assertEquals( 2 , calculator.getResult());
}
```

其中 timeout 参数表明了你要设定的时间，单位为毫秒，因此代码中的 1000 就代表 1 秒。

2）测试异常

Java 中的异常处理也是测试中的一个重点，因此经常会编写一些需要抛出异常的函数。那么，如果你觉得一个函数应该抛出异常，但是它没抛出，这算不算 bug 呢？这当然是 bug，并且 JUnit 能帮助我们找到这种 bug。例如，我们编写的计算器类有除法功能，如果除数是一个 0，那么必然会抛出"除 0 异常"。因此，很有必要对此进行测试，代码如下：

```
@ Test(expected =  ArithmeticException.class )
public  void  divideByZero() {
calculator.divide( 0 );
}
```

如上述代码所示，需要使用@Test 标注的 expected 属性将要检验的异常传递给它，这样 JUnit 框架就能自动帮我们检测是否抛出了指定的异常。

3）Runner

试想一下，当把测试代码提交给 JUnit 框架后，该框架如何运行你的代码呢？答案就是 Runner（运行器）。在 JUnit 中有很多个 Runner，它们负责调用测试代码，每个 Runner 都有各自的特殊功能，使用时可根据需要选择不同的 Runner 来运行测试代码。可能我们会觉得奇怪，前面写了那么多测试，并没有明确指定 Runner 呀。这是因为 JUnit 中有一个默认的 Runner，如果没有指定，那么系统会自动使用默认的 Runner 来运行你的代码。换句话说，下面两段代码的含义是完全一样的：

```
import org.junit.internal.runners.TestClassRunner;
import org.junit.runner.RunWith;
// 使用了系统默认的 TestClassRunner,与下面的代码完全一样
```

```
public class CalculatorTest  {
    ...
}
@ RunWith(TestClassRunner.class )
public class CalculatorTest  {
    ...
}
```

　　从上述例子可以看出,要想指定一个 Runner,需要使用@RunWith 标注,并把指定的 Runner 作为参数传递给它。另外,@RunWith 标注是用来修饰类的,而不是用来修饰函数的。只要对一个类指定了 Runner,那么这个类中的所有函数都会被这个 Runner 调用。最后,不要忘了包含相应的 Package。接下来重点介绍其他 Runner 的特有功能。

　　4）参数化测试

　　我们可能遇到过这样的函数,它的参数有许多特殊值,或者它的参数分为很多个区域。比如,一个对考试分数进行评价的函数,返回值分别为"优秀、良好、一般、及格、不及格",因此在编写测试的时候,至少要写 5 个测试包含这 5 种情况,这确实是一件很麻烦的事情。下面再使用前面的例子测试"计算一个数的平方"这个函数,暂且分三类:正数、0、负数。该测试代码如下:

```
import org.junit.AfterClass;
import org.junit.Before;
import org.junit.BeforeClass;
import org.junit.Test;
import static org.junit.Assert. * ;
public class SquareTest {
private static Calculator calculator = new Calculator();
    @ Before
public void clearCalculator()  {
        calculator.clear();
    }
    @ Test
    public void square1()  {
        calculator.square( 2 );
        assertEquals( 4 , calculator.getResult());
    }
    @ Test
    public void square2()  {
        calculator.square( 0 );
        assertEquals( 0 , calculator.getResult());
    }
    @ Test
    public void square3()  {
        calculator.square(- 3 );
        assertEquals( 9 , calculator.getResult());
    }
}
```

为了简化类似的测试，JUnit 4 提出了"参数化测试"的概念，只写一个测试函数，就可把这若干种情况作为参数传递进去，一次性完成测试。代码如下：

```
import static org.junit.Assert.assertEquals;
import org.junit.Test;
import org.junit.runner.RunWith;
import org.junit.runners.Parameterized;
import rg.junit.runners.Parameterized.Parameters;
import java.util.Arrays;
import java.util.Collection;
@ RunWith(Parameterized.class)
public class SquareTest  {
    private static Calculator calculator=new Calculator();
    private int param;
    private int result;
    @ Parameters
    public static Collection data()  {
        return Arrays.asList( new Object[][] {
                { 2 , 4 },
                { 0 , 0 },
                {-3,  9 },
        } );
    }
    public SquareTest(int param,int result)  {
        this .param=param;
        this .result=result;
} //构造函数,对变量进行初始化
@ Test
    public void square()  {
        calculator.square(param);
        assertEquals(result, calculator.getResult());
    }
}
```

下面对上述代码进行分析。首先，要为这种测试专门生成一个新类，而不能与其他测试共用同一个类，此例中我们定义了一个 SquareTest 类。然后，要为这个类指定一个 Runner，而不能使用默认的 Runner，因为特殊的功能要用特殊的 Runner。@RunWith(Parameterized. class)这条语句就为这个类指定了一个 ParameterizedRunner。再定义一个待测试的类，并且定义两个变量，一个用于存放参数，一个用于存放期待的结果。其次，定义测试数据的集合，也就是上述的 data()方法，该方法可以任意命名，但是必须使用@Parameters 标注进行修饰。这个方法的框架就不解释了，大家只需要注意其中的数据就可。它是一个二维数组，两两一组，每组中的这两个数据，一个是参数，一个是预期的结果。比如第一组{2,4}，其中 2 就是参数，4 就是预期的结果。这两个数据的顺序谁前谁后都可以。最后是构造函数，其功能就是对先前定义的两个参数进行初始化。在这里，要注意的是参数的顺序，它要与上面的数据集合的顺序保持一致。如果前面的顺序是{参数,预期的结果}，那么构造函数的顺序也必须是"构造函数(参数,预期的结果)",反之亦然。

5) 打包测试

通过前面的介绍我们可以了解到,在一个项目中,只写一个测试类是不可能的,我们会写出很多个测试类。但是这些测试类必须一个一个地执行,也是比较麻烦的事情。鉴于此,JUnit 为我们提供了打包测试的功能,它将所有需要运行的测试类集中起来,一次性运行完毕,大大方便了我们的测试工作。具体实现代码如下:

```java
import org.junit.runner.RunWith;
import org.junit.runners.Suite;
@ RunWith(Suite. class )
@ Suite.SuiteClasses( {
        CalculatorTest. class,
        SquareTest. class
        } )
public class AllCalculatorTests {

}
```

清楚了打包测试方法,当本项目各个测试类单独测试没有问题后,接着创建一个测试类AllCalculatorTests,添加至如上代码,只需执行 AllCalculatorTests 测试类即可发起全部的测试执行,这在自动化测试中一键执行即可得到测试结果,显得非常有意义。

通过一个简单的实例,逐渐运用 JUnit 4 的高级特性,一步步完善运用 JUnit 4 开展自动化测试的方法,让我们得到 Calculator 计算器最终的测试代码框架,如图 8-13 所示。

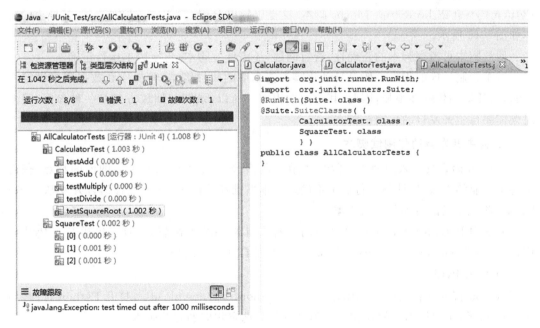

图 8-13　从 AllCalculatorTests 类发起测试执行

8.3.3 黑盒测试工具

黑盒测试是在不关心程序代码的内部结构和逻辑下所开展的测试。从软件测试的各阶段(单元测试、集成测试、系统测试及验收测试),运用黑盒测试工具来开展自动化测试,大部分进行的是系统功能测试。因此,本节重点介绍系统功能自动化测试。然而,关于系统功能自动化测试的工具非常多,开源测试工具主要有 Selenium,商业化测试工具主要有 WinRunner、QuickTest、Robot、SilkTest、QARun 等,第三方测试工具或自主研发。本书中,需要学会使用主流的开源测试工具,因此,这里重点介绍 Selenium 的基本使用方法。

使用 Selenium 对 Web 应用系统进行自动化测试分为两个层面:一个层面是从用户端发起各种业务操作并考察页面功能是否符合预期;另一个层面是自主开发自动化测试脚本的业务处理逻辑是否符合预期。

1. 基于录制回放方式

从用户端发起各种业务操作并考察页面功能是否符合预期,可以使用 Selenium 进行录制回放。使用 Selenium 实现录制回放功能,首先要配置环境,它是在 Firefox 中采用附加组件的方法附加 Selenium IDE,附加成功后会在 Firefox 上显示快捷工具图标 se。当要进行页面录制时,只需单击这个图标即可。

例如,要实现录制 163 邮箱登录的功能。打开 Firefox 浏览器,单击快捷工具图标 se,在弹出的窗口中确认创建项目,填写项目名称,接着填写要录制的 BASE URL:https://email.163.com/即可开始录制 163 邮箱登录的各步骤,录制结束后,便可生成脚本(可回放脚本)。也可单击如图 8-14 所示的"Export"导出脚本,如图 8-15 所示,可导出 Java JUnit、Python Pytest 或 JavaScript Mocha 脚本,这里以导出 Python Pytest 脚本为例,其导出的脚本如图 8-16 所示。

回放脚本可考察脚本的正确性,若有问题,还需修改脚本,直至脚本运行正确。

基于录制生成的脚本一般是自动化脚本技术中的线性脚本,其操作和数据紧紧绑定在一起,对环境的依赖性很强,因此,其适用性很差。所以,录制与回放方式是一种参照,很多时候需要自主开发自动化测试脚本。

2. 自主开发自动化测试脚本

Python 语言具有入门简单、开源、实用性强、兼容众多平台以及丰富的库的特点,获得了各个行业的青睐,软件测试行业也不例外。本书推荐使用 Python 编程语言开发基于 Selenium 测试工具的自动化测试脚本。

要使用 Python+Selenium 实现自动化测试脚本,首先要配置好环境,包括安装 Python 语言,安装 Selenium 及 Firefox 浏览器,然后开发自动化测试脚本。

1) 安装 Python

python 官方下载地址为 https://www.python.org/downloads/,打开 Python 官网,如图 8-17 所示,可根据本地的操作系统类型及位数选定相应的安装版本。

在安装过程中勾选"添加到环境变量"。安装结束后单击"开始"菜单,在菜单最上面能找到 IDLE,IDLE 是 Python 自带的 shell,点击打开,即可开始编写 Python 脚本了,如图

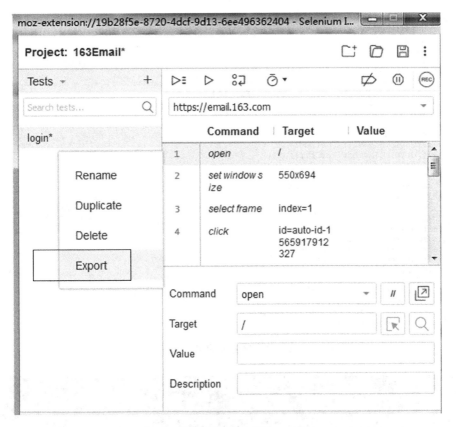

图 8-14 导出脚本

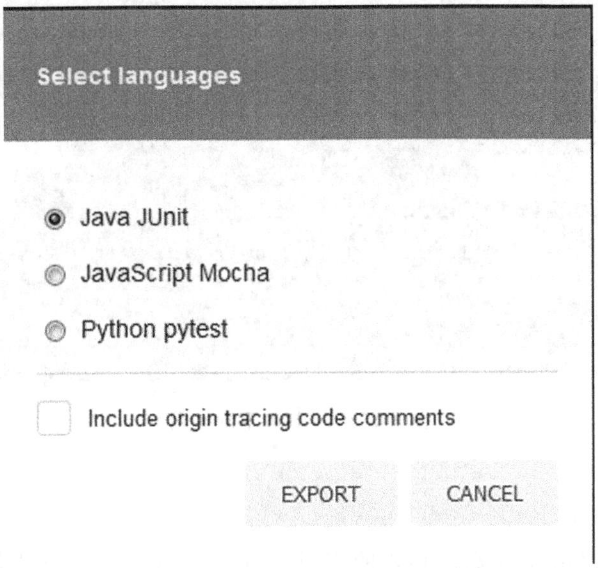

图 8-15 选择导出的脚本类型

```
# Generated by Selenium IDE
import pytest
import time
import json
from selenium import webdriver
from selenium.webdriver.common.by import By
from selenium.webdriver.common.action_chains import ActionChains
from selenium.webdriver.support import expected_conditions
from selenium.webdriver.support.wait import WebDriverWait
from selenium.webdriver.common.keys import Keys

class TestLogin():
  def setup_method(self, method):
    self.driver = webdriver.Firefox()
    self.vars = {}

  def teardown_method(self, method):
    self.driver.quit()

  def test_login(self):
    self.driver.get("https://email.163.com/")
    self.driver.set_window_size(550, 694)
    self.driver.switch_to.frame(1)
    self.driver.find_element(By.ID, "auto-id-1565917912327").click()
    self.driver.find_element(By.ID, "auto-id-1565917912327").send_keys("chensuhong_1026")
    self.driver.find_element(By.ID, "auto-id-1565917912330").click()
    self.driver.find_element(By.ID, "auto-id-1565917912330").send_keys("wencsh1026")
    self.driver.find_element(By.ID, "dologin").click()
    self.driver.switch_to.default_content()
    element = self.driver.find_element(By.LINK_TEXT, "退出")
```

图 8-16　录制并导出生成的 Python Pytest 脚本

图 8-17　Python 下载官网

8-18所示。

2）安装 Selenium

安装 Selenium 之前需要安装必要的工具 setuptools，其安装方法是先下载 setuptools 安装包（如 zip 或 tar.gz 包）进入解压目录，在命令行执行"python setup.py install"即可。

其次安装 pip（若 Python 自带，则不再安装）。从官网 https://pypi.python.org/pypi/

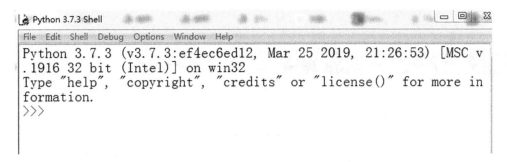

图 8-18　启动 Python 的 IDLE

pip 下载 tar.gz 或 zip 包，解压后进入目录，在 cmd 窗口执行 python setup.py install 即可安装。

最后，上面两个工具安装好后开始安装 Selenium，只需在命令行进入 Python 安装路径 Script 目录下，执行 pip install -U selenium 即可自动安装。

完成安装后，在 IDLE 输入：

```
from selenium import webdriver
```

如果没有报错，则表示安装成功，如图 8-19 所示。

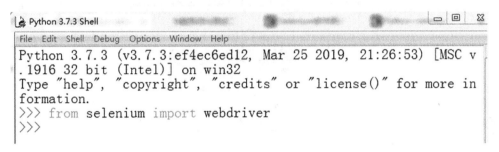

图 8-19　测试 Selenium 的安装

3）安装 Chrome 浏览器及 Chrome 驱动

第 1 步，下载 Google 浏览器 Chrome 并安装。安装好 Chrome 后，选择"…"→"帮助"→"关于 Google Chrome"。

第 2 步，下载对应的浏览器驱动 Chromedriver，且 Chrome 和 Chromedriver 有兼容关系。

Chromedriver 下载的原始地址在 Google 服务器上，由于国内防火墙的拦截，所以没法直接下载。庆幸的是国内有镜像站可以选择，在淘宝上找到镜像站的网址为：http://npm.taobao.org/mirrors/chromedriver/。从这里可以下载 Chromedriver 源站的所有版本。根据 Chrome 的版本号（见图 8-20）找到对应的 Chromedriver 版本并下载。再下载 Chrome 浏览器的驱动 chromedriver.exe（与 Python 位数相符），解压后放在 Python 安装路径的 Scripts 目录（如 D:\Program Files\Python\Scripts）中，且确保 Python 安装路径已经添加到系统环境变量，如果还没有添加入系统变量，则可以手工加入。依次单击"控制面板"→"系统"→"高级系统设置"选项卡→"高级"命令→"环境变量"按钮来设置 Python 环境变量，如图8-21 所示。

图 8-20　查看 Chrome 版本

图 8-21　设置 Python 环境变量

在"变量"中选择 PATH，然后单击右下角的"编辑"按钮，如图 8-22 所示。

找到 Python 的 Scripts 文件夹目录：D:\Program Files\Python\Scripts，然后把这个路径粘贴到"变量值"中，单击"确定"按钮，如图 8-23 所示。

将下载的 chromedriver.exe 文件复制到系统路径：D:\Program Files\Python\Scripts。

如果还是不行，可以把 chromedriver.exe 放到本 Python 项目的目录下。

4）开发自动化测试脚本

配置好环境后就可以开发自动化测试脚本了。打开 Python 自带的 IDLE，输入如图 8-24 所示的代码。

该测试代码即通过脚本打开百度首页，并找到百度搜索框，输入"selenium"，再单击"搜索"按钮，执行完毕后等待 2 ms，可获取搜索网页主题，并判断网页主题是否符合预期。由

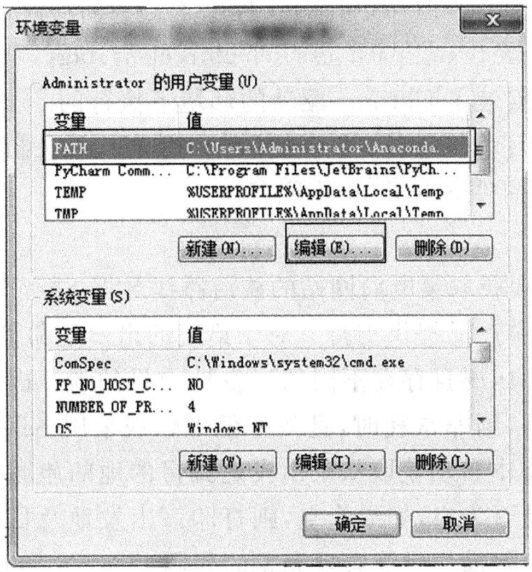

图 8-22　编辑 PATH

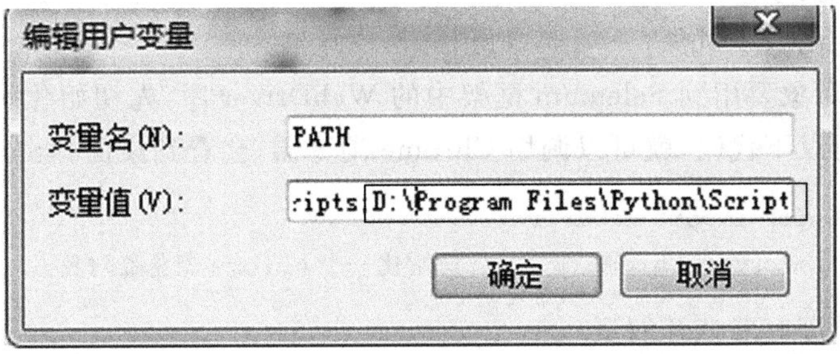

图 8-23　添加 Python 安装路径到系统环境变量

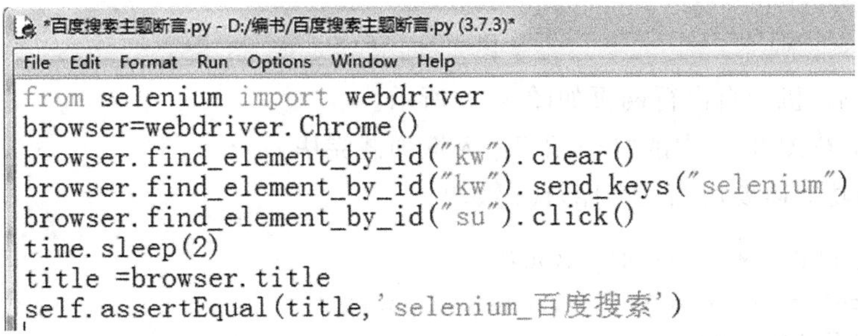

图 8-24　百度"搜索"测试

此可见,数行代码即可完成模拟手工打开百度首页,输入相关关键词进行搜索可实现功能。该测试脚本简单明了,易上手。

熟悉了第一个 Python＋Selenium 测试脚本开发后,可以根据具体的业务系统需求,结合 Python 丰富的库及模块化编程方式,可实现功能强大的测试脚本。

值得注意的是,Web 系统功能的自动化测试通常都要定位网页上的元素,上述代码是通过元素 id 定位的。事实上,在 html 里,元素具有各种属性。我们可以通过唯一区别其他元素的属性来定位到这个元素,但 WebDriver 提供了一系列的元素定位方法,常见的有 id、name、link text、partial link text、xpath、css selector、class、tag。

另外,上述脚本是在安装了 Chrome 驱动的环境下执行的。当然 Selenium 也可在安装了 Firefox 浏览器驱动的环境下进行,其方法类似。但是基于录制与回放方式生成的脚本,目前仅有支持 Firefox 的插件 Selenium IDE。

5)应用案例

本案例使用 Selenium 获取某电商网站的旅游路线数据,进而判断旅游路线的产品数据是否为空,从而为维护旅游产品提供支持。对于给定的出发地和目的地,其旅游路线有很多条,条目多了后要进行翻页,况且存在不同的出发地和目的地。因此,如果采用人工方式检查页面上旅游产品的数据,则非常耗时,且效率低下。现采用 Selenium 能获得动态网页数据的优势,编写 Python 脚本自动获取从某出发地到目的地的旅游路线数据,进而判断特定旅游路线中的产品数据是否为空,如果为空,则打印该出发地及目的地信息,以方便持续维护旅游产品。按下面的步骤操作最终实现完整的代码。

第 1 步:设置浏览器及其对应的驱动,在前面的环境配置(安装 Chrome 浏览器及 Chrome 驱动)中已经完成。

第 2 步:调用浏览器对象。

调用浏览器对象要用到 Selenium 框架中的 WebDriver 库:先初始化一个 Chrome 浏览器对象,然后执行以下代码,就可以调用 Chrome 浏览器,会看到桌面弹出一个浏览器窗口。

```
from selenium import webdriver
driver=webdriver.Chrome()      //初始化一个 Chrome 浏览器对象
```

第 3 步:通过浏览器打开网页。

通过浏览器打开网页,这里使用 GET 方法。

```
# 通过浏览器打开网页
driver.get("https://fh.dujia.qunar.com/? tf=package")
```

打开网页后,机酒自由行网页如图 8-25 所示。

第 4 步:等待图 8-25 中的"出发地"输入框加载完毕。

实现等待功能需要用到三个库,代码如下:

```
# 用于指定 HTML 文件中的 DOM 元素
from selenium.webdriver.common.by import By
# 用于等待网页加载完成
from selenium.webdriver.support.ui import WebDriverWait
# 用于指定标志网页加载结束的条件
from selenium.webdriver.support import expected_conditions as EC
```

By 库:用于指定 HTML 文件中的 DOM 变迁元素。

WebDriverWait 库:等待网页加载完成。

expected_conditions(下面用 as EC 作为这个库的简称)库:指定等待网页加载结束的条件。

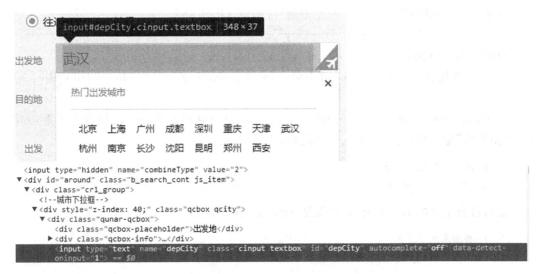

图 8-25 机酒自由行网页

这里的"出发地"输入框是通过异步加载的,需要等待一段时间,因此加一条等待语句。

在浏览器中右击"出发地"输入框,然后单击菜单中的"审查元素"(不同的浏览器可能不一样,有的是"检查"),会在下侧打开的开发者模式页面中定位到这个输入框的位置,这个输入框是一个 cinput. textbox 元素,id 是 depCity。接下来等待 id＝"depCity"的出现,如图 8-26所示。

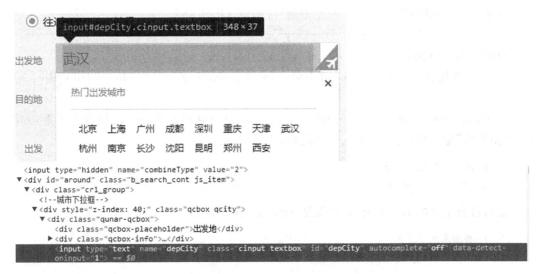

图 8-26 出发地输入框对应的页面元素属性

使 driver 保持等待,直到读取到 id＝"depCity",等待时间最长为 10 秒。用 WebDriver-Wait 指定等待的浏览器和等待时间最长的语句如下。

```
# WebDriverWait(driver, 10)意思是使 driver 保持等待,等待时间最长 10 秒
# .until()中指定等待的是什么事件
```

```
#  EC.presence_of_element_located()中指定标志等待结束的 DOM 元素
#  里面传入元组(By.ID, "depCity")意思是等待 id= "depCity"的元素加载完成
WebDriverWait(driver, 10).until(EC.presence_of_element_located((By.ID,
"depCity")))
```

第 5 步:填充"出发地"、"目的地"输入框的数据,单击"开始定制"按钮。

等待"出发地"输入框加载完成后,找到输入框的位置,并清除输入框的数据。右击下侧高亮的代码,在弹出的菜单中选择"Copy"→"Copy XPath"命令,如图 8-27 所示。

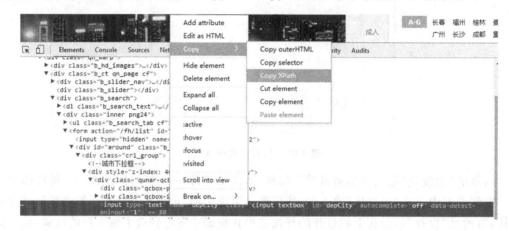

图 8-27 获得页面元素的 XPath 值

这里复制到的 XPath 是://*[@id="depCity"],这是一条定位用的路径,后面会用同样的方法复制"目的地"输入框和"开始定制"按钮的 XPath 路径。

出发地 XPath 是://*[@id="depCity"]。

目的地 XPath 是://*[@id="arrCity"]。

开始定制按钮 XPath 是:/html/body/div[2]/div[1]/div[2]/div[3]/div/div[2]/div/a。

用 WebDriver.Chrome()的 fifind_element_by_xpath(基于 XPath 路径查找元素)方法找到"出发地"输入框,再清除输入框的内容,代码如下:

```
#  清空出发地文本框
driver.find_element_by_xpath("//*[@ id='depCity']").clear()
```

然后将自定义的出发地填入"出发地"输入框,代码如下:

```
#  将出发地写进去
driver.find_element_by_xpath("//*[@ id='depCity']").send_keys(dep)
```

同理,将目的地填入"目的地"输入框,代码如下:

```
#  将目的地写进去
driver.find_element_by_xpath("//*[@ id='arrCity']").send_keys(query["query"])
```

单击页面上的"开始定制"按钮,代码如下:

```
#  点击"开始定制"按钮
driver.find_element_by_xpath("/html/body/div[2]/div[1]/div[2]/div[3]/div/
div[2]/div/a").click()
```

在目的地选一个地点,比如三亚,单击如图 8-25 中的"开始定制"按钮。

第 6 步:搜索结果页的页码按钮并进行翻页处理。

接下来将页面拉到最下面,定位到搜索结果页的页码按钮。选中一排页码按钮,如图 8-28 所示,右键"审查元素"进入开发者模式,选中高亮代码区,右键依次单击"Copy"→ "Copy XPath"。一排页码按钮的 XPath 是:/html/body/div[2]/div[2]/div[7]。

图 8-28　页码按钮元素信息

如果定位不到页码按钮,则表示结果为空,跳出循环,代码如下:

```
#  可以用 XPath 获得翻页的整块元素,提取每个'下一页'按钮公共部分的 XPath
pageBtns=driver.find_elements_by_xpath("html/body/div[2]/div[2]/div[7]")
#  pageBtns=driver.find_elements_by_xpath('//*[@ id="pager"]/div/a')
#  如果获取不到页码按钮,说明从出发地到目的地没有产品,直接跳出
if pageBtns==[]:
break
```

选中其中的一个产品列表,如图 8-29 所示,右击"审查元素",下侧出现高亮代码部分, 然后右键依次选择"Copy"→"Copy XPath"://＊[@id＝"list"]/div[1]。

图 8-29　产品列表页面信息

找到对应的数据，然后分块取出数据，代码如下：

```
# 旅行方案所有产品的列表
# 提取每个旅行方案列表公共部分的 XPath
routes=driver.find_elements_by_xpath('//*[@ id="list"]/div')
for route in routes:
result={
'date': time.strftime('% Y-% m-% d', time.localtime(time.time())),
'dep': dep,
'arrive': query['query'],
'result': route.text
}
```

使用同样的方法获得页码按钮的 XPath，右击"审查元素"，右边出现高亮代码部分，右键依次选择"Copy"→"Copy XPath"：/html/body/div[2]/div[2]/div[7]。

接着再指定页码（这里设定为 10 页）和翻译，检测不到下一页元素就跳出循环，代码如下：

```
for i in range(10):
```

```
......
if i<9:
# 找到页码按钮,并点击翻页
    btns=driver.find_elements_by_xpath("/html/body/div[2]/div[2]/div[7]")
    for a in btns:
        if a.text==u"下一页":
            a.click()
            break
```

因此,从出发地到目的地的测试旅游路线数据是否存在的功能测试代码如下:

```
import requests
import urllib.request
import time
import random
from selenium import webdriver
from selenium.webdriver.common.by import By # 用于指定 HTML 文件中的 DOM 元素
from selenium.webdriver.support.ui import WebDriverWait # 用于等待网页加载完成
# 用于指定标志网页加载结束的条件
from selenium.webdriver.support import expected_conditions as EC
# 每次发送请求隔一会 (模拟用户的输入和检查较慢)
def get_url(url):
    time.sleep(1)
    return(requests.get(url))
if __name__=="__main__":
    driver=webdriver.Chrome() # 初始化一个 Chrome 浏览器对象
    dep_cities=["北京","上海","广州","深圳","天津","杭州","南京","济南","重
庆","青岛","大连","宁波","厦门","成都","武汉","哈尔滨","沈阳","西安","长春","长
沙","福州","郑州","石家庄","苏州","佛山","烟台","合肥","昆明","唐山","乌鲁木
齐","兰州","呼和浩特","南通","潍坊","绍兴","邯郸","东营","嘉兴","泰州","江阴",
"金华","鞍山","襄阳","南阳","岳阳","漳州","淮安","湛江","柳州","绵阳"]
    for dep in dep_cities:
        strhtml=
     get_url ('https://touch.dujia.qunar.com/golfz/sight/arriveRecommend?
dep='+urllib.request.quote(dep)+'&extensionImg=255,175')
    # 查询到的就是该出发地选定后供选择的若干目的地
    arrive_dict=strhtml.json()
    # 这里得到的是列表中的一项 dict
    for arr_item in arrive_dict['data']:
                # 该 dict 中 subModules 列表里的每一项
        for arr_item_1 in arr_item['subModules']:
                # 该项的 item 字段所示列表的每一项
            for query in arr_item_1['items']:
                # 通过浏览器打开网页
            driver.get("https://fh.dujia.qunar.com/? tf= package")
```

```
            WebDriverWait(driver,10).until(EC.presence_of_element_located
((By.ID,"depCity")))
                    # 清空出发地文本框
            driver.find_element_by_xpath("//*[@id='depCity']").clear()
                    # 将出发地写进去
            driver.find_element_by_xpath("//*[@id='depCity']").send_keys(dep)
                    # 将目的地写进去
            driver.find_element_by_xpath("//*[@id='arrCity']").send_keys
(query["query"])
                    # 点击"开始定制"按钮
            driver.find_element_by_xpath("/html/body/div[2]/div[1]/div[2]/
div[3]/div/div[2]/div/a").click()
            print("dep:% s arr:% s" %  (dep, query["query"]))
    # 最多提取 2 页,每页有 10 个产品,故每条路线提取 2 页,即 20 个产品
            for i in range(2):
                    time.sleep(random.uniform(5, 6))
                    pageBtns=driver.find_elements_by_xpath( "html/body/div
[2]/div[2]/div[7]")
    # 如果获取不到页码按钮,说明从出发地到目的地没有产品,直接跳出
                    if pageBtns==[]:
                    break
                # 旅行方案所有产品的列表
                # 提取每个旅行方案列表公共部分的 XPath
                routes=driver.find_elements_by_xpath('//*[@id="list"]/div')
                for route in routes:
                    result={
                    'date': time.strftime('% Y-% m-% d',
                    time.localtime(time.time())),
                    'dep': dep,
                    'arrive': query['query'],
                    'result': route.text
                    }
                    try:
    # 判断从某出发地到目的地的旅行方案信息是否为空,为空,则打印出发地到目的地的相关信
    # 息,方便旅游产品的信息维护
                            self.assertEqual(result['result'],null)
                        except  AssertionError as e:
                                print(result)
                                pass
                # 当 result['result']为空时,抛出异常并继续执行
                if i<9:
                # 找到页码按钮,并单击翻页
                btns=driver.find_elements_by_xpath(
```

```
                    "/html/body/div[2]/div[2]/div[7]")
                for a in btns:
                    if a.text==u"下一页":
                        a.click()
                        break
        driver.close()
```

8.3.4　系统性能测试工具

性能测试工具通常是指用来支持压力、负载测试,能够用来录制和生成脚本、设置和部署场景、产生并发用户和向系统施加持续压力的工具。常用的性能测试工具有 HP 公司的 LoadRunner、IBM 公司的 Performance Tester、Apache 公司的 JMeter 等。本节将重点介绍 JMeter 的使用方法。

1. JMeter 简介

JMeter 是 Apache 公司组织开发的、基于 Java 的压力测试工具,用于对软件进行压力测试。它最初被设计用于 Web 应用测试,但后来扩展到其他测试领域。它可以用于测试静态和动态资源,例如,静态文件、Java 小服务程序、CGI 脚本、Java 对象、数据库、FTP 服务器,等等。JMeter 可以用于对服务器、网络或对象模拟巨大的负载,即在不同压力类别下测试它们的强度和分析整体性能。

JMeter 的特性包括以下几个方面。

(1) 能够对 HTTP 和 FTP 服务器进行压力和性能测试,也可以对任何数据库进行同样的测试(通过 JDBC)。

(2) 完全的可移植性和 100%纯 Java 源码。

(3) 完全 Swing 和轻量组件支持包(预编译的 JAR 使用 javax. swing. *)。

(4) 完全多线程框架允许通过多个线程并发取样和通过单独的线程组对不同的功能同时取样。

(5) 精心的 GUI(图形用户界面)设计允许快速操作和更精确地记录性能指标。

(6) 缓存和离线分析/回放测试结果。

(7) 高可扩展性。相比其他 HTTP 测试工具,JMeter 最主要的特点在于其扩展性强。JMeter 能够自动扫描其 lib/ext 子目录下.jar 文件中的插件,并且将该插件装载到内存中,可让用户通过不同的菜单调用。

运用 JMeter 实施性能测试的体验可参考第 7 章的内容。

2. JMeter 主要部件

测试计划是用来描述一个性能测试,包含与本次性能测试所有相关的功能,是 JMeter 测试脚本的基础。所有功能元件的组合都必须基于测试计划。测试计划里的元件包括线程组、控制器、监听器、定时器、断言等。

1) 线程组

线程组是任何一个测试计划的开始点。所有测试计划中的元素都要在一个线程组中。

线程组的元素控制一组线程,JMeter 使用这些线程来执行测试。

在 JMeter 中,线程组用户(见图 8-30)有三种类型:setUp Thread Group、tearDown Thread Group 和线程组。

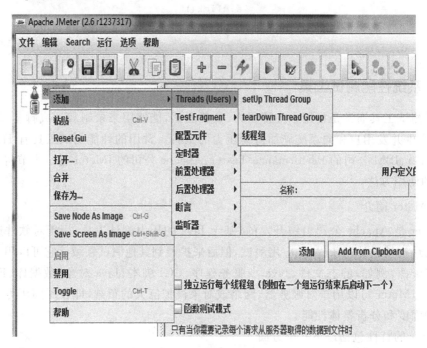

图 8-30   线程组用户

其中,setUp Thread Group 是一种特殊类型的线程组,可用于执行预测试操作。这些线程的行为完全像一个正常的线程组元件,所不同的是,这些线程用于执行测试前的操作。而 tearDown Thread Group 也是一种特殊类型的线程组,行为上也像一个正常的线程组元件,但它用于执行测试后的操作,是在执行测试结束后定期执行的线程组。而且线程组是添加运行的线程。通俗地讲,可以将一个线程组看成是一个虚拟用户组,线程组中的每个线程可以理解为一个虚拟用户。线程组中包含的线程数在测试执行过程中不会发生变化。

2)控制器

JMeter 有两种控制器(Controller):Sampler(取样器)和逻辑控制器(Logical Controllers)。

其中,取样器(见图 8-31)是用来向服务器发起请求且等待接收服务器响应的元件,它是 JMeter 测试脚本最基础的元件,所有与服务器交互的请求都依赖于取样器,用于告知 JMeter 发送请求到 Server 端。目前 JMeter 支持的 Sampler 有 20 多种。

常用的取样器有 FTP 请求、HTTP 请求、JDBC Request、Java 请求、LDAP 请求等。不同类型的 Sampler 可以根据设置的参数向服务器发出不同类型的请求。例如,如果希望 JMeter 发送一个 HTTP 请求,就添加一个 HTTP Request Sampler。当然,也可以定制一个请求,通过在 Sampler 中添加一个或多个 Configuration Elements 来进行更多的设置。

逻辑控制器如图 8-32 所示。

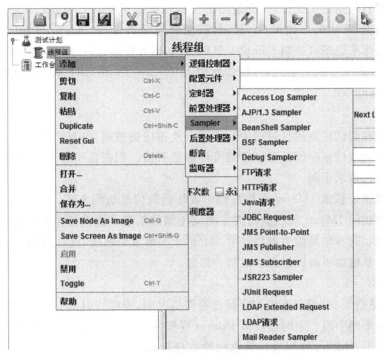

图 8-31　取样器

图 8-32　逻辑控制器

逻辑控制器包括两类元件：一类是用于控制测试计划中的 Sampler 节点发送请求的逻辑顺序的控制器，常用的有如果(If)控制器、交替控制器、Runtime Controller、循环控制器等。另一类是用来组织可控制 Sampler 节点的，如事务控制器、吞吐量控制器等。逻辑控制器可以定制 JMeter 发送请求逻辑，例如使用 Interleave Controller 来控制交替使用的两个 HTTP 请求 Sampler。

3）监听器

监听器是在测试计划运行过程中监听请求及相应的数据，并且可以形成表格或图像形式的结果。在测试计划中的任意位置均可添加监听器。根据监听器的作用域，监听器在不同的位置监听的请求不同。

监听器提供了获取 JMeter 运行过程中收集到的信息访问方式。当 JMeter 运行时，监听器可以提供访问 JMeter 所收集的关于测试用例的信息。图像结果监听器在一个图表里绘制响应时间。查看结果监听器将显示 Sampler 的请求和响应，然后以 HTML 和 XML 格式显示出来。其他监听器提供汇总或组合信息。

4）定时器

定时器（见图 3-33）用于在操作之间设置等待时间，而等待时间是性能测试中常用的控制客户端查询率的手段。定时器使得 JMeter 线程发送每个请求时有一个延迟，也称思考时间。默认情况下，JMeter 线程发送请求间没有任何停顿。如果不添加一个延迟时间，JMeter 可能会在极短时间内发送大量的请求而引起服务器崩溃。因此，建议添加思考时间。

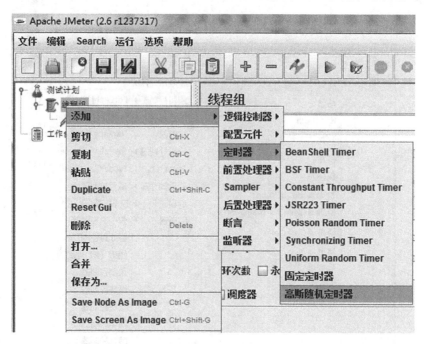

图 8-33 定时器

5）断言

断言（Assertion）可用于检查被测程序返回结果与预期结果是否相符，如图 8-34 所示。例如,检验回复字符串中包含的特殊文本。JMeter 可以给任何一个 Sampler 添加 Assertion。例如,可以通过添加一个 Assertion 到一个 HTTP 请求来检查文本,JMeter 就会在返回的结果中查看该文本。如果 JMeter 不能发现该文本,那么将标志该请求是一个失败的请求。为了查看 Assertion 的结果,需要添加一个 Assertion Listener 到 Thread Group 中。

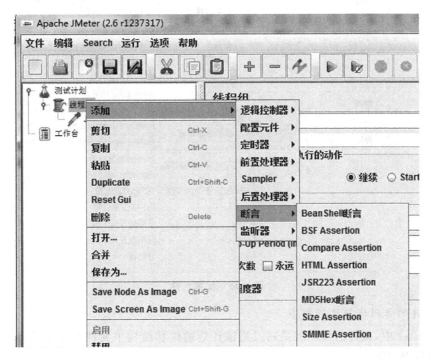

图 8-34　断言

6)配置元件

配置元件(见图 8-35)是配合 Sampler(取样器)使用的,使脚本易于维护和操作。配置元件不会发送请求,但是可以改变发送请求的各种参数。

配置元件能提供对静态数据配置的支持。CSV Data Set Config 可以将本地数据文件形成数据池,而对于 HTTP 请求 Sampler 和 TCP 请求 Sampler 等类型的配置元件则可以修改 Sampler 的默认数据。例如,HTTP Cookie 管理器可以对 HTTP 请求 Sampler 的 Cookie 进行管理。

7)前置处理器

前置处理器在 Sampler Request 被创建前执行一些操作。如果一个前置处理器被附加到一个 Sampler Element 上,那么它将先于 Sampler Element 运行,前置处理器主要用于在 Sampler 运行前修改一些设置,或者更新一些无法从 Response 文本中获取的变量。

8)后置处理器

后置处理器在 Sampler Request 被创建后执行一些操作。如果一个后置处理器被附加到一个 Sampler Element 上,那么它将紧接着 Sampler Element 后运行。后置处理器主要用于处理回复数据,常用来从其中获取某些值。

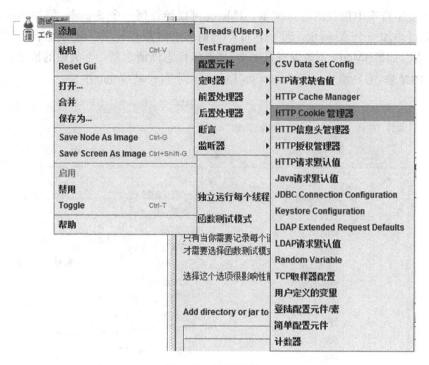

图 8-35　配置元件

9）元件的作用域与执行顺序

在 JMeter 中，元件的作用域是通过测试计划的树状结构中元件的父子关系来确定的，作用域的原则如下。

① Sampler：不和其他元件相互作用，故不存在作用域的问题。

② 逻辑控制器：只对其子节点中的 Sampler 和逻辑控制器作用。

③ 除取样器和逻辑控制器元件外的其他 6 类元件，如果是某个 Sampler 的子节点，则该元件对其父、子节点起作用。如果其父节点不是 Sampler，则其作用域是该元件父节点下的其他所有后代节点。

各元件的作用域如下。

配置元件：会影响其作用范围内的所有元件。

前置处理器：在其作用范围内的每一个 Sampler 元件之前执行。

定时器：对其作用范围内的每一个 Sampler 有效。

后置处理器：在其作用范围内的每一个 Sampler 元件之后执行。

断言：对其作用范围内的每一个 Sampler 元件执行后的结果进行校验。

监听器：收集其作用范围内每一个 Sampler 元件的信息并呈现出来。

元件执行顺序的规则很简单，在同一作用域范围内，测试计划中的元件按照如下顺序执行：配置元件、前置处理器、定时器、Sampler、后置处理器、断言、监听器。

另外，使用 JMeter 实施性能测试的过程可以参照系统测试中的性能测试实施内容。在此不再赘述。

8.3.5　安全性测试工具

结合安全领域中的不同方向,存在不同类型的安全问题,故有不同的安全测试工具,例如,测试网站有 SQL 注入风险的工具 testfire、testasp、testaspnet 等;用于攻击 Web 应用程序集成平台的 Burp Suite;Web 服务器扫描程序 Nikto;Web 安全扫描器 AppScan、WebInspect、Acunetix WVS、W3af、Skipfish 等;Web 代理程序,可评估 Web 应用程序的漏洞的 Paros proxy;小巧的 XSS 漏洞检测辅助工具 TamperIE;常用的开放源码的完整性检查工具 Tripwire;直接对网页进行扫描的工具 Wapiti,即使用 LibWhisker 的扫描程序(HTTP 测试);网络监控工具主要有 Nessus、Wireshark、Snort、Netcat 等。而且有的安全测试工具具备多项功能,在此介绍几款开源、免费的安全测试工具。

1. WebScarab

WebScarab 是由开放式 Web 应用安全项目(OWASP)组开发的,用于测试 Web 应用安全的工具。它利用代理机制,截获 Web 浏览器的通信过程,获得客户端提交至服务器的所有 HTTP 请求消息,并进行还原和分析,最终以图形化界面显示其内容,可对 HTTP 请求消息进行编辑修改。其网站地址:https://www.owasp.org/index.php/OWASP_Project_Stages♯tab＝Inactive_Projects。

2. WebSecurity

WebSecurity 是一款开源的跨平台网站安全检测工具,能够精确地检测 Web 应用程序的安全问题。它主要用于查找 Web 应用中存在的漏洞,如 SQL 注入、本地和远程文件,包含跨站脚本攻击、跨站请求伪造、信息泄露、会话安全等。其网站地址:https://www.web-securify.com/。

3. Wapiti

Wapiti 也是一款开源的安全测试工具,用于 Web 应用程序漏洞扫描和安全检测。Wapiti 是用 Python 编写的脚本,需要 Python 的支持。Wapiti 采用黑盒方式进行扫描,但无须扫描 Web 应用程序的源代码。Wapiti 通过扫描网页的脚本和表单,查找可以注入数据的地方,可检测文件处理错误、数据库注入(PHP/JSP/ASP SQL 注入和 XPath 注入)、跨站脚本注入(XSS 注入)、LDAP 注入、命令执行检测、CRLF 注入等。

Wapiti 被称为轻量级安全测试工具,因为它的安全检测过程不需要依赖漏洞数据库,因此执行速度较快。其网站地址:https://sourceforge.net/projects/wapiti/。

8.3.6　测试管理工具

测试管理工具通常要对测试需求、测试计划、测试用例、测试实施等过程进行管理,并对软件缺陷进行跟踪处理。通过使用测试管理工具,测试人员和开发人员都可以很方便地监控、记录每次测试活动及各个阶段的成果,找出软件缺陷和错误,记录测试活动中发现的缺陷和改进建议。企业级软件工具有 TestCenter、TestDirector、TestManager、QADirector、oKit 等,而开源测试工具有 Kiwi TCMS、QATraq、TestLink 等。其中,TestLink 集开源、功能全面和一键安装于一体,易于上手,因此本书极力推荐使用 TestLink 作为测试管理工具。

TestLink 用于测试过程中的管理,通过使用 TestLink 提供的功能,可以将测试过程从测试需求、测试设计到测试执行完整地管理起来,同时,它还提供多种测试结果的统计和分析方法,使我们能够简单地开始测试工作和分析测试结果。而且,TestLink 可以关联多种 bug 跟踪系统,如 Bugzilla、Mantis、Jira 和 readme。

TestLink 是 SourceForge 的开放源代码项目之一,是基于 PHP 开发的、Web 方式的测试管理系统,其功能可以分为管理和计划执行两部分。

管理部分包括产品管理、用户管理、测试需求管理和测试用例管理;计划执行部分包括测试计划并执行该计划,以及显示相关的测试结果和测试报告。TestLink 的主要功能包括测试需求管理、测试用例管理、测试用例对测试需求的覆盖管理、测试计划的制订、测试用例的执行、大量测试数据的度量和统计功能。

下面以 TestLink 的 Bitnami TestLink Stack 1.9.16-0 版本为例,介绍其安装过程。

首先获得安装包,像安装普通软件那样进行安装,但要记住在安装过程中所填写的登录用户名及密码,以便后续能正常登录。安装成功后,进入的界面如图 8-36 所示。

图 8-36　TestLink 功能界面

接着单击图 8-36 中的"Go to Application"进入 TeskLink 的访问界面,再单击"Access TestLink"则可登录。也可直接访问 http://localhost/testlink/login.php,根据安装过程设置的账户和密码登录 TestLink 首页面,如图 8-37 所示。

图 8-37　TestLink 登录页面

　　首次登录时,可以注册新的账户,也可以使用本次安装过程中设置的账户,如以登录名为 root,密码为 123456 进行登录。

　　在 TestLink 系统中,每个用户都可以维护自己的私有信息。当前 root(admin)账户可以创建用户,但不能看到其他用户的密码。在用户信息中,需要设置 Email 地址,如果用户忘记了密码,系统可以通过 Email 找回。

　　TestLink 系统提供了 6 种角色,分别是 Guest、Tester、Test Designer、Senior Tester、Leader、Admin,相应的功能权限如下。

　　Guest:可以浏览测试规范、关键词、测试结果以及编辑个人信息。

　　Tester:可以浏览测试规范、关键词、测试结果以及编辑测试执行结果。

　　Test Designer:可以编辑测试规范、关键词和需求规约。

　　Senior Tester:可以编辑测试规范、关键词、需求以及测试执行和创建发布。

　　Leader:可以编辑测试规范、关键词、需求、测试执行、测试计划(包括优先级、里程碑和分配计划)以及发布。

　　Admin:拥有一切权力,包括用户管理。

　　同时,Admin 支持不同地域用户对不同语言的需求,可以根据用户的喜好对用户提供不同的语言支持。

　　以 Admin 身份进入系统后,可以实现测试项目的产品管理、测试需求管理、测试计划管理、测试用例管理、测试用例集管理等功能。指派的相关角色则可执行测试并对测试结果进行分析。

8.4 自动化测试的开展

8.4.1 正确认识自动化测试

自动化测试工作开展之前,应充分评估自动化测试的可行性。例如,项目周期是否适合开展自动化测试,需求是否趋于稳定不变,系统功能是否相对稳定。评估可行后,要正确认识自动化测试。

(1)虽然自动化测试有很多优点,如可提高测试效率、覆盖率和可靠性等,但它只是对手工测试的一种补充,绝对不可能代替手工测试。自动化测试和手工测试方法各有其特点和优势,系统功能逻辑测试、验收测试、适用性测试、人机交互测试多采用手工测试方法,而单元测试、集成测试、系统后端处理逻辑、系统负载或性能测试、可靠性测试等比较适合采用自动化测试。

(2)自动化测试的工作不能仅停留在录制与回放层面,它所采用的技术应该是结构化脚本、数据驱动乃至关键字驱动,需要测试人员具备一定的程序开发技能,将测试过程转化为程序代码来实现。

(3)自动化测试需要长期积累,不能期望自动化测试在短期内找到很多缺陷,自动化测试只有长期运行、多次执行,才能体现它的优势。因此,对于那种不稳定的软件、开发周期短或一次性软件不适合采用自动化测试。

(4)测试团队对开展自动化测试的工作要投入较多的时间和精力,而且在手工测试和自动化测试方面的分工要均衡。即使实现了自动化测试,也存在维护成本,随着测试应用程序功能的增加与修改,测试脚本的维护工作量也会急剧增加。

(5)要循序渐进地开展自动化测试工作,并越做越成熟。

8.4.2 合理选择自动化测试的导入时机

自动化测试开展的前提是项目周期较长、迭代版本多,在后续版本的大量回归测试中,运行自动化测试可以大大减少测试人员手工回归测试的工作量。

但过早进行自动化测试会带来维护成本的增加,而且早期的程序界面一般不够稳定,处于频繁更改的状态,这时进行自动化测试往往得不偿失。那到底什么时候引入自动化测试呢?如下几种场景则可以引入。

(1)实际项目中,由于最终的、稳定版本的系统功能出来较晚,在未得到稳定的测试版本之前,可以准备测试数据、一键部署的脚本及对应的测试框架、测试代码的编写。这些项目不一定要全部完成,但至少准备工作要做好。也可引入测试分层思路,即将整个系统划分为不同的层次,在测试的各个阶段即单元测试、集成测试和系统测试各有侧重地对于系统某层进行测试。例如,接口测试中,待测的接口需预先定义好,即在准备自动化测试时可以将测试数据、编写测试类、设计测试用例的逻辑准备好。又如用户界面(UI)自动化,我们都会说页面还没出来,怎么写?道理是一样的,设计出来的场景是事先通过需求文档、交互产品需求文档(product requirements document,PRD)确认过的。同样,需要的测试数据可以先准备出来,代码的逻辑也可以提前写出一部分,这时缺少的就只有页面元素。如果设计合理,测试用例应该将测试数据和测试代码进行分离,这样需要的部分就可以配置为参数的形式,待后期再传入。现在,在大公司的流程中,不管是接口测试还是 UI 自动化,基本上都与开发同步进行,我们需要将自动化的作用最大化,提高测试的效率。

(2)单项测试活动中,在提请测试之前,对部分重点功能进行常规的冒烟测试;达到预期后,再进行功能测试。这个测试工程中,既可以对一些自动化测试的 case 进行编码调试,又可以在回归执行中起非常大的作用。

(3)Bugfix 版本中,可执行自动化回归。对应一些 Bugfix 的版本,除验证 bug 外,还得将之前的功能进行回归,在这个阶段,自动化的 case 将节省不少精力。

(4)稳定版本中,可执行自动化回归、自动化验证。在项目发布上线之前,会准备一个稳定的环境,做一次全面测试,当然自动化测试用例是这个时候的重点。

8.4.3　选择合适的测试工具

根据测试的要求和任务来决定选择什么样的测试工具。对于一些特殊的应用,特别是一些应用服务器的功能测试,由于没有测试工具进行选择,所以需要自己开发新的、特定的测试工具。大多数情况下,选用开源测试工具或第三方专业软件测试工具是一种比较合理的选择。

在选择测试工具之前,需要对测试工具有一个总体的了解,包括有哪几类测试工具、有哪些测试工具可供选择。然后,进一步了解选择的标准是什么,以及如何做出正确的决策。不外乎针对自己的需求,不同产品的功能、价格、服务等进行比较分析,选择比较适合自己的、性价比较好的两三种产品作为候选对象。

(1)若是选择开源测试工具,其优点是免费,但需要项目团队或测试小组试用一段时间后进行评估,然后集体讨论,再做出决定。

(2)若是选择商业测试工具,一般可在两三种产品的商家进行演示,并让其通过工具实现几个较难的、较典型的测试用例。最后根据演示效果、商业谈判的价格、产品的功能及售后服务等进行综合评估,并做出最终选择。

当评估工具的功能是否满足测试需求时,重点把握成本和收益的平衡,并不是说功能越强大越好。在工具选择过程中,预算是基础,解决问题是前提,质量和服务是保证,适用才是根本。因此,选择合适的工具,既能满足测试需求,同时成本又在预算范围内。

8.4.4　组建自动化测试系统

自动化测试环境通常由测试客户端、测试服务器、被测系统(数据库、服务器及被测程序)、测试数据的收集与展示等构成。最简单的情况是在单台测试机上运行测试工具,由这台测试机执行存储在本机上的测试用例,向被测系统发送请求或操作命令,并显示测试过程,记录测试结果。但在大规模的自动化测试过程中,靠一台测试机不能完全解决问题,需要多台测试机协助工作,需要调度、控制这些测试机,以及需要特定的服务器来存储和管理测试任务、测试脚本和测试结果。这时,需要系统地解决自动化测试框架及其环境问题。

一个理想的自动化测试框架应提供分布式通信平台、友好的人机交互界面和开放式架构,将自动化测试中所需要的各关键部分有机地集成起来,形成一个自动化测试服务的、完整的、层次清晰的开发平台和运行环境,应包括如下几个主要元素。

(1) 综合管理平台,可以将自动化测试中所有的工作内容管理起来,提供一个统一的入口,进入后可查看每部分的内容。

(2) 在基于业务驱动的脚本集成开发环境中,比较容易构建关键字驱动脚本,为此要建立软件系统的对象库,并将这些对象映射为脚本中的逻辑对象,以减少软件需求变化对脚本的影响。这个集成开发环境包括脚本录制、编辑等功能,并能和 SVN、Ant 等工具集成。其中库函数可以看成是关键字列表和关键字实现,而对象映射可以看成是对象库和映射关系构成的。

(3) 在调度测试任务中,自动化测试框架应提供控制中心。当有测试任务到来时,由控制中心的调度环境搭建者更新测试环境,并能从服务器中读取测试用例,将测试任务、测试脚本等分发给远程机器执行测试。

(4) 在测试过程中,自动化测试框架能够监控测试资源,及时发现问题,发出警告并保留、记录相关数据。

(5) Web 服务器负责显示测试结果、生成统计报表、结果曲线,可以接受测试人员的操作指令,并传送给控制服务器。同时,根据测试结果,自动发出电子邮件给测试或开发相关人员。

(6) 客户端程序是测试人员在自己的机器上安装的程序。大多数情况下,要编写一些特殊的程序来比较和分析执行测试的结果与标准输出,因为可能有部分输出内容是不能直接对比的,就需要程序进行处理。

8.4.5 合理调度资源

合理调度资源去开展自动化测试工作,可以从合理地把握时间资源、技术人员的配备、硬件资源的配置等方面来开展。

1. 合理地把握时间资源

自动化测试可以不需要人在现场亲自执行,当发布一个新版本的软件后,可以安排白天的上班时间进行新功能的手工测试,原有功能的自动化测试则可以在晚上或周末执行,第二个工作日就可以看到执行结果。这样充分利用了时间资源,提高了测试效率,也避免了开发与测试之间的等待。

2. 技术人员的配备

开展自动化测试工作对测试人员的技术有较高的要求,因此在人员的选择和配比上要做一定的准备工作,必要时需组织相关参与人员进行集中培训。测试技术人员准备充分后,需选择开始自动化测试的时机。一般情况下,如果想在功能测试阶段使用自动化测试,那么自动化测试架构的设计最好能够与代码实现同步,否则只能等代码提交测试之后再做自动化测试工具的开发或研究,在功能测试或回归测试的过程中就被动很多。

3. 硬件资源的配置

从前面的组建自动化测试系统中发现,组建一个自动化测试系统和开发一套软件产品没有太大区别,同样都需要有系统架构设计。在实现系统架构的过程中,需要很多的机器来做支撑,如测试执行发起端(客户端)、被测系统所需的数据库服务器、应用程序服务器、文件服务器等。因此,开展自动化测试工作,需要组建不同的服务器来实现,而且根据业务系统的测试需求,对服务器的硬件性能指标有一定的要求。

8.5　小结

随着软件开发技术的快速发展和软件工程的不断进步,软件的复杂度越来越高,软件测试的工作量也越来越大,传统的手工测试已不能完全满足软件测试的需求。而自动化测试以其高效率、可重用性和一致性等特点,成为软件测试的发展趋势。本章重点介绍了自动化测试的特点,剖析了其优缺点,让我们明确知道,自动化测试擅长做什么或不擅长做什么,进而剖析了自动化测试技术包括代码的静态代码分析、脚本的录制与回放、脚本技术等,也给出了自动化工具的选择参照,同时给出了自动化开展的建设性意见。

正确合理地使用自动化测试工具可以提高测试的质量和测试的效率,但自动测试工具也有其自身的局限性,对此应有全面正确的认识。目前,各种测试工具种类繁多,在软件开发项目中应该综合考虑实际情况,针对不同的开发语言、不同的应用领域,在软件工程的不同阶段选择合适的测试工具,只有这样,才能充分发挥自动测试工具的作用,提高软件测试和软件开发的效率。

习题 8

一、选择题

1. (　　)不属于静态分析。

A. 编码规则检查　　　　　　　B. 程序结构分析

C. 程序复杂度分析　　　　　　D. 内存泄露

2. 引入自动化测试工具时,属于次要考虑因素的是(　　)。

A. 与测试对象进行交互的质量　　B. 使用的脚本语言类型

C. 工具支持的平台　　　　　　　D. 厂商的支持和服务质量

3. 使用 JUnit 断言一个方法输出的是指定字符串,应当使用的断言方法是(　　)。

A. assertNotNull()　　　　　　B. assertSame()

C. assertEqual()　　　　　　　D. assertNotEqual()

4. 初始化一个被测对象通常会在测试类(　　)中进行。

A. teardown()　　　B. setUp()　　　C. 构造方法　　　D. 任意位置

5. 下列关于自动化测试工具的说法中,错误的是(　　)。

A. 录制/回放可能是不够的,还需要进行脚本编程,引入必要的检查点

B. 既可用于功能测试,又可用于非功能测试

C. 自动化测试工具适用于回归测试

D. 自动化测试在关键的时候能完全代替手工测试

二、简答题

1. 什么是自动化测试?

2. 软件测试工具如何分类?

3. 自动化测试的优点有哪些?

4. 录制和回放分别指什么?

5. 自动化测试技术主要有哪些?

第9章 实用软件测试技术

【学习目标】

随着软件行业的迅猛发展，软件测试也面临着各种挑战。Web应用系统测试、嵌入式测试、手机测试和大数据测试等技术也进入了人们的视野，并迅速发展着。通过本章的学习：

(1) 掌握 Web 应用系统测试。

(2) 掌握嵌入式测试。

(3) 掌握手机测试。

(4) 掌握大数据测试技术。

9.1 Web应用系统测试

9.1.1 Web应用系统测试基础

随着 Web 应用的增多，新模式的解决方案中以 Web 为核心的应用也越来越多，很多公司开发的应用构架都以 B/S(browser/server)结构即 Web 应用为主。B/S 结构是目前互联网环境下应用广泛的系统结构，如图 9-1 所示。通常情况下，客户机上仅需安装一个浏览器终端即可访问若干不同类型的 Web 服务。用户通过浏览器访问软件系统的 Web 展示信息，并通过 Web 服务器与服务器端进行信息交互，业务逻辑处理信息在服务器端完成。一般来说，用户通过本地的浏览器访问网站系统，主要使用的是 HTTP 协议。

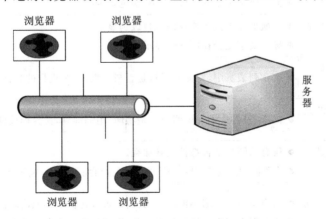

图 9-1 B/S 结构示意图

基于 Web 应用系统测试的特点是，用户通过计算机中安装的浏览器来访问指定的 URL 网页并进行测试。B/S 结构软件在开发过程中一般使用.NET、J2EE、LAMP 等开发平台进行设计。不同的业务应用场景,可采用不同的开发平台。测试工程师需对不同架构下的 Web 系统开展有效的测试。因此,要求测试工程师的知识面广,技术理解能力高。

软件测试工程师在进行 Web 应用软件测试时,需要准确地找到所使用的测试环境,包括操作系统、浏览器、Flash 播放器版本号等。对于 Web 测试涉及的内容有界面测试、功能测试、性能测试、安全性测试等。

9.1.2　界面测试

用户界面测试(user interface testing)是指软件中的可见外观及其底层与用户交互的部分,包括菜单、对话框、窗口和其他控件;也是指测试用户界面的风格是否满足用户的要求,文字是否正确,页面是否美观,文字、图片的组合是否完美以及操作是否友好等,例如,文字是否有重叠、文字显示是否完整、对应的菜单是否一致、不同浏览器的显示是否有问题、文字是否对齐、图片显示是否正确等。用户界面测试的目标是确保用户界面符合公司或行业标准,操性简单等。在进行用户界面测试时,要分析软件用户界面的设计是否符合用户的期望及要求。

界面测试需要关注的问题如表 9-1 所示。

表 9-1　界面测试需要关注的问题

序号	内　容	描　述
1	各个页面的样式风格是否统一	● 各个页面的大小是否一致。 ● 同样的 LOGO 图片在不同页面中显示的大小是否一致。 ● 图片是否居中显示。 ● 页面颜色是否统一。 ● 前景色与背景色搭配是否合理,少用深色或刺眼的颜色
2	各个页面的标题是否正确	● 标题名称、文章内容等是否正确,有无错别字或乱码。 ● 同一级别标题的字体、大小、颜色是否统一
3	导航显示是否正确	● 导航处是否按照相应的栏目级别显示。 ● 导航文字是否在同一行显示
4	文章列表显示是否正确	● 文章列表页中,左侧的栏目是否与一级、二级栏目的名称、顺序一致
5	提示、警告是否正确	● 提示、警告或错误说明应清楚易懂、用词准确,摒弃模棱两可的字眼
6	图片显示是否正确	● 所有的图片是否都被正确加载。 ● 在不同的浏览器、分辨率下的图片是否能正确显示(包括位置、大小)
7	页面缩小、切换是否正确	● 切换窗口或者缩小窗口后,页面是否按比例缩小或出现滚动条。 ● 各个页面缩小的风格是否一致(按比例缩小或者出现滚动条)
8	Tab 键是否正确使用	● 一个窗口中按 Tab 键,移动聚焦应按顺序移动:先从左至右,再从上到下

续表

序号	内　容	描　述
9	按钮是否正确	● 按钮大小基本相近,忌用太长的名称,免得占用过多的界面位置。 ● 避免空旷的界面上放置很大的按钮;按钮的样式、风格要统一;按钮之间的间距要一致。 ● 重要的命令按钮与使用频繁的按钮放在界面醒目的位置
10	菜单是否正确	● 菜单项的措辞准确,能够表达所要进行设置的功能。 ● 菜单项的顺序合理,具有逻辑关联的项目集中放置
11	鼠标设置是否正确	● 在整个交互过程中,识别鼠标操作,多次单击鼠标后,仍能够正确识别。 ● 对鼠标进行无规则单击时不会产生不良后果,单击鼠标右键弹出快捷菜单,取消该操作后该菜单隐藏
12	控件、描述是否统一	● 所有控件、描述信息尽量使用大小统一的字体,除特殊提示信息、加强显示等例外情况
13	快捷键、菜单设置是否正确	● 在 Windows 中按 F1 键总能得到帮助信息,查看软件设计中的快捷方式能否正确使用
14	滚动信息是否正常	● 若有滚动信息或图片,将鼠标放置其上,查看滚动信息或图片是否停止
15	分辨率显示是否正常	● 调整分辨率验证页面格式是否有错位现象。 ● 软件界面要有一个默认的分辨率,且在其他分辨率下也可以运行,例如,分别在 1024 像素×768 像素、1280 像素×768 像素、1200 像素×1600 像素分辨率下的大字体、小字体的界面显示正常
16	flash 显示是否正常	● 指针移动到 Flash 焦点上特效是否实现,移出焦点后特效是否消失
17	术语是否统一	● 整个软件中是否使用同样的术语,例如,Find 是否一直叫 Find,而不是有时叫 Search

9.1.3　功能测试

Web 应用程序中的功能测试(functional testing)主要是对页面的链接、按钮等元素功能是否正常工作所进行的测试。

● 链接问题。主要测试链接是否正常工作和是否有空链接,页面是否有错误等。

● 按钮问题。检测按钮是否能够正常工作、单击按钮是否产生 JS 错误。

● 链接、按钮应该具有的功能。主要测试其功能有没有实现,其功能是否相对应。

● 提示问题。主要测试是否有提示错误信息、是否有提示 UI 的问题。

从用户的角度考虑,常见的业务系统基本页面元素一般包含表单、编辑框、按钮、图片/音频/视频、下拉列表、单选按钮、复选框、Flash 插件等。

1. 表单测试

当用户填写数据向 Web 提交信息时,就需要使用表单操作。常见的表单操作有用户注册、用户登录、查询数据、数据排序、将商品放入购物车、修改网购商品数量、填写收货人地址、通过网银支付等。在这些情况下,必须测试提交操作的完整性,以校验提交给服务器的信息的正确性。例如,用户填写的出生日期是否恰当,填写的省份与所在城市是否匹配等。如果使用了默认值,还要检验默认值的正确性。如果表单只能接受某些字符,那么测试时要跨越或跳过这些字符,查看系统是否会报错。

表单测试的方法主要有边界值测试、等价类测试,以及异常测试等。测试中要保证每种类型都有两个以上的典型数值的输入,以确保测试输入的全面性。

表单测试的技术程度直接反映了测试人员对 Web 应用程序测试的技术水平与经验程度。表单测试的主要内容如表 9-2 所示。

表 9-2　表单测试的主要内容

序号	内　　容	描　　述
1	输入有没有限制	长度限制、字符限制、输入空格、大小写等
2	姓名	长度有没有限制,是否会导致 UI 问题等
3	required	跨越接受空格或者不填写
4	电话	是否可以填写非数字的字符
5	日期处理	无效日期处理、前后日期等
6	密码	大小写、空格是否正确
7	搜索框	长度限制、特殊字符处理、默认值、空值等

2. 文本框测试

需考虑其默认焦点、输入长度、输入内容类型(字母、汉字、特殊符号、脚本代码等)、输入格式限制、能否粘贴输入、能否删除文本等因素。例如,"用户名"字段,测试时需考虑其用户名长度、组成、格式限制、是否重名等情况,在测试用例设计时,可利用等价类划分法、边界值分析法详细设计。文本框测试的常见内容如表 9-3 所示。

表 9-3　文本框测试的常见内容

序号	内　　容	描　　述
1	检查输入内容是否能够正常工作、正确处理	● 输入正常的字母或数字,验证程序是否能正常工作。 ● 输入默认值、空白、空格,检查程序能否正确处理(例如,需要填写用户名的地方,输入 6 个空格,结果为提交成功)。 ● 输入特殊字符集,检查程序能否正确处理。 ● 输入中文、英文、数字、特殊字符(特别注意单引号和反斜杠)及这 4 类的混合输入,检查程序能否正确处理。 ● 输入全角、半角的英文、数字、特殊字符等,检查是否报错
2	对邮箱输入进行验证	● 输入已存在的用户名或电子邮件名称,验证校验的唯一性

续表

序号	内　　容	描　　述
3	输入特殊内容是否影响显示	● 输入 HTML 的⟨head⟩、⟨html⟩、⟨b⟩等,检查是否能正确显示原样。 ● 需要填写用户名的地方,如果输入了"⟨head⟩",提交登录后,是否能够看到填写的名字
4	文本框是否对异常输入长度进行处理	● 输入超长字符串,检查程序能否正确处理。 ● 需要填写用户名的地方,如果输入了 2000 个字符,提交后,系统报超出数据库表字段定义宽度错。 ● 需要填写用户名的地方,输入了 300 个字符,登录成功,页面被撑开
5	特殊要求的输入对错误输入是否能够正常处理	● 若只允许输入字母,尝试输入数字;若只允许输入数字,尝试输入字母,检查程序能否正确处理(例如,需要填写购物数量的地方,如果出现了字母,则会导致系统出错)。 ● 输入不符合格式的数据,检查程序是否能正常校验(例如,程序要求输入身份证号,若输入"hello123",则给出错误提示信息)
6	复制、粘贴是否能够正常处理	● 利用复制、粘贴等操作强制输入程序不允许输入的数据,检查程序能否正确处理

3. 特殊输入域常见测试点

对于输入域来说,有一些常见的测试点,如密码框、日期、电话号码、电子邮件、单选按钮、复选框、下拉框、分页等内容,需要进行测试。

从表面上看,密码框与文本框一样,但它是用户展示用户输入密码的区域,因此要注意密码显示问题。

输入日期时,需要注意输入的数据是否是数字,若出现其他字符,则要注意是否会引起严重错误。

输入电话号码时,需要注意输入长度、数据类型等。

电子邮箱是一种特殊格式,在输入时要注意格式是否正确。

单选按钮在 Web 系统中非常常见,当需要实现多选一的功能时,一般会使用单选按钮;测试过程中需关注该功能能否在选中后传递参数值;较常见的单选按钮是注册新用户时性别的选择。

当需要选择多个单独记录或数据时,需使用复选框,常应用在注册时兴趣爱好的选择上。Web 测试中需考虑多选后能否实现期望的业务功能,如批量修改、批量删除,能否在提交请求时触发应该触发的脚本代码。

注册时,通常用下拉框来选择省份城市、毕业学校等,需要注意下拉框的内容是否正确、一致。

若有多个页面,则需要进行分页测试。需要特别注意的是,在第一页还有最后一页的翻页能否正常进行。

以上特殊输入域的常见测试点如表 9-4 所示。

表 9-4　特殊输入域的常见测试点

序号	内容	描　　述
1	密码框	● 密码输入域中的输入数据是否可见。密码的正确显示必须为"＊＊＊＊＊＊＊",即不可见模式。 ● 密码不可以全部为空格。 ● 密码是否对大小写敏感。例如,密码"hello123"与"HELLO123"为不同密码。 ● 注册时,输入密码的位数是否为所要求的位数。例如,要求密码不少于 6 位,而用户提交了 3 位密码,则表示提交不成功。 ● 注册时,是否对密码进行二次确认。若两次输入密码不一致,则提交不成功
2	日期	● 输入不符合格式的数据,检查程序是否正常校验。例如,程序要求输入年、月、日的格式为 yy/mm/dd,用户输入格式为 yyyy/mm/dd,此时程序应给出错误提示。 ● 无效日期需给出相应处理,包含不合理日期(如输入出生年月日为 2009/02/30)或不可能日期(如未来的某一天,3333/02/29),程序应提示错误。 ● 在设置日期区间时,是否将结束日期设置在开始日期之前,检查是否有正常校验
3	电话号码	● 电话号码应该由一组数字组成,不能包含英文字母及特殊字符。 ● 如果有分机号,需要用破折号分隔
4	电子邮件	● 电子邮件的格式输入是否正确,是否有提示信息。 ● 输入正确的电子邮件地址,需要验证通过,并能收到相应的 Email
5	购物数量	● 购物数量填充时,需要考虑输入数据的不同情况,如数据为负、超过了最大值、输入了 0、输入了字母、输入了特殊字符等
6	单选按钮	● 一组单选按钮不能同时选中,只能选择其中一个。 ● 逐一执行每个单选按钮的功能,检测对应数据库中的数据存储是否正确。 ● 一组执行同一功能的单选按钮在初始状态时,必须有一个被默认选中,不能同时为空
7	复选框	● 多个复选框是否可以同时全部被选中,功能是否正常。 ● 多个复选框部分被选中,功能是否正常。 ● 多个复选框全部不被选中,功能是否正常。 ● 逐一执行每个复选框的功能,检查存储结果是否与所选择的一致
8	下拉框	● 条目内容正确,无重复条目、无遗失条目。 ● 逐一执行列表框中的每个条目,测试功能是否正确。例如,检测是否每一项都能正确选择到,是否有 JS 错误或者正常工作
9	分页测试	● 当没有数据时,"首页"、"上一页"、"下一页"、"尾页"标签全部显示为灰色,不支持单击。 ● 浏览至首页时,"首页"、"上一页"显示为灰色;浏览至尾页时,"尾页"、"下一页"显示为灰色;浏览至中间页时,4 个标签均可单击,且跳转正确。 ● 翻页后,列表中的数据是否按照指定的顺序进行排序。 ● 各个分页标签是否在同一水平线上。 ● 各个页面的分页标签样式是否一致。 ● 分页的总页数及当前页数显示是否正确。 ● 能否正确跳转到指定的页数。 ● 在分页处输入非数字的字符,如输入 0 或者超出页数的字符,是否有提示信息。 ● 是否支持回车键的监听

4. 其他常见测试点

（1）当用户提交表单时，若用户的网络或者机器的速度比较慢，可能导致用户多次单击"提交"按钮，针对这种情况，是否有相应的保护措施。若用户多次提交"删除"按钮，是否会出现系统报错。

（2）当用户提交照片时，页面刷新是否会导致部分数据丢失。页面刷新有两种：一种是用户主动点击刷新按钮或按下 F5 键；另一种是程序控制的页面刷新。测试时，需要关注是否有数据莫名丢失。

（3）用户使用浏览器时，会点击浏览器上的"前进"、"后退"按钮，需要测试点击这两个按钮后系统是否会报错，或者页面是否可以正常显示。

（4）根据 Web 系统的体系架构不同，在系统开发过程中，可能采用 Session、Cookie、Cache 等方法来优化、处理数据信息。

当用户访问 Web 系统时，服务器为了在下一次用户访问时判断该用户是否为合法用户、是否需要重新登录，服务器可根据业务需求设定并发送信息给客户端。Cookie 一般以某种具体的数据格式记录在客户端的硬盘中。通常情况下，Cookie 可记录用户的登录状态，服务器可保留用户的信息，用户在下一次访问时无须重新登录；对于购物类网站，也可利用 Cookie 实现购物车功能。

进行 Cookie 测试时，需要测试 Cookie 的作用域是否合理、用于保存关键数据的 Cookie 是否被加密、Cookie 的过期时间是否已设置、Cookie 的变量名与值是否对应等。测试时需关注 Cookie 信息的正确性（服务器给出的信息格式），当用户主动删除 Cookie 信息时，若再次访问，应验证能否无须重新登录。如在电子商务类网站中添加商品信息后删除 Cookie，刷新后查看购物车中的商品能否成功清除。

Session 中内容的保存与浏览器相关，用户关闭浏览器，则用户与服务器之间的会话认证关系中断。Cookie 是保存在用户计算机本地的，所以与浏览器打开或关闭无关。Session 一般理解为会话，在 Web 系统中表示一个访问者从发出第一个请求到最后离开服务这个过程维持的通信对话时间。当然，Session 除了表示时间外，还能根据实际的应用范围包含用户信息和服务器信息。

进行 Session 测试时，不能过度使用 Session，以免增加服务器维护 Session 的负担；测试 Session 的超时机制；测试 Session 的键值是否对应；测试 Session 与 Cookie 是否存在冲突。

当某个用户访问 Web 系统时，服务器将在服务器端为该用户生成一个 Session，并将相关数据记录在内存中，某个周期后，如果用户未执行任何操作，则服务器将释放该 Session。简单来说，Session 信息一般记录在服务器的内存中，与 Cookie 不同。测试过程中需关注 Session 的失效时间。

Web 系统将用户或系统经常访问或使用的数据信息存放在客户端 Cache（缓存）或服务器端 Cache 中，以此来提高响应速度。与 Cookie 和 Session 不同，Cache 是服务器提供的响应数据，只能存放在客户端或服务器端。用户发出请求后，首先根据请求的内容从本地读取数据，若本地存在所需的数据，则直接加载，从而减轻服务器的压力；若本地不存在相关数据,则从服务器的 Cache 中查找;若还不存在,则执行进一步的请求响应操作。很多时候,服务器使用 Cache 提高访问速度,优化系统性能。在 Web 系统前端进行性能测试时,需关注 Cache 对测试结果的影响。

9.1.4 性能测试

Web 性能测试包括连接速度测试、负载测试及压力测试等。

(1) 连接速度测试。Web 系统的响应时间直接与用户的体验好坏挂钩。如果 Web 系统的响应时间过长(如超过 5 秒),则用户可能因为没有耐心等待而关闭页面。

(2) 负载测试。通过负载测试,可以确定 Web 系统在某一量级上是否具备在需求范围内正常工作的性能。在进行负载测试时,需要测试 Web 系统允许多少个用户同时在线使用系统的功能,测试 Web 系统是否可以处理大量用户对同一个页面的请求等。

(3) 压力测试。通过压力测试来验证 Web 系统被破坏时的实际反映,通过压力测试 Web 系统在什么情况下会崩溃等。

9.2 嵌入式测试

嵌入式系统被定义为以应用为中心和以计算机技术为基础的,并且软硬件可裁减的,能满足系统对功能、可靠性、成本、体积、功耗等指标的严格要求的专用计算机系统。嵌入式系统由嵌入式硬件与软件组成。其中,硬件是以芯片、模板、组件、控制器等形式嵌入内部;软件是实时多任务操作系统和各种专用软件,一般固化在 ROM 或闪存中。

嵌入式系统主要应用在各种信号处理与控制的国防、国民经济及社会生活各领域中。嵌入式系统通常可以分为应用层、中间层、操作系统层和驱动层四层。

宿主机(host)是一台通用计算机,可以是 PC,也可以是工作站。宿主机通过串口或者网络连接与目标机通信,其资源比较丰富。目标机(target)是嵌入式系统的硬件平台,而嵌入式软件运行其中,它的资源是有限的,通常体积小、集成度高。嵌入式软件的开发采用"宿主机/目标机"的交叉方式,利用宿主机上丰富的资源以及良好的开发环境,通过串口或者网络等将交叉编译生成的目标代码传输并安装到目标机上,利用调试器在监控程序或者实时内核/操作系统的支持下进行分析、测试和调试。

嵌入式系统的软件、硬件功能界限模糊,其测试比系统软件测试要困难许多。嵌入式软件测试具有以下特点。

(1) 软件功能依赖系统的硬件功能,快速定位错误困难。

(2) 强壮性测试、可知性测试很难编码实现。

(3) 交叉测试平台的测试用例、测试结果上载困难。

(4) 消息系统测试的复杂性,包括线程、任务、子系统之间的交互,并发、容错和对时间的要求。

(5) 确定性能测试的瓶颈比较困难。

(6) 实施测试自动化技术比较困难。最新资料表明,软件测试的工作量往往占软件开发总工作量的 40％甚至以上。极端情况下，在与生命安全等相关的重要行业中，嵌入式测试所花费的成本可能是软件工程中其他过程总成本的 3～5 倍。

嵌入式软件不仅提供交叉开发环境，也提供交叉测试(cross-test)环境。

构建交叉测试环境需要解决：主机和目标机之间的通信连接；主机如何对目标机程序进行测试控制；目标机如何反馈测试信息及在主机端如何显示测试信息。

嵌入式软件测试流程包含以下几步。

(1) 使用测试工具的插桩功能(主机环境)执行静态测试分析并且为动态覆盖测试准备好已插桩的软件代码。

(2) 使用源码在主机环境下执行功能测试，修正软件的错误和测试脚本中的错误。

(3) 使用插桩后的软件代码进行覆盖率测试，添加测试用例或修正软件的错误，保证达到所要求的覆盖率目标。

(4) 在目标环境下重复步骤(2)，确认软件在目标环境中执行测试的正确性。

(5) 若测试要求达到极致完整，最好在目标系统上重复步骤(3)，确定软件的覆盖率没有改变。

通常在主机环境执行大多数测试，只在最终确定测试结果和最后的系统测试时才移植到目标环境，这样可以避免在访问目标系统资源时出现瓶颈，也可以减少在昂贵资源(如在线仿真器)上的费用。

9.3 手机测试

手机测试包含传统手机测试、手机应用软件测试以及手机 Web 测试。传统手机测试是指针对手机设备本身的测试，包括手机的抗压、抗摔、抗高温、防水等测试，也包括手机本身的功能、性能等测试。手机应用软件测试是指对手机上的软件进行测试。手机 Web 测试是通过手机直接访问 Web 网站的测试。随着人们对移动便携设备的依赖性越来越强，响应式开发越来越普及，这类测试与通过计算机访问网站是一样的。

9.3.1 手机测试分类

1. 传统手机测试

手机测试的特点是手机的网络多样化，如 2G 网络、3G 网络、无线网络(WiFi)等；手机的系统多样化，如 Plam、BlackBerry、WindowsMobile、Android、iOS 等；以及手机界面的分辨率也多样化。

手机自身的测试不仅涉及硬件测试和软件测试，还涉及结构测试。若手机结构不合理，可能会造成应力集中，使外壳变形等。

2. 手机应用软件测试

随着智能移动设备的迅猛发展，人们对智能手机的依赖性日益增强，支付宝、智能公交、网上购物等已经充斥在人们生活的每个角落。因此，手机 App 的质量，尤其是操作的友好界面、可靠性、安全性等方面的要求也越来越高。手机 App 因为其资源、能源的有限性,在安全、性能和可靠性等方面存在较大的约束,因此手机 App 的测试也面临着许多新的挑战。

1) 移动网络的连接

移动通信网络包括无线网络、4G 网络或蓝牙等。由于移动应用通过登录移动通信网络实现在线服务,因此需要在不同的网络和连接性场景中执行功能测试;性能、安全性和可靠性测试则依赖可用的连接类型。

2) 设备的多样性

不同的场景需要不同的移动终端,并且还要支持不断新加入的"感知器",例如 GPS、陀螺仪、多点触摸屏等。由于涉及不同的硬件设备、各种移动操作系统、不同的软件版本等,移动技术、平台、设备的多样性给开发和测试的兼容性带来了很大困扰。因此,跨平台应用程序的质量是其一大挑战。

3) 资源限制

虽然移动设备越来越强大,但是其资源(如内存、CPU 等)却非常有限,并且手机电池的续航能力、三防(防水、防尘、防震)耐用等方面都有许多缺陷。

4) 安全隐患

对于手机 App 来说,通常需要获取设备 ID、位置、所连接的网络等信息。用户最关心的是 App 是否会盗取用户的个人隐私信息。移动支付的迅速发展也让用户更加关心移动应用的安全,加上 Android 的一些 App 平台审核不够严格,App 中可能会被植入硬性的弹窗广告甚至恶意的木马程序。

手机 App 测试时需要看清测试范围、手机型号要求等,在安装过程中要查测试是否出现 bug,安装好 App 后需要测试软件的功能、界面等,在卸载过程中需要查看是否出现 bug。手机 App 测试与计算机中的软件测试类似,常见问题是安装后能否正常升级、卸载。由于手机内存有限,所以需要检测在使用 App 的过程中是否会造成死机、运行速度慢等情况。由于手机的屏幕的种类非常多,所以需要检测安装程序在打开后的每个功能页面是否正常显示。

手机 App 测试技术可以根据 App 的典型特征选择对应的测试技术。

(1) 连接特性。测试不同网络连接的功能、性能、安全性、可靠性。

(2) 用户体验。对 GUI 进行测试。

(3) 设备支持性(物理设备和操作系统)。需要使用基于差异覆盖测试的测试矩阵。

(4) 触摸屏。进行可用性和性能测试。

(5) 新程序开发语言。进行白盒测试、黑盒测试及字节码分析。

(6) 资源限制。针对资源限制的特性,进行功能和性能监控测试。

(7) 上下文感知。对上下文感知进行基于上下文的功能测试。

3. 手机 Web 测试

手机 Web 测试与在计算机上进行 Web 测试基本一致,需要注意的是,手机型号、配置种类非常多,需要在指定的某些型号手机的访问项目中给定 Web URL 页面,然后对其进行测试并报告相应的缺陷。

9.3.2　移动应用软件测试

手机 App 测试包括客户端和服务器端的测试。由于客户端的"碎片化"问题严重,因此在测试时更加关注客户端的测试。服务器端的性能测试可以采用传统测试的方法及工具进行。

从用户及软件质量的角度来看,手机 App 测试的关注点主要在功能性、稳定性、可维护性、性能、兼容性以及安全性等方面。

1. 功能测试

进行功能测试时,检测手机 App 的主要功能及用户常用功能。由于手机 App 的版本更新比较频繁,因此需要检测是否有版本更新的提示、操作系统更新后对应的功能是否能正常使用。若某些手机 App 有离线的功能应用,则应检测在离线状态下是否可以正常使用,离线后再连接网络功能是否正常以及网络的切换(如从 WiFi 切换到 4G)是否会导致功能的异常或者信息丢失等。

2. 用户界面测试

手机 App 需要进行操作界面的测试。测试的目的是验证操作流程是否能够让用户快速接受,是否符合用户习惯等。一个良好产品的使用感是舒适、有用、易用、友好的,这些需要通过用户操作界面和流程来实现。在测试时需要测试手机 App 是否符合用户的操作习惯,不同的触摸和按钮操作是否存在冲突,交互流程分支是否合理并能够让用户快速接受等。同样,在界面布局、导航、图片、内容等方面与传统测试类似。

3. 兼容性

手机 App 需要测试与设备资源限制、网络环境、流量等系统平台相关的兼容性。同样,还要测试与本地或主流 App 的兼容性。

4. 性能测试

手机 App 同样要进行 App 的响应能力、压力、基线、极限等测试。

5. 安全性测试

手机 App 需要测试软件的权限,例如,用户注册登录时的信息是否安全,与财务相关的信息是否及时退出,是否存在泄露隐私的风险等;需要测试数据的安全性,如密码是否明文显示,敏感数据是否存储在设备中,备份是否加密等;需要进行网络安全性测试。

除进行以上测试外,还要进行安装卸载测试、定位照相机服务测试、时间测试等。

在移动应用软件测试领域,代表性的测试工具有 Monkey、Robotium、Appium、Instrumentation 和 Robolectric 等。下面简单介绍 Monkey。

Monkey 是 Android SDK 公司提供的一款命令行工具,可以简单、方便地运行在任何版本的 Android 模拟器和实体设备上。Monkey 会发送伪随机的用户事件流,适合对应用进行压力测试。Monkey 可以提供多种参数让测试变得多样化。Monkey 的测试流程为:首先选择被测机器或者模拟器,然后输入制定过策略的命令,最后按 Enter 键运行。

9.4 大数据测试技术

9.4.1 大数据测试的基本思想

随着大数据时代的到来,基于大数据分析的各种应用也悄然改变着人们的生活、工作,这种变化不仅给我们带来了巨大的挑战,也为企业带来了新的商机,越来越多的公司将数据当成一种重要的战略资源,对数据进行收集、储备并进行分析。

在以往,人们通常认为数据是静止的、陈旧的,对数据的处理多为查询及分类统计,并以此得出一些经验及规律。然而,当大数据时代来临,人们通过对海量数据进行分析,发现之前得出的某些规律可能根本不存在。依据大数据的统计和分析能够发现很多以前无法想象的规律。

在传统的软件测试过程中,由于受测试成本的约束,测试用例数通常是小样本的有限集合。随着大数据技术的发展,软件测试行业人员也在尝试采用大数据技术来保证软件的可靠性。通过获得海量用户使用软件的数据,再利用大数据处理技术对这些数据进行分析,就能从中发现软件执行失效的小概率事件,从而发现软件缺陷,这种测试方法称为大数据测试方法。

大数据测试思想的核心是通过分析海量用户使用软件的数据来发现传统软件测试阶段不易检查出来的软件缺陷,而不是单纯地从技术角度触发设计测试用例,检测软件缺陷。由于大数据测试思想和传统软件测试思想并不相同,所以大数据测试方法并不能直接替代传统软件测试方法,即使检测出软件缺陷,仍然需要采用传统软件测试方法设计测试用例,进而发现软件错误的位置并进行修复。

大数据测试流程图如图 9-2 所示。

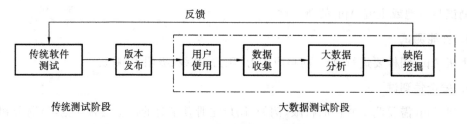

图 9-2 大数据测试流程图

9.4.2 大数据测试的基本流程

大数据测试方法包括用户数据收集、数据处理、大数据分析及缺陷挖掘四个阶段。与敏捷开发方法类似,大数据测试方法同样需要用户的参与,不同的是大数据测试方法参与用户的数量十分庞大。大数据测试方法需要收集海量用户使用软件的数据,再通过对数据进行处理、分析进而进行软件缺陷的挖掘。软件缺陷的挖掘是在海量数据中发现一个软件 bug后,采用大数据技术再次从数据中挖掘出更多具有相同特征的软件 bug。

1. 用户数据收集

数据收集是大数据测试的基础。通常收集数据分为主动收集数据和被动收集数据。大多数企业采用被动收集数据的方式获取用户的一些信息,如通过用户填写部分内容来获取数据;而主动收集数据可以通过手机、360 随身 Wi-Fi 和 Wireshark 软件等抓取手机 App 获取网络传输的数据包。

2. 数据处理

主动收集的数据所得到的数据格式不一定便于大数据分析工具的读取和处理,需要进行格式转换,例如,将所有格式转换为 CSV 格式的文件,以方便大数据分析工具进行处理。

3. 数据分析

使用大数据分析工具进行分析。数据通常分为结构化数据和非结构化数据。虽然主动收集的数据大多数是非结构化数据,但是我们希望大数据分析工具处理的是结构化数据,因此,需要采用正则表达式对非结构化数据进行分析和提取。若无法迅速掌握正则表达式的语法,则可以使用 RegexBuddy 和 JavaScript 正则表达式在线测试工具来辅助编写。

4. 对手机 App 进行性能测试

通过实时获取手机 App 的联网信息,这些数据量非常庞大且是非关系型的,不能直接存储在关系型数据库中,因此,可以通过大数据分析工具来满足这种需求。例如,可以使用大数据分析工具将获取到的手机联网数据进行分析,获得手机 App 的联网效率,从而实现对手机 App 进行性能测试。

9.4.3　工具的选择

1. Wireshark

Wireshark 是一款网络封包分析软件,用于抓取并显示网络封包的详细信息。Wireshark 使用 Winpcap(Windows packet capture)作为接口,直接与网卡进行数据报文交换。

2. Total Control

Total Control 是一款安卓手机投屏软件,可以通过该软件实现计算机对手机的控制。将手机投屏到计算机上,并从计算机端反向控制和操作手机,手机的一切功能均由计算机操作实现。

3. Splunk

Splunk 是一款成熟的商业化日志处理分析产品,也是一套开源的方案 ELK(Elasticsearch＋Logstash＋Kibana)。Splunk 是机器数据的引擎。Splunk 开源让所有人访问机器数据,让机器数据对所有人有用。使用 Splunk 可以收集、索引和使用所有应用程序、服务器及设备生成的快速移动型计算机数据。使用 Splunk 可以监视端对端的基础结构,避免服务性能降低或中断,以较低成本满足要求;可以关联分析跨越多个系统的复杂事件,获取新层次的运营可见性、IT 和业务职能。

9.5　回归测试

在软件测试过程中,除上述软件测试的基础步骤外,还有重要的一步便是回归测试。回归测试是指修改了旧代码后重新进行的测试。严格来讲,回归测试并不是一个阶段,而是可以存在于软件测试各阶段的测试技术。在软件生命周期的任何一个阶段,只要软件发生了变化,就可能会带来问题,因此需要进行回归测试。回归测试的目的就是检验缺陷是否被正确修改,以及在修改过程中有没有引入新的缺陷。

为了在给定的经费、时间、人力的情况下高效进行回归测试,需要对测试用例库进行维护,并且依据策略选择相应的回归测试包。

1. 维护测试用例库

测试用例的维护是一个不间断的过程,随着软件的修改或者版本的更迭,软件可能添加了一些新的功能或者某些功能发生改变,测试用例库中的测试用例可能不再有效或者过时,甚至不能运行,因此需要对测试用例库进行维护,以保证测试用例的有效性。

2. 选择回归测试包

回归测试时,由于受时间和成本的约束,要将测试用例库中的测试用例都重新运行一遍是不实际的,因此,在进行回归测试时,通常选择一组测试包来完成回归测试。在选择测试包时,可以采用基于风险选择测试、基于操作剖面选择测试及再测试修改的部分等策略。

3. 回归测试的步骤

进行回归测试时,一般会包含以下步骤。

(1) 识别出软件中被修改的部分。

(2) 在原本的测试用例库中排除不适用的测试用例,建立新的测试用例库。

(3) 选择合适的策略,从新的测试用例库中选出测试用例包,并测试被修改的软件。

重复执行以上步骤,验证修改是否对现有功能造成了破坏。

9.6　小结

本章主要介绍了一些实用软件测试技术。

随着 Web 应用的增多,新模式的解决方案中以 Web 为核心的应用也越来越多,很多公司开发的应用构架都以 B/S 即 Web 应用为主。Web 测试涉及的内容有界面测试、功能测试、性能测试、安全性测试等。

嵌入式系统的软件、硬件功能界限模糊,其测试比系统软件测试要困难许多。

手机测试包含传统的手机测试、手机应用软件测试以及手机 Web 测试。传统手机测试是指针对手机设备本身的测试,包括手机的抗压、抗摔、抗高温、防水等测试,也包括手机本身的功能、性能等测试。手机应用软件测试是指对手机上的软件进行测试。

大数据测试思想的核心是通过分析海量用户使用软件的数据来发现传统软件测试阶段不易检查出来的软件缺陷,而不是单纯地从技术角度触发设计测试用例,检测软件缺陷。

习题 9

一、选择题

1. 为校验某 Web 系统并发用户数是否满足性能要求,应进行(　　)。

A. 负载测试　　　　B. 压力测试　　　　C. 疲劳强度测试　　D. 大数据量测试

2. 以下哪项不属于大数据流程(　　)。

A. 用户使用　　　　B. 数据收集　　　　C. 大数据分析　　　D. 版本更新

3. 以下关于回归测试说法错误的是(　　)。

A. 回归测试只在测试的最后一个阶段进行

B. 只要修改了代码就要进行回归测试

C. 在软件开发的任何阶段都可以进行回归测试

D. 进行回归测试是非常有必要的

二、综合题

1. Web 系统测试主要测试哪些方面? 它是如何进行的?

2. 什么是嵌入式测试? 它有什么特点?

3. 手机测试有哪些分类? 移动应用软件测试需要进行哪些方面的测试?

4. 大数据测试的基本思想是什么? 请简述其基本流程。

5. 回归测试是什么? 如何进行回归测试?

6. 某证券交易所为了方便提供证券交易服务,想要开发一个基于 Web 的证券交易平台。其主要功能包括客户开户、记录查询、存取款、股票交易等。客户信息包括姓名、Email(必填且唯一)、地址等;股票交易信息包括股票代码(6 位数字编码的字符串)、交易数量(100 的整数倍)、买/卖价格(单位:元,精确到分)。

系统要求支持:① 在特定时期 3000 个用户并发时,主要功能的处理能力至少要达到 128 个请求/秒,平均数据量为 2 KB/请求;② 页面中采用表单实现客户信息、交易信息等的提交与交互,系统前端采用 HTML 5 实现。

根据以上信息回答下列问题。

(1) 在对此平台进行非功能测试时,需要测试哪些方面?

(2) 在满足系统支持问题①时,系统的通信吞吐量是多少?

(3) 表单输入测试需要测试哪几个方面?

(4) 针对股票代码为 111111,数量为 10 万,当前价格为 6.00(元),设计 4 个股票交易的测试输入;设计 2 个客户开户的测试输入,以测试是否存在 XSS、SQL 注入。

7. 某企业想开发一套 B2C 系统,其主要目的是在线销售商品和服务,使顾客可以在线浏览和购买商品与服务。由于系统用户的 IT 技能、访问系统的方式差异较大,因此系统的易用性、安全性、兼容性等方面的测试至关重要。系统要求:① 所有链接都要正确;② 支持不同的移动设备、操作系统和浏览器;③ 系统需通过 SSL 进行访问,没有登录的用户不能访问应用内部的内容。

根据以上要求,回答下列问题。

（1）简要叙述链接测试的目的以及测试的主要内容。

（2）简要叙述为了达到系统要求②，要测试哪些方面的兼容性。

（3）本系统强调安全性，简要叙述 Web 应用安全测试应考虑哪些方面。

（4）针对系统要求③，设计测试用例以测试 Web 应用的安全性。

第 10 章　软件测试管理

【学习目标】

对一个具体的软件测试项目来说,需要哪些管理工作才能让项目可控,并且朝着成功的方向走近呢? 通过本章的学习:

(1) 掌握软件测试项目管理的思想。

(2) 掌握软件测试管理的特点、方法和技巧。

10.1　软件测试管理概述

有能力的软件测试组织会拥有一个好的测试系统,该系统能为项目提供有效的和高效的服务。好的测试系统能帮助测试人员把测试工作重点放在关键质量风险上,并发现、再现、隔离、描述以及管理被测软件中最重要的缺陷。图 10-1 所示的为测试系统的组成示意图。其中,测试过程包括书面和非书面的过程、检查列表和其他测试小组执行测试方法所达成的协议;被测件包括测试小组用于测试的文档和软件等;测试环境包括测试小组为了测试而配置到被测系统上的软件、硬件、测试工具、网络和其他基础设施(如实验室等)。

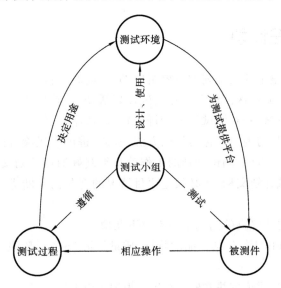

图 10-1　测试系统的组成示意图

从图 10-1 可见,软件测试组织的组建和管理只有从测试过程规范、测试环境的搭建和测试小组的组建、被测件的版本管理等方面着手,才能构建一个良好的测试系统。

对于一个成熟的软件公司来说,测试管理在先,测试活动在后,即先有一套规范的测试过程,然后开展测试活动、收集相关测试数据,并进行分析且持续改进。但对于一个处于初级水平且管理不规范的软件公司来说，一般先有测试活动，在发现问题后才会为了解决问题逐步建立规范的测试管理。从测试管理的角度来看，虽然不同测试阶段的关注重点不一样，但在测试过程中各个层面的活动都不能错过，如测试工程师的培训、问题的沟通等。测试作为质量保证的重要手段之一，应强调测试管理的全局性，既不能忽视任何一个环节和活动，也不能放过任何一个可能异常的过程数据。

测试管理的内容有很多，可以从测试团队（测试小组）、测试过程、测试环境、测试方法、测试执行等多个层次进行。

（1）测试团队。人是决定因素，团队是基础，应在招聘、组建、培训、组织架构和绩效考核等方面锻造一支一流的软件测试队伍。

（2）测试过程和测试方法。由于过程质量决定产品质量，为了保证过程质量，需要根据项目特点和团队状况，对公司的质量保证体系进行适当裁剪，建立一套适合该团队的测试计划、设计和执行流程以及缺陷生命周期管理流程等的方法。该方法建立在测试过程中，包括测试策略、自动化测试方法及工具、用例设计方法和测试模板等。

（3）测试管理。有了测试团队、测试过程和测试方法后，就可以分配项目任务、确定角色和职责、分配测试资源和安排测试进度，通过不断地对测试风险进行评估来降低测试风险。

（4）测试执行。执行是测试过程的具体化和测试方法的应用，是项目计划的实施，需要细致的管理，如测试环境的配置、任务的完成情况、缺陷的评审和数据分析，可以通过缺陷跟踪等管理信息系统了解测试的进展和状态，与测试的基准计划进行比对，以发现、跟踪和解决问题。

10.2　测试管理计划

软件测试计划是整个开发计划的重要组成部分，同时又依赖于软件组织的产品开发过程、项目的总体计划和质量保证体系。在测试计划活动中，首先要确认测试的目标、范围和需求，然后制定测试策略，并对测试任务、时间、资源、成本和风险等进行估算或者评估。测试计划是为了解决项目的测试目标、任务、方法、资源、进度和风险等问题，当这些问题被解决或找到相应的解决对策后，测试计划的工作就是编制好测试计划文档。测试计划是一个过程，不仅要编制测试计划文档，还必须随项目情况的变化而不断进行调整，以便优化资源和提高测试效率。

在测试计划中，需要解决的问题主要有以下几项。

（1）测试的目标和范围：包括产品的特性，质量目标，各测试阶段的测试对象、范围和约束条件。

（2）测试工期估算、进度安排和资源配置。根据历史项目的测试工期和其他数据，采用合理的工期评估技术，对测试工作量、所需资源（人力、硬件和测试场地等）进行合理的估算；根据测试的目标和范围，采用项目管理方法的策略对项目的进度和资源进行合理的安排和分配。

（3）测试风险评估。对测试过程中所存在的各种可能的风险进行分析、识别，并采取相应的措施（如回避、监控和管理等）。

（4）确定不同测试阶段的过渡条件。对每个测试阶段，在测试组织进行高效的测试前，被测系统或被测件必须满足最小限定条件的集合。测试计划部分也应该指明各个阶段的开始和结束的必要条件,通常称为进入、继续测试和退出条件。

进入条件:指允许系统进入某个测试阶段所必备的条件,如必要的文档、设计和需求等是否具备,测试人员所使用的支持工具等是否具备,测试环境是否准备充分。

继续测试条件:指要在测试过程中高效地继续测试的条件,如测试环境是否稳定,测试版本是否定期和适当交付,缺陷跟踪是否可管理等。

退出条件:指决定何时退出测试,如可能是全部计划的测试用例和回归测试已经运行,且被测系统或被测件的质量达到发布标准。

(5)测试版本的管理。当缺乏有效测试计划管理时,通常测试版本的管理也是混乱的,如测试小组一天能收到很多测试版本,更坏的结果是提交的测试版本不具有可测试性。有效的解决措施有:首先在正式提交测试之前进行冒烟测试;其次在项目管理中进行严格的变更管理和软件的版本管理;最后确定以多长周期接受一个测试版本,如系统测试时确定进行几轮测试,在每轮测试中主要完成哪些测试(如回归测试、功能测试和非功能测试等)。

10.2.1　测试计划模板

目前,网络上有很多测试策略和测试计划的模板。测试策略和测试计划模板的选择,应根据项目的实际情况选择相应的模板,并不断完善后形成适合自己项目计划的模板。本节主要介绍几种测试策略和系统测试计划的模板。

测试计划可以按集成测试、系统测试、验收测试等不同的阶段去组织和管理。编写这些子测试计划时,要从不同的测试阶段、不同的方法学、不同的目标等方面加以区别。除了为每个测试阶段制订一个计划外,还可以为每个测试任务或目的(如安全测试、性能测试等)制订一个特别的计划。当然,也可为测试计划中的每项内容制订一个具体的实施计划,如每个阶段的测试重点、范围和测试方法等。

1. 系统测试策略模板

1)*产品、修订和概述*

主要描述产品和修订设计者,简要描述产品如何工作。

2)*产品历史*

提供产品以前修订的简短历史,提供错误历史信息。

3)*要测试的特性*

列出所有要测试的特性,以最有意义的方式组织列表——用户特性或等级。

4)*不测试的特性*

描述任何不被测试的特性。

5)*测试和不测试的配置*

推荐使用表格来说明哪个配置将使用哪款软件进行测试。

6)*环境需求*

枚举用于测试的硬件、软件和网络等。

7)*系统测试方法*

简要描述测试产品从开始到结束阶段要执行的内容和要采用的测试方法。

8）初始测试需求

测试策略（本文档）由测试人员编写，产品开发小组评审，项目经理认可。

9）系统测试进入和退出标准

进入标准：在产品开始进行系统测试前必须达到的标准。特别列举了一些不同于一般标准的特殊项。该列表必须和项目经理讨论，并获得其同意。一般进入标准主要有以下几个方面。

（1）所有基本功能必须有效。

（2）所有单元测试正确无误。

（3）代码被冻结并包含完整的功能。

（4）代码已进行版本管理。

（5）所有已知问题被纳入缺陷跟踪系统。

退出标准：在产品退出系统测试阶段之前，软件必须达到的标准。一般退出标准主要有以下几个方面。

（1）执行所有系统测试。

（2）代码全部冻结。

（3）文档评审结束。

（4）没有显示错误。

（5）少于 X 个主要缺陷和 X 个次要错误，且无严重缺陷。

2. 系统测试计划模板

1）产品目的

简要描述产品开发的原因以及对公司的好处等。

2）历史

提供产品以前修订的简要历史。

3）技术需求

若有需求文档，则可以参考之；否则使用列表列出项目计划的功能，其中包括特性、性能和安装需求等。

4）系统测试方法

描述希望实现多少手工和自动测试，以及希望如何利用人员。

5）进入和退出标准

确定目标标准，通过这些标准可以知道软件准备进入或退出系统测试。

6）配置管理

对诸如要测试的特性、不测试的特性、要测试的性能、不测试的性能、要测试的安装、不测试的安装等提供配置管理。

7）进度安排

对测试阶段和活动做一个合理的进度安排。

3. IEEE 829 测试计划模板

IEEE 829 测试计划模板主要包含以下方面。

（1）测试计划标记。

（2）引言。

（3）测试项。

（4）要测试的特性。

（5）不测试的特性。

（6）方法。

（7）测试通过/失败的标准。

（8）暂停标准和恢复测试标准。

（9）测试交互品。

（10）测试任务。

（11）环境需求。

（12）职责。

（13）人员配置和培训需求。

（14）进度安排。

（15）风险管理。

（16）批注。

10.2.2　测试计划的跟踪与监控

软件测试计划的跟踪与监控过程包括定期收集测试项目完成情况的数据，并将实际完成情况的数据与计划进程进行比较，一旦项目的实际进程晚于计划进程，就要采取纠正措施。这个控制过程在软件测试的工期内必须定期进行。在软件测试过程中，应确定一个固定的报告期，将实际进程与计划进程进行比较。根据软件测试项目的复杂程度和完工期限，可以将报告期定为日、周、双周或月。如果测试项目能在一个月内完成，则报告期应缩短为一天；若测试项目能在三年内完成，则报告期可能是一个月。在每个报告期内，需要收集以下两种数据或信息。

（1）实际进程数据，主要包括活动开始和结束的实际时间，以及投入的实际成本。

（2）任何与测试项目范围、进度计划和预算变更有关的信息。这些变更可能是由客户或测试项目团队引起的，或者是由某种不可预见的事情引起的，如员工辞职、自然灾害等。

实际中需要注意的是，一旦信息变更被列入计划并得到批准，就必须建立一个新的基准计划。这个软件测试计划的范围、进度和预算可能和最初的基准计划不同。

最新的进度计划和测试预算一经批准，必须将它们与基准进度和预算进行比较，分析其偏差，确定测试是提前还是延期完成，是低于还是超过预算。若项目进展顺利，就不需要采取纠正措施；若需要采取纠正措施，就必须对项目计划或预算采取的纠正措施做出决策，这些通常涉及时间、成本和测试范围，如增加测试资源、缩短测试工期等。一旦决定采取某种纠正措施，必须将其列入进度计划和预算，然后给出一个新的进度计划和预算，以判断该计划采取的纠正措施在进度和成本范围内能否接受；否则，需进一步修改。

在测试过程中，可能发生的变更会对测试计划产生影响。这些变更可能是由客户或项目开发团队引起的，或者是由某种不可预见的事件引发的，如需求发生变化后，测试用例应进行重新设计。这些变更意味着对最初项目范围的修改,这将对进度计划、测试成本等产生影响,该影响的程度取决于做出变更的时间。发生在项目早期的变更对测试进度、测试成本的影响比发生在项目晚期的变更小。一些变更是由最初制订测试计划时忽略的一些活动引起的,不可预见的事件的发生使一些变更难以避免,如项目团队的关键成员突然离职等。对于测试进度,其变更可能会引起测试活动的增加或删除、活动的重新排序、活动工期估计的变更或者测试项目完工时间的更新,具体的变更流程如图 10-2 所示。

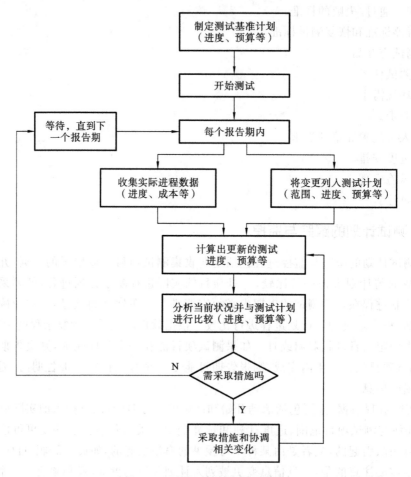

图 10-2 软件测试变更控制过程

要完美实现测试目标,使测试计划中的测试策略、测试方法和测试技术充分发挥作用,并形成一个符合测试目标要求的有效测试过程,这不仅需要良好的测试计划,更为重要的是要对测试计划进行良好的跟踪和监控。由于现在的软件规模越来越大,所需要测试的规模和复杂度也越来越高,同时由于市场竞争越来越激烈,给予整个项目的开发时间越来越短,这就要求测试人员对测试过程进行有效的管理。

要跟踪管理好测试过程和测试计划,采用测试管理系统是必不可少的。测试管理系统包含以下内容。

(1)测试用例。

（2）测试包（测试用例的组合）。

（3）测试结果。

（4）缺陷管理（记录、跟踪和分析）。

（5）测试资源分配。

（6）测试环境的配置。

市场上的测试管理工具有很多，可根据企业项目管理的实际情况和财力情况来决定购买商业测试管理工具或采用免费的测试管理工具，如中小型软件企业，从有限的研发费用和免费开源测试管理工具提供的功能及性能两个方面来看，使用开源工具能满足大部分企业的管理要求。下面首先介绍商业测试管理工具，然后介绍免费开源测试管理工具。

主要的商业测试管理工具有以下几种。

（1）软件测试管理工具：HP-Mercury 的 Test Director、IBM-Rational 的 Test Manager 等。

（2）缺陷管理工具主要有：IBM-Rational 的 ClearQuest、Compuware 公司的 Track-Record 软件、微创公司的 BMS 软件。

主要的免费开源测试管理工具有以下几种。

（1）免费的开源测试管理工具有：Bugzilla Test Runner（基于开源 Bugzilla 缺陷管理系统的测试用例管理系统）、TestLink（基于 MySQL、PHP 等开发的测试管理和执行系统）等。

（2）免费的缺陷管理工具主要有：Bugzilla（流行的缺陷管理工具）、Mantis（基于 Web 的软件缺陷管理工具）。

10.3　软件测试文档

测试文档（test document）是整个测试活动中的重要文件。测试文档用于描述和记录测试活动的全过程。

10.3.1　IEEE/ANSI 测试文档概述

IEEE/ANSI 规定了一系列有关软件测试的文档及测试标准。

IEEE/ANSI 829/1983 标准推荐了一种常用的软件测试文档格式，便于有效交流测试工作进度。IEEE/ANSI 1012/1986 标准主要对软件进行验证和对测试计划进行确认。

计划和规格说明的文档组成如下。

（1）SQAP：软件质量保证计划，每个软件测试产品中有一个 SQAP。

（2）SVVP：软件验证和确认测试计划，每个 SQAP 中有一个 SVVP。

（3）VTP：验证测试计划，每个验证活动中有一个 VTP。

（4）MTP：主确认测试计划，每个 SVVP 中有一个 MTP。

（5）DTP：详细确认测试计划，每个活动中有一个或多个 DTP。

（6）TDS：测试设计规格说明，每个 DTP 中有一个或多个 TDS。

（7）TPS：测试步骤规格说明，每个 TDS 中有一个或多个 TPS。

（8）TCS：测试用例规格说明，每个 TDS/TPS 中有一个或多个 TCS。

（9）TC：测试用例，每个 TCS 中有一个 TC。

10.3.2 软件生命周期各阶段测试交付的文档

从前述可知,软件生命周期分为需求阶段、功能设计阶段、详细设计阶段、编码阶段、测试阶段和运行与维护阶段。在这些不同的阶段都有某种程度的测试活动,每个阶段结束后必须按一定的顺序交付相应的测试文档。

1. 需求阶段

(1) 测试输入:软件质量保证计划、需求(来自开发方)计划。

(2) 测试任务:验证和确认测试计划;对需求进行分析和审查;分析并设计与需求相关的测试,构造相应的需求来覆盖或跟踪矩阵。

(3) 可交付的文档:验证测试计划,针对需求的验证测试计划,针对需求的验证测试报告。

2. 功能设计阶段

(1) 测试输入:功能涉及规格说明。

(2) 测试任务:功能设计验证和确认测试计划;分析和审核功能设计规格说明;可用性测试设计;分析并设计与功能相关的测试;构造相应的功能来覆盖矩阵;实施测试。

(3) 可交付的文档:确认的测试计划,针对功能设计的验证测试计划,针对功能设计的验证测试报告。

3. 详细设计阶段

(1) 测试输入:详细设计规格说明(来自开发方)。

(2) 测试任务:详细设计验证测试计划,分析和审核详细设计规格说明,分析并设计内部的测试。

(3) 可交付的文档:详细确认测试计划,针对详细设计的验证测试计划,针对详细设计的验证测试报告。

4. 编码阶段

(1) 测试输入:代码(来自开发方)清单。

(2) 测试任务:代码验证测试计划,分析代码,验证代码,设计基于外部的测试,设计基于内部的测试。

(3) 可交付的文档:测试用例规格说明,需求覆盖或跟踪矩阵,功能覆盖矩阵,针对代码的验证测试计划、针对代码的验证测试报告。

5. 测试阶段

(1) 测试输入:要测试的软件、用户手册。

(2) 测试任务:制订测试计划,审查开发部门进行的单元测试和集成测试,进行功能测试,进行系统测试,审查用户手册。

(3) 可交付的文档:测试记录,测试事故报告,测试总结报告。

6. 运行与维护阶段

(1) 测试输入:已确认的问题报告,软件生存周期过程。

（2）测试任务：监视验收测试，为确认的问题开发新的测试用例，对测试进行有效性评估。

（3）可交付的文档：可升级的测试用例库。

10.3.3　测试文档类型

每个测试过程一般需要 5 个基本测试文档。

1. 测试计划文档

测试计划文档是指明测试范围、方法、资源，以及相应测试活动的时间进度安排表的文档。

（1）目标。测试计划应达到的目标。

（2）概述。

①项目背景：简要描述项目背景及所要达到的目标，如项目的主要功能特征、体系结构及简要历史，等等。

②范围：指明测试计划的适用对象及范围。

（3）组织形式：表示测试计划执行过程中的组织结构及结构之间的关系，以及所需要的组织独立程度。同时，指出了测试过程与其他过程之间的关系，如开发、项目管理、质量保证配置管理之间的关系。测试计划还定义了测试工作中的沟通渠道，赋予了解决测试发现问题的权利，以及批准测试输出工作产品的权利。

（4）角色与职责。定义角色以及职责，即在每一个角色与测试任务之间建立关联。

（5）测试对象。列出所有被测目标的测试项（包括功能需求、非功能需求、性能可移植性等）。

（6）测试通过/失败的标准。测试标准是客观陈述，它指明了判断/确认测试在何时结束，以及所测试的应用程序的质量。测试标准可以是一系列的陈述或是对另一个文档（如过程指南或测试标准）的引用。测试标准指明确切的测试目标，度量尺度该如何建立，以及使用哪些标准对度量进行评价。

（7）测试挂起的标准及恢复的必要条件。指明挂起全部或部分测试项的标准，并指明恢复测试的标准及其必须重复的测试活动。

（8）测试任务安排。明确测试的任务，每项任务都应清晰说明以下 6 个方面。

①任务：用简洁的句子对任务加以说明。

②方法和标准：指明执行该任务时，应采用的方法以及应遵循的标准。

③输入/输出：给出该任务所需的输入和输出数据。

④时间安排：给出任务的起始及持续的时间。

⑤资源：给出任务所需要的人力和物力。人力资源安排参考"组织形式"和"角色及职责"，并明确到人。

⑥风险和条件：指明启动该任务应满足的条件，以及任务执行可能存在的风险。

（9）应交付的测试产品。指明应交付的文档、测试代码及测试工具，一般包括文档测试计划、测试方案、测试用例、测试规程、测试日志、测试总结报告、测试输入与输出数据、测试工具。

2. 测试方案文档

测试方案文档是指为完成软件或软件集成特性的测试而进行的设计测试方法的细节文档。

（1）概述：简要描述被测对象的需求要素、测试设计准则，以及测试对象的历史。

（2）被测对象：确定被测对象，包括其版本/修订级别、软件的承载媒介及其对被测对象的影响。

（3）应测试的特性：确定应测试的所有特性和特性组合。

（4）不被测试的特性：确定被测对象有哪些特性不被测试，并说明其原因。

（5）测试模型：首先从测试组网图和结构/对象关系图两个描述层次分析被测对象的外部需求环境和内部结构关系，然后进行概要描述，最后确定本测试方案的测试需求和测试着眼点。

（6）测试需求：确定本阶段测试的各种需求因素，包括环境需求、被测对象要求、测试工具需求、测试数据准备等。

（7）测试设计：描述各测试阶段需求运用的测试要素，包括测试用例、测试工具、测试代码的设计思路和设计准则。

3. 测试用例文档

测试用例文档是指为完成一个测试用例项的输入、预期结果、测试执行条件等因素的文档。

（1）测试用例清单。测试用例清单如表 10-1 所示。

表 10-1　测试用例清单

项 目 编 号	测 试 项 目	子项目编号	测试子项目	用 例 编 号
0×××	×××	0×××~0×××	×××	×××
总数				

（2）测试用例列表。测试用例列表如表 10-2 所示。

表 10-2　测试用例列表

项 目 编 号	测试项目	子项目编号	测试子项目	用 例 编 号	用 例 级 别	用 例 结 论
0×××	×××	0×××~0×××	×××	×××	×	

测试项目：指明并简单描述本测试用例是用来测试哪些项目、子项目或软件特性的。

用例编号：对该测试用例分配唯一的标号标识。

用例级别：指明该用例的重要程度。用例级别并不是指对用例所造成的后果，而是对用例的级别程度进行测定，如一个可能导致死机的用例级别不一定就是高级别，因为其触发的满足条件的概率很小。

测试用例的级别分为 4 级:级别 1(基本)、级别 2(重要)、级别 3(详细)、级别 4(生僻)。用例结论:测试用例的可用性认可。

(3) 输入值列出执行本测试用例所需的具体的每一个输入值。

(4) 预期输出值描述的是被测项目或被测特性所希望或要求达到的输出或指标。

(5) 实测结果指明该测试用例是否通过。若不通过,应列出实际测试时的测试输出值。

(6) 备注如果必要,则填写"特殊环境需求(硬件、软件、环境)"、"特殊测试步骤要求"、"相关测试用例"等信息。

4. 测试规程文档

测试规程文档是指执行测试时测试活动序列的文档。

5. 测试报告文档

测试报告文档是指执行测试结果的文档。

(1) 概述。指明本报告是哪个测试活动的总结,该测试活动所依据的测试计划、测试方案及测试用例为本文档的参考文档,且必须指明被测对象及其版本/修订级别。

(2) 测试时间、地点和人员。

(3) 测试环境描述。

(4) 测试总结和评价。

① 测试结果统计:对本次测试的项目进行统计,包括通过多少项,失败多少项等。测试结果统计表如表 10-3 所示。

表 10-3　测试结果统计表

	总测试项	实际测试项	OK 项	POK 项	NG 项	NT 项	无须测试项
数目							
百分比							

其中:OK 表示测试结果全部正确;POK 表示测试结果大部分正确;NG 表示测试结果有较大错误;NT 表示由于各种原因本次无法测试。

② 测试评估:对被测对象以及测试活动分别给出总结性的评估,包括稳定性、测试充分性等。

③ 测试总结与改进意见:对本次测试活动的经验教训、主要的测试活动和事件、资源消耗数据进行总结,并提出改进意见。

④ 问题报告:测试缺陷(问题)表包括问题总数、致命、严重、一般和提示问题的数目及百分比;测试问题的详细描述表如表 10-4 所示,测试缺陷统计表如表 10-5 所示。

表 10-4　测试问题的详细描述表

问题编号:
问题简述:
问题描述:
问题级别:

续表

问题分析与对策:
避免措施:
备注:

表 10-5　测试缺陷统计表

问题总数	致命问题	严重问题	一般问题	提示问题	其他统计项
数目					
百分比					

表 10-4 中,问题编号表示问题报告单号,问题简述表示对问题的简短概要描述,问题描述表示对意外事件的描述,问题级别表示说明该问题的级别,问题分析与对策表示针对此问题提出影响程度分析与对应策略,避免措施表示针对此问题的预防措施。

6. 其他测试文档

(1) 任务报告:每一项验证与确认任务完成后,都要有一个任务完成情况的报告。

(2) 测试日志:测试工作日程记录。

(3) 阶段报告:每一测试阶段完成后,都要有阶段测试任务完成报告,其中包括经验教训和总结。

10.4　测试人员组织

10.4.1　测试团队的组建

软件的质量不是靠测试试出来的,而是靠产品开发团队所有成员(需求分析工程师、系统设计工程师、程序员、测试工程师、技术支持工程师等)的共同努力来获得的。由于质量始终是产品和企业的生命,所以为了保证产品质量不受项目开发时间和预算的严重影响,测试人员应具有质量方面的权威性和与之相称的地位。

组建测试团队之前首先要分析测试组织的现状(如一穷二白的、初始级别、扩展级别、成熟级别等状态),然后分析企业的组织框架(软件测试是属于开发部门管理,是属于独立测试部门,还是属于 QA 组织等),最后根据所开发的软件产品的类型(产品型、项目型等)确定测试工程师需要哪些测试技能。换句话说,测试团队的组建必须根据企业的具体情况和项目情况来确定。在实践中可按如下方法操作。

(1) 对于测试组织处于初始状态的,要考虑的是如何组建一个适合软件企业未来发展方向的测试团队。主要考虑测试团队的组织架构、测试团队的发展规划和分阶段实施措施。

(2) 对于软件测试已经有初步积累(如已成立项目中的测试小组),现在扩建测试团队的,主要工作是招聘测试工程师和培养现有的测试工程师,需要考虑项目是否要求性能测试、新员工有没有合适的测试技能等。

(3) 对于已经有一个测试团队,而且是独立的测试部门,现在需要扩展和提高测试团队的测试能力。其主要工作是招聘新的测试人员,对现有的测试人员进行分类培训,培养出某方面的专家,如用例自动化回归测试专家、性能测试专家等。

软件测试团队不仅仅指被分配到某个测试项目中工作的一组人员,还指一组互相依赖的人员齐心协力进行工作,以实现项目的测试目标。要使这些测试工程师发展成为一个有效协作的团队,既需要测试项目经理的努力,也需要软件测试团队中每位测试工程师的付出。测试项目团队工作是否有效将决定软件测试的成败。尽管要有计划,也需要项目管理技能,但项目中的每个人员才是项目成功的关键。软件项目的测试需要一个有效的团队,有效的软件测试项目团队具有以下特征。

(1) 对软件项目的测试目标有清晰的理解。

(2) 对每位测试工程师的角色和职责有明确的期望。

(3) 以目标为导向。

(4) 高度的互助合作。

(5) 高度的信任。

尽管每个软件测试团队都有高效工作的潜力,但通常会存在一些障碍,使得团队难以实现其力所能及的效率水平。下面给出对软件测试团队有效工作的障碍以及克服这些障碍的建议。

(1) 目标不明确。项目经理应该就项目说明软件项目的测试目标、测试范围、测试标准、预算以及进度计划,并且要对项目结果和产出的好处做出良好的预期,这一情况应该在第一次软件测试例会上沟通交流。在定期项目测试例会上,项目经理要时刻了解成员在完成必须工作任务时存在的问题。仅在项目开始时,就项目目标作一次说明是远远不够的,项目经理一定要经常地、多次就软件项目的测试目标同成员进行交流与沟通。

(2) 角色和职责不明确。在测试项目开始的时候,测试经理要与每一位团队成员进行单独沟通,表明每一位团队成员对该角色及职责的期望,并解释他与其他成员之间的角色和职责的相互关系。在制订软件测试项目计划时,要充分利用工作分解结构(WBS)、责任矩阵、甘特图等工具明确划分每个团队成员的任务。

(3) 项目结构不健全。项目结构不健全会让每个成员感觉团队中每个人有不同的工作方向或没有建立团队工作的规章制度。这也是让每位团队成员参加测试项目计划制定的原因。在软件测试项目启动时,测试经理应制订基本的工作规章制度,如沟通渠道、文档撰写、bug 管理流程等。每项规章制度都需要向每位成员进行详细说明。若某些规章制度对软件测试项目不再有效,测试经理要接受有关废止或修订的建议。

(4) 工作缺乏投入。软件测试工程师可能看起来对项目目标或工作热情投入不够,面对这一难题,项目经理需要对成员说明其角色和职责对项目成功的意义,以及该成员能为项目的测试成功做出怎样的贡献。软件测试经理需要对每个测试工程师的工作成绩进行奖励和表扬,并对他们的工作予以支持和鼓励。

(5) 沟通不够。沟通不够就会使团队测试工程师之间对项目工作中发生的事情知之甚少,或成员之间不能进行有效交流信息。因此项目经理要定期召开项目例会或相关技术评审会议,要求所有成员对其工作情况进行简要总结,积极鼓励参与并提出问题,以及合作并解决问题。

无论对于哪一种类型的测试团队,其团队的基本职责主要有以下几点。

(1)尽早发现软件产品中尽可能多的缺陷。

(2)督促和帮助开发人员尽快解决产品中的缺陷。

(3)协助项目管理人员制订合理的开发计划和项目测试计划。

(4)对缺陷进行跟踪、分析和总结,以便项目经理和相关人员能够及时、清楚地了解产品当前的质量状态。

(5)评估软件产品的当前质量状态,以评估是否达到发布水平。

(6)培养测试工程师的测试技能。

10.4.2 软件测试经理

软件测试经理应确保全部测试工作在预算范围内按时、优质地完成,从而使客户满意。项目经理的基本职责是测试项目的计划、组织和控制等工作,以实现项目目标。即项目经理的职责就是领导测试团队完成项目的测试目标。

1. 计划

首先,软件测试经理要高度明确项目目标,并就该目标与客户取得一致意见。其次,领导团队成员一起制订项目目标的计划。让项目团队成员一起制订测试计划,这样的计划比测试经理独自制定要更切合实际。

2. 组织

组织工作涉及开展测试工作如何有效、合理地分配资源。首先,测试经理要明确哪些工作应该由团队内部完成,哪些工作应该由团队以外的其他团队完成。然后,应由团队内部完成的工作部分,负责这一工作的具体人员应对项目经理做出承诺。最后,组织工作应该营造一种工作环境,使所有团队成员士气高昂地投入工作。

3. 控制

为了实施测试项目的监控,测试经理需要一套软件测试管理系统,以跟踪实际测试进度并与计划进度进行比较。对于偏差,一定要及早发现,项目经理决不能采取等待和观望的工作方法,要积极主动在问题恶化之前予以解决。

根据经验,采用传统的"组建小组"方法,但它不会使测试成员有太好的工作表现,可以采用一些适当的管理形式,去代替团队不能做的事情:使测试团队成员之间相互信任,测试经理尊重团队成员的时间和对团队的贡献,并且当团队成员需要时支持他们。这些管理小技巧主要有以下几种。

(1)在不损害公司利益前提下,站在测试团队一边。使团队成员坚信,你尊重他们的想法,并且尽力支持他们的工作。另外保证把"好消息"公平地发放到测试小组中。

(2)支持合理的工作方式。应该帮助团队成员缓解测试带来的压力,并注意安抚团队成员。只要有可能,就应该尽量分解工作,以达到专业分工、团队协作的目的。

(3)规划每个团队成员的职业发展。作为测试经理,需要和团队成员一起工作,讨论他们的职业规划,并使他们得到期望的升职和加薪。

10.4.3 测试小组的分类

从测试团队的基本职责可以看出软件测试在软件开发中具有非常重要的地位。在实践中,不少公司都将软件测试团队和质量保证团队合在一起,组成测试部门。把软件测试团队和质量保证团队合并成一个部门,工作会更有效率。在不同的软件企业中,开发团队的组织模式亦有差别,按测试小组的独立性来划分,可分为非独立的测试小组、相对独立的测试小组和独立的测试小组等。

1. 非独立的测试小组

非独立的测试小组以开发为核心,测试只是开发团队中的一部分,不是一个相对独立的部门,测试人员通常由开发人员兼任。采用这种方式,测试人员的独立性很难得到保证。

2. 相对独立的测试小组

相对独立的测试小组以开发为核心,测试是开发团队的有机且重要的组成部分,是一个相对独立的部门。测试人员由专职的人员组成,但测试的进度、成本等仅对项目经理负责。

3. 独立的测试小组

独立的测试小组以项目测试经理为核心,产品组一般由测试小组、文档小组、开发小组、系统小组等组成,不同的小组一般来自不同的职能部门。测试小组除隶属项目组外,其工作同时对项目经理和公司质量保证等部门负责。这种模式的测试独立性比较强。

软件开发公司也可不设置测试组,而将相关测试进行外包。表 10-6 给出了不同测试组织的优点和缺点。

表 10-6 各种测试组织的优点和缺点

组 织 类 型	优 点	缺 点
独立测试小组	观点明确、客观的专业测试人员	开发人员和测试人员有潜在的冲突,要尽早开始测试比较困难
非独立测试小组	精通软件,与测试人员无冲突	缺乏明确的观点、缺乏测试业务知识,还可能缺乏软件测试技能,有交付压力,主要精力集中在开发上
相对独立测试小组	团队工作方式,从一开始就共享资源和设施	迫于交付压力,不考虑质量等问题
第三方测试	低风险,专业测试人员,不需要雇佣或储备或培养测试人员	需要管理,要有一份好的合同

10.4.4 测试团队成员的合适人选

对于测试团队中应该具备哪些技能、素养、行业领域知识和个性的人才能成为优秀的测试工程师,目前仍然是一个仁者见仁、智者见智的问题。在测试过程中,应采取对测试工程师进行鼓励和培养,使个人的技能、素养、行业领域知识等得到加强。在实践中,可从以下四个方面来挑选优秀的测试工程师。

1. 计算机专业技能

计算机领域的专业技能是测试工程师应该必备的一项技能,是做好测试工作的前提条件。计算机专业技能主要包含以下三个方面。

(1)测试专业技能。测试专业技能涉及的范围很广,既包括黑盒测试、白盒测试、测试用例设计等基础测试技术,又包括单元测试、功能测试、集成测试、系统测试、性能测试等测试方法,还包括基础的测试流程管理、缺陷管理、自动化测试技术等知识。

(2)软件编程技能。只有有编程技能的测试工程师,才可以胜任诸如单元测试、集成测试、性能测试等难度较大的测试工作。

(3)掌握网络、操作系统、数据库、中间件等计算机基础知识。与开发人员相比,测试人员掌握的知识具有"博而不精"的特点,如在网络方面,测试人员应该掌握基本的网络协议以及网络工作原理,尤其要掌握一些网络环境的配置,这些都是测试工作中经常使用到的知识;在操作系统和中间件方面,应该掌握基本的使用以及安装、配置等;在数据库方面,至少应该掌握 Mysql、MS Sqlserver、Oracle 等常见数据库的使用。

2. 行业领域知识

行业主要指测试人员所在企业涉及的领域,例如很多 IT 企业从事石油、电信、银行、电子政务、电子商务等行业领域的产品开发。具有行业知识即行业领域知识,是测试人员做好测试工作的又一个前提条件,只有深入了解产品的业务流程,才可以判断开发人员实现的产品功能是否正确。而且行业知识与工作经验有一定关系,可通过时间完成积累。

3. 个人素养

测试工作在很多时候都会显得有些枯燥,只有热爱测试工作,才更容易做好。因此测试人员首先要对测试工作有兴趣,然后对测试保持适度的好奇心(在按时完成开发测试执行所需的测试包和充满激情地编写灵活高效的测试用例之间取得平衡),最后应是一个专业悲观主义者(测试人员应该把精力集中放在缺陷的查找上,发现项目的阴暗面)。此外还应该具有以下一些基本的个人素养。

(1)专心:主要指测试人员在执行测试任务的时候要专心,不可一心二用。经验表明,高度集中精神不但能够提高效率,还能发现更多的软件缺陷。

(2)细心:主要指执行测试工作时要细心,认真执行测试,不可以忽略一些细节。某些缺陷如果不细心会很难发现,例如一些界面的样式、文字等。

(3)耐心:很多测试工作有时候会显得非常枯燥,需要很大的耐心才可以做好。如果比较浮躁,就不能做到"专心"和"细心",这会让很多软件缺陷从你眼前逃过。

(4)责任心:责任心是做好工作必备的素质之一,测试工程师更应该将其发扬光大。如果测试中没有尽到责任,甚至敷衍了事,这将会把测试工作交给用户来完成,很可能引起非常严重的后果。

(5)自信心:自信心是现在多数测试工程师都缺少的一项素质,尤其在面对需要编写测试代码等工作的时候,往往认为自己做不到。要想获得更好的职业发展,测试工程师应该努力学习,建立能"解决一切测试问题"的信心。

4. 团队协作能力

测试人员不但要具有良好的团队合作能力,还要具有与测试组的人员、开发人员、技术支持等产品研发人员之间良好的沟通和协作能力,而且应该学会宽容待人,学会理解开发人员,同时要尊重开发人员的劳动成果。

10.5　配置管理

软件产品从需求分析开始到最后提交产品要经历多个阶段,每个阶段的工作产品又会产生出不同的版本,如何在整个生产期内建立和维护产品的完整性是配置管理的目的。配置管理的关键过程域的基本工作内容是:标识配置项、建立产品基线库、系统地控制对配置项的更改、产品配置状态报告和审核。同软件质量保证活动一样,配置管理活动必须制订计划,而不能随意。相关的组织和个人要了解配置管理的活动及其结果,并且要认同在配置管理活动中所承担的责任。

软件配置管理(software configuration management,SCM)是否进行与软件的规模有关,软件规模越大,配置管理就显得越重要。在团队开发中,它是标识、控制和管理软件变更的一种管理。配置管理的使用取决于项目规模、复杂性及其风险水平。

1. 软件配置管理应提供的功能

ISO 9000.3 中,对配置管理系统的功能做了如下描述。

(1)唯一地标识每个软件项的版本。

(2)标识共同构成一完整产品的特定版本的每一软件项的版本。

(3)控制由两个或多个独立工作的人员同时对一给定软件项进行更新。

(4)按要求在一个或多个位置对复杂产品的更新进行协调。

(5)标识并跟踪所有的措施和更改。在开始到放行期间,这些措施和更改是由于更改请求或问题引起的。

2. 版本管理

软件配置管理分为版本管理、问题跟踪和建立管理三个部分,其中版本管理是基础。版本管理完成以下主要任务。

(1)建立项目。

(2)重构任何修订版的某一项或某一文件。

(3)利用加锁技术防止覆盖。

(4)当增加一个修订版时要求输入变更描述。

(5)提供比较任意两个修订版的使用工具。

(6)采用增量存储方式。

(7)提供对修订版历史和锁定状态的报告功能。

(8)提供归并功能。

(9)允许在任何时候重构任何版本。

(10)权限的设置。

（11）升级模型的建立。

（12）提供各种报告。

3. 配置管理软件

通过配置管理软件，实现配置管理中各项要求，并能集成多种流行开发平台，为配置管理提供了很大的方便。

（1）软件配置管理概念。软件配置管理是通过在软件生命周期的不同时间点上对软件配置进行标识，并对这些标识的软件配置项的更改进行系统控制，从而达到保证软件产品的完整性和可溯性的过程。

① 配置：软件系统的功能属性。

② 配置项：软件系统的逻辑组成，即与某项功能属性相对应的文档或代码等。

（2）软件配置管理的 4 个基本过程。

① 配置标识：标识组成软件产品的各组成部分并定义其属性，制订基线计划。

② 配置控制：控制对配置项的修改。

③ 配置状态发布：向受影响的组织和个人报告变更申请的处理过程、已通过的变更及它们的实现情况。

④ 配置评审：确认受控软件配置项满足需求并准备就绪。

（3）配置库。配置库是对各基线内容的存储和管理的数据库。

① 开发库：程序员工作空间，始于某一基线，为某一目的开发服务，开发完成后，经过评审回归到基线库。

② 基线库：包括通过评审的各类基线、各类变更申请的记录和统计数据。

③ 产品库：某一基线的静态拷贝，基线库进入发布阶段形成产品库。

10.6 测试风险管理

1. 风险的基本概念

软件风险是指开发不成功时引起损失的可能性，这种不成功事件会导致公司在商业上的失败。风险分析是对软件中潜在的问题进行识别、估计和评价的过程。软件测试中的风险分析是根据测试软件将出现的风险，制订软件测试计划，并排列优先等级。

软件风险分析的目的是确定测试对象、测试优先级，以及测试的深度，有时还包括确定可以忽略的测试对象。通过风险分析，测试人员识别软件中高风险的部分，并进行严格、彻底地测试；确定潜在的隐患软件构件，对其进行重点测试。在制订测试计划的过程中，可以将风险分析的结果用来确定软件测试的优先级与测试深度。

2. 软件测试与商业风险

软件测试是一种用来尽可能降低软件风险的控制措施。软件测试是检测软件开发是否符合计划，是否达到预期的结果的测试。如果检测表明软件的实现没有按照计划执行，或与预期目标不符，就要采取必要的改进行动。因此，公司的管理者应该依靠软件测试之类的措施来帮助自己实现商业目标。

3. 软件风险分析

风险分析是一个对潜在问题识别和评估的过程,即对测试的对象进行优先级划分。风险分析包括以下两个部分。

- 发生的可能性:发生问题的可能性有多大。
- 影响的严重性:如果问题发生了会有什么后果。

通常风险分析采用两种方法:表格分析法和矩阵分析法。通用的风险分析表包括以下几项内容。

(1) 风险标识:表示风险事件的唯一标识。

(2) 风险问题:风险问题发生现象的简单描述。

(3) 发生可能性:风险发生可能性的级别(1～10)。

(4) 影响的严重性:风险影响的严重性的级别(1～10)。

(5) 风险预测值:风险发生可能性与风险影响的严重性的乘积。

(6) 风险优先级:风险预测值从高向低的排序。

综上所述,软件风险分析的目的是:确定测试对象、确定优先级,以及测试深度。在测试计划阶段,可以用风险分析的结果来确定软件测试的优先级。对每个测试项和测试用例赋予优先代码,将测试分为高、中和低的优先级类型,这样可以在有限的资源和时间条件下,合理安排测试的覆盖度与深度。

4. 软件测试风险

软件测试的风险是指软件测试过程中出现的或潜在的问题,造成的原因主要是测试计划的不充分、测试方法有误或测试过程的偏离,从而造成测试的补充以及结果不准确。测试的不成功导致软件在交付后潜藏着问题,一旦在运行时爆发,会带来很大的商业风险。因此应对测试计划执行的风险进行分析,并且制定应采取的应急措施,以降低软件测试产生的风险及其造成的危害。

测试计划的风险一般指测试进度滞后或出现非计划事件,就是针对计划好的测试工作造成消极影响的所有因素,对于计划风险分析的工作是制订计划风险发生时应采取的应急措施。

其中,交付日期的风险是主要风险之一。测试未按计划完成,发布日期推迟,影响对客户提交产品的承诺,管理的可信度和公司的信誉都会受到考验,同时也受到竞争对手的威胁。交付日期的滞后,也可能是已经耗尽了所有的资源。计划风险分析所做的工作重点不在于分析风险产生的原因,重点应放在提前制定应急措施来应对风险发生。当测试计划发生风险时,可能采用的应急措施有:缩小范围、增加资源、减少质量过程等。

将采用的应急措施如下。

应急措施1:增加资源。请求用户团队为测试工作提供更多的用户支持。

应急措施2:缩小范围。决定在后续的发布中,实现较低优先级的特性。

应急措施3:减少质量过程。在风险分析过程中,确定某些风险级别低的特征测试,或少测试。

上述列举的应急措施要涉及有关方面的妥协,如果没有测试计划风险分析和应急措施处理风险,开发者和测试人员能采取的措施就比较匆忙,将不利于将风险的损失控制到最小。因此,软件风险分析和测试计划风险分析与应急措施是相辅相成的。

由上面分析可以看出,计划风险、软件风险、重点测试、不测试,甚至整个软件的测试与应急措施都是围绕"用风险来确定测试工作优先级"这样的原则来构造的。软件测试存在着风险,如果提前重视风险,并且有所防范,就可以最大限度减少风险的发生。在项目过程中,风险管理的成功取决于如何计划、执行与检验每一个步骤。遗漏任何一点,风险管理都不会成功。

10.7　测试成本管理

10.7.1　软件测试成本管理概述

软件测试项目成本管理就是根据企业的情况和软件测试项目的具体要求,利用公司既定的资源,在保证软件测试项目的进度、质量达到客户满意的情况下,对软件测试项目的成本进行有效的组织、实施、控制、跟踪、分析和考核等一系列管理活动,能最大限度地降低软件测试项目成本,提高项目利润。

成本管理的过程包括以下 4 个方面。

(1) 资源计划。

(2) 成本估算。

(3) 成本预算。

(4) 成本控制。

10.7.2　软件测试成本管理的一些基本概念

对于一般项目,项目的成本主要由项目的直接成本、管理费用和期间费用等构成。

1. 测试费用有效性

风险承受的确定,从经济学的角度考虑就是确定需要完成多少次测试,以及进行什么类型的测试。经济学所做的判断,确定了软件存在的缺陷是否可以接受,如果可以,能承受多少。测试的策略不再主要由软件人员和测试人员来确定,而是由商业的经济利益来决定的。

"太少的测试是犯罪,而太多的测试是浪费。"对风险测试得过少,会造成软件的缺陷和系统的瘫痪;而对风险测试得过多,就会使本来没有缺陷的系统进行没有必要的测试,或者是对轻微缺陷的系统所花费的测试费用远远大于缺陷给系统造成的损失。

测试费用的有效性,可以用测试费用的质量曲线来表示,如图 10-3 所示。随着测试费用的增加,发现的缺陷也会越多,两线相交的地方是过多测试开始的地方,这时,排除缺陷的测试费用超过了缺陷给系统造成的损失费用。

2. 测试成本控制

测试成本控制也称为项目费用控制,就是在整个测试项目的实施过程中,定期收集项目的实际成本数据,与成本的计划值进行对比分析,并进行成本预测,从而及时发现并纠正偏差,使项目的成本目标尽可能好地实现。

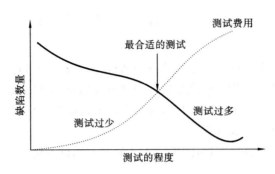

图 10-3 测试费用的质量曲线

测试工作的主要目标是使测试产能最大化,也就是说,要使通过测试找出错误的能力最大化,而检测次数最小化。测试的成本控制目标是使测试开发成本、测试实施成本和测试维护成本最小化。

在软件产品测试过程中,测试实施成本主要包括:测试准备成本、测试执行成本、测试结束成本。

对部分重新测试进行合理的选择,若将风险降至最低,则成本同样会很高,故必须将其与测试执行成本进行比较,权衡利弊。利用测试自动化,进行重新测试,其成本效益较好。部分重新测试选择方法有以下两种。

① 对由于程序变化而受到影响的每一部分进行重新测试。

② 对与变化有密切和直接关系的部分进行重新测试。

降低测试维护成本,与软件开发过程一样,加强软件测试的配置管理,所有测试的软件样品、测试文档(测试计划、测试说明、测试用例、测试记录、测试报告)都应置于配置管理系统控制之下。

保持测试用例效果的连续性是重要的措施,有以下几个方面。

● 每一个测试用例都是可执行的,即被测产品在功能上不应有任何变化。

● 基于需求和功能的测试都应是适合的,若产品需求和功能发生较小的变化,不应使测试用例无效。

● 每一个测试用例不断增加使用价值,即每一个测试用例不应是完全冗余的,通过连续使用,它的成本效益不断增加。

3. 质量成本

测试是一种带有风险性的管理活动,可以使企业减少因为软件产品质量低劣,而花费不必要的成本。

1)质量成本要素

质量成本要素主要包括一致性成本和非一致性成本。一致性成本是指用于保证软件质量的支出,包括预防成本和测试预算,如测试计划、测试开发、测试实施费用。非一致性成本是由出现的软件错误和测试过程中的故障(如延期、劣质的测试发布)引起的支出。

2)质量成本计算

质量成本一般按下式计算:

$$质量成本＝一致性成本＋非一致性成本$$

4．缺陷探测率

缺陷探测率是另一个衡量测试工作效率的软件质量成本的指标。

缺陷探测率＝测试发现的软件缺陷数/（测试发现的软件缺陷数

＋客户发现并反馈技术支持人员进行修复的软件缺陷数)×100%

测试投资回报率可按下式计算：

投资回报率＝（节约的成本－利润)/测试投资×100%

10.7.3　软件测试成本管理的基本原则和措施

当一个测试项目开始后，就会发生一些不确定的事件。测试项目的管理者一般都在一个不能够完全确定的环境下管理项目，项目的成本费用可能出现难以预料的情况，因此，必须有一些可行的措施和办法来帮助测试项目的管理者进行项目成本管理，从而实施整个软件测试项目生命周期内的成本度量和控制。

1．软件测试项目成本的控制原则

（1）坚持成本最低化原则。

（2）坚持全面成本控制原则。

（3）坚持动态控制原则。

（4）坚持项目目标管理原则。

（5）坚持责、权、利相结合的原则。

2．软件测试项目成本控制措施

（1）组织措施。

（2）技术措施。

（3）经济措施。

10.8　测试管理工具

10.8.1　TestDirector 测试管理工具及应用

1．TestDirector 概况

TestDirector 是 HP MI(mercury interactive)公司推出的知名测试管理工具。它能指导进行测试需求管理、测试计划管理、测试用例管理和缺陷管理，在整个测试过程的各个阶段，适用于对测试执行和缺陷的跟踪。

TestDirector 是用于规范和管理日常测试项目的工作平台。它用于管理不同的开发人员、测试人员和管理人员之间的沟通调度，以及项目内容管理和进度跟踪。

TestDirector 是一个集中实施、分布式使用的专业测试项目管理平台软件，具有以下特点。

（1）TestDirector 提供了与 HP MI 公司的测试工具（WinRunner、LoadRunner、Quick-

Test Professional 等）、第三方或者自主开发的测试工具、需求和配置管理工具、建模工具的整合功能。TestDirector 能够与这些测试工具无缝链接，提供全套解决方案来进行全部自动化的应用测试。

（2）TestDirector 提供强大的图表统计功能，便于测试工作来提高质量及测试团队来进行管理。TestDirector 基于 Web 方式，无论是通过 Internet 还是 Intranet，测试团队与开发团队都可以基于 Web 的方式来访问 TestDirector。

（3）TestDirector 能系统地控制整个测试过程，并创建整个测试工作流的框架和基础，使整个测试管理过程变得更为简单和有组织性。通常情况下，对应用程序测试是非常复杂的，需要开发和执行数以千计的测试用例。同时，测试需要多样式的硬件平台、多重配置（计算机、操作系统、浏览器）和多种应用程序版本。管理整个测试过程中的各个部分非常耗时且十分困难。

（4）TestDirector 能帮助维护一个测试工程数据库，并能覆盖应用程序各个方面的功能。在工程中的每一个测试点都对应着一个指定的测试需求，它提供了直观且有效的方式来计划和执行测试集、收集测试结果并分析数据。

（5）TestDirector 专门提供一个完善的缺陷跟踪系统，即跟踪缺陷从产生到最终解决的全过程。TestDirector 通过与用户的邮件系统相关联，缺陷跟踪的相关信息即可被整个应用开发组、QA、客户支持、负责信息系统的人员共享。

（6）TestDirector 指导测试用户进行需求定义、测试计划、测试执行和缺陷跟踪，即在整个测试过程的各个阶段，通过整合所有的任务到应用程序测试中来确保高质量的软件产品。

2. TestDirector 管理功能

测试管理的重点在于管理复杂的开发和测试过程，改善部门之间的沟通，加速测试成功。

（1）测试需求管理。程序的需求驱动整个测试过程。TestDirector 的 Web 界面简化需求管理过程，以此可以验证应用软件的每一个特征功能都正常。TestDirector 的需求管理可以让测试人员根据应用需求自动生成测试用例，通过提供一种直观机制将需求和测试用例、测试结果及报告的错误联系起来，从而确保完全的测试覆盖率。

TestDirector 有两种方式将需求和测试联系起来。其一，TestDirector 捕获并跟踪所有首次发生的应用需求，可以在这些需求基础上生成一份测试计划，并将测试计划对应于需求。例如，有 25 个测试计划可对应同一个应用需求。通过方便管理需求和测试计划之间可能存在的一种多对多的关系，确保每一个需求都经过测试。其二，由于 Web 应用的不断更新和变化，需求管理允许测试人员加减或修改需求，并确定目前的应用需求已拥有一定的测试覆盖率。需求管理帮助决定一个应用软件的哪些部分需要测试，哪些测试需要开发，完成的应用软件是否满足用户的要求等。对于任何动态地改变 Web 应用，必须审阅测试计划是否准确，确保其符合当前的应用要求。

（2）测试计划。测试计划的制订是测试过程中至关重要的环节，为整个测试提供结构框架。TestDirector 的 Test Plan Manager 在测试计划期间，为测试小组提供统一的 Web

界面来协调团队间的沟通。

Test Plan Manager 指导测试人员如何将应用需求转化为具体的测试计划。这种直观的结构能帮助定义如何测试应用软件,从而组织起明确的任务和责任。Test Plan Manager 提供了多种方式来建立完整的测试计划。可从草图上建立一份计划,或根据需求管理(requirements manager)所定义的应用需求,通过 Test Plan Wizard 快速地生成一份测试计划。若已将计划信息以文字处理文件形式,如 MS Word 方式储存,可再利用这些信息,并将它导入到 Test Plan Manager,并把各种类型的测试汇总在一个可折叠式目录树内,即可在一个目录下查询到所有的测试计划。例如,可将人工和自动测试,如功能性的,还原和负载测试方案结合在同一位置。

Test Plan Manager 还能进一步地帮助完善测试设计和以文件形式描述每一个测试步骤,包括对于每一项测试用户反应的顺序、检查点和预期的结果。TestDirector 还能为每一项测试添加附属文件,如在 Word、Excel、HTML 中用于更详尽地记录每次测试计划。

Web 应用需求也随时间和实践不断改变,其中测试需要相应地更新测试计划、优化测试内容。即使频繁更新,TestDirector 仍能简单地将应用需求与相关的测试对应起来。TestDirector 还可支持不同的测试方式来适应项目特殊的测试流程。

多数测试项目需要人工测试与自动化测试相结合,包括健全、还原和系统测试。但即使符合自动化测试要求的工具,在大部分情况下也需要人工的操作。TestDirector 能让测试人员决定哪些重复的人工测试可转变为自动化的脚本,并可立即启动测试设计过程,以提高测试效率。

(3)安排和执行测试。在测试计划建立后,TestDirector 的测试管理为测试日程制订提供基于 Web 的框架。SmartScheduler 会根据测试计划中创立的指标对运行着的测试执行监控。例如,当网络上任一台主机空闲,测试可以安排 24×7 在它上面执行。SmartScheduler 能自动分辨出是系统的错误还是应用的错误,然后将测试重新安排到网络上其他机器执行。

对于不断改变的 Web 应用,经常性的执行测试对于追查出错发生的环节和评估应用质量都至关重要。然而,这些测试的运行都要消耗测试资源和时间。GraphicDesigner 图表设计,可很快将测试分类以满足不同的测试目的,如功能性测试、负载测试、完整性测试等。TestDirector 的拖动功能可简化设计并对排列在多个机器进行运行的测试,最终根据设定好的时间、路径或其他测试的成功与否,为序列测试制订执行日程。SmartScheduler 能在短时间内,在更少的机器上完成更多测试。当用 WinRunner、Astra QuickTest、Astra LoadTest 或 LoadRunner 自动运行功能性或负载测试,无论成功与否,测试信息都会被自动汇集传送到 TestDirector 的数据储存中心。同样,人工测试也以此方式运行。

(4)缺陷管理。当测试完成后,项目经理必须解读这些测试数据并将这些信息用于工作中。当发现错误时,还要指定相关人员及时纠正。

TestDirector 的出错管理直接贯穿于测试全过程,以提供管理系统终端-终端的出错跟踪,从最初的发现问题到修改错误,再到检验修改结果。由于同一项目组成员经常分布在不同地方,TestDirector 基于浏览器特征的出错管理能让多个用户都通过 Web 查询出错跟踪情况。测试人员只需进入一个 URL,就可汇报和更新错误,通过过滤整理错误列表做出趋势分析。在进入出错案例前,测试人员还可自动执行一次错误数据库的搜寻,确定是否已有类似的案例记录。这一查寻功能可避免重复工作。

(5) 用户权限管理。TestDirector 可以建立用户权限管理。这里的用户权限管理类似 Windows 操作系统下的权限管理,将不同的用户分成用户组。这项功能针对基于应用评测中心具备多项目、多人员的特点,比较适用。

在 TestDirector 中,默认设有 6 个组 TDAdmin、QATester、Project Manager、Developer、Viewer、Customer,用户还可以根据需求,自己建立特殊的用户组。每一个用户组都拥有属于自己的权限设置。

(6) 集中式项目信息管理。TestDirector 采用集中式的项目信息管理,安装在应用评测中心的服务器上,后台采用集中式的数据库(Oracle、SQL Server、Access 等)。所有关于项目的信息都按照树状目录的方式存储在管理数据库中,被赋予权限的用户,可以执行登录、查询和修改的操作。

(7) 分布式访问。TestDirector 将测试过程流水化,从测试需求管理到测试计划、测试日程安排、测试执行到出错后的错误跟踪,仅在一个基于浏览器的应用中便可完成。基于 Web 的测试管理系统能提供一个协同合作的环境和一个中央数据库。由于测试人员分布在各地,需要一个统一的测试管理系统能让用户不管在何时何地都能工作。TestDirector 完全基于 Web 的用户访问,拥有可定制的用户界面和访问权限;完全基于 Web 的服务器管理、用户组和权限管理,实现测试管理软件的远程配置和控制。

(8) 图形化和报表输出。测试过程最后一步是分析测试结果,确定应用软件是否已测试成功或再次测试。

TestDirector 常规化的图表和报告以及在测试的任一环节帮助人们对数据信息进行分析。TestDirector 以标准的 HTML 或 Word 形式提供一种生成和发送正式测试报告的简单方式。测试分析数据还可简便地输入到工业标准化的报告工具,如 Excel、ReportSmith、CrystalReports 和其他类型的第三方工具。

3. TestDirector **测试流程**

(1) 总体管理流程。TestDirector 测试流程共有以下 4 步。

① Specify Requirements:分析并确认测试需求。

② Plan Tests:依据测试需求制订测试计划。

③ Execute Tests:创建测试用例(实例)并执行。

④ Track Defects:缺陷跟踪和管理,并生成测试报告和各种测试统计图表。

(2) 确认需求阶段的流程。该阶段进一步分解为以下 4 个环节。

① Define Testing Scope:定义测试范围阶段,包括设定测试目标、测试策略等内容。

② Create Requirements:创建需求阶段,将需求说明书中的所有需求转化为测试需求。

③ Detail Requirements:详细描述每一个需求,包括其含义、作者等信息。

④ Analyze Requirements:生成各种测试报告和统计图表,分析和评估这些需求能否达到设定的测试目标。

(3) 制订测试计划的流程。这一项又可以进一步分解为以下 7 个环节。

① Define Testing Strategy:定义具体的测试策略。

② Define Testing Subjects：将被测系统划分为若干等级的功能模块。

③ Define Tests：为每一个模块设计测试集，即测试用例。

④ Create Requirements Coverage：将测试需求和测试计划进行关联，使测试需求自动转化为具体的测试计划。

⑤ Design Test Steps：为每一个测试集设计具体的测试步骤。

⑥ Automate Tests：创建自动化测试脚本。

⑦ Analyze Test Plan：借助自动生成的测试报告和统计图表进行分析和评估测试计划。

（4）执行测试的流程。执行测试阶段又可进一步分解为以下 4 个环节。

① Create Test Sets：创建测试集，一个测试可包含多个测试项。

② Schedule Runs：制定执行方案。

③ Run Tests：执行测试计划阶段编写的测试项（分自动和手动编写）。

④ Analyze Test Results：借助自动生成的各种报告和统计图表来分析测试的执行结果。

（5）缺陷跟踪的流程。缺陷跟踪又可分解为以下 5 个环节。

① Add Defects：添加缺陷报告。质量保障人员、开发人员、项目经理和最终用户，都可在测试的任何阶段添加缺陷报告。

② Review New Defects：分析、评估新提交的缺陷，确认哪些缺陷需要解决。

③ Repair Open Defects：修复状态为 Open 的缺陷。

④ Test New Build：回归测试新的版本。

⑤ Analyze Defects Data：通过自动生成的报告和统计图表进行分析。

4. TestDirector 测试管理

TestDirector 工程选项设置的操作步骤如下：首先进入 TD 主界面单击右上角"CUSTOMIZE"按钮，弹出"登录"对话框，然后在对话框中选择一个域及域下面的工程，输入用户名（admin）和密码（默认为空），最后单击"OK"按钮进入选项设置界面，该界面左边有一个树形列表，列举了一些常用的工程选项，下面将逐一介绍。

（1）Change Password 链接：用户可修改当前登录用户的密码。

（2）Change User Properties 链接：可修改当前登录用户基本信息，包括名称、全名、电子邮箱、电话、描述。

（3）Setup User 链接：可设置用户所在的组（用户组是指具有相同权限的用户的集合），一个用户可属于多个用户组。

①左边的树形列表列举出 TD 的所有用户，就是在 Site Administrator 中的 User 标签中添加的（需要在选择之前先进行添加），可选择一个用户，如 admin。

② Member OF：该用户属于哪一个组，可通过左右箭头加以控制。

③ Not Member OF：该用户不属于哪一个组，可通过左右箭头加以控制。

（4）Setup Groups 链接可设置用户组的成员和权限。

① Defect Reporter：缺陷提交人员。

② Developer：开发人员。

③ object Manager:项目经理。

④ Manager:质量保障经理。

⑤ Tester:质量保障人员。

⑥ R&D Manager:需求分析经理。

⑦ TDAdmin:TD 管理员。

⑧ Viewer:查看人员。

不同的角色具有的权限不一样,可以单击右面的 View 按钮查看、单击 Change 按钮修改、单击 Set As 按钮将两个角色相关联。

(5) Customize Module Access 链接。其中,"√"号表示用户组能够访问的模块,"×"号表示用户组不能访问的模块。Defect Reporter 用户组被授予了 Defect Module License,就表示该组内的用户只能使用缺陷管理模块。其他用户被授予了 TestDirector License,表示该组中的用户能够使用需求管理、测试计划、测试执行和缺陷管理跟踪所有的模块。

(6) Customize Project Entities 链接。该模块的作用是设置项目实体。在该模块中,可修改后台数据库的字段,但前提是用户对 TestDirector 的后台数据库比较熟悉。System Field 表示系统默认的字段,User 表示工程自己定义的字段。单击"New Filed"按钮为数据表新增一个字段,单击"Remove Field"按钮为删除一个字段。

(7) Customize Project Lists。该选项设置项目列表也就是设置项目实体中的一个子集。

(8) Customize Mail。该选项设置发送邮件选项,可以实现系统自动发送邮件。

(9) Setup Workflow。该选项设置业务工作量,详细信息请参考 TD 的使用说明。

5. TestDirector 的测试流程场管理

测试流程场管理包括需求管理、测试计划管理、测试执行管理和缺陷管理 4 个模块。它是 TD 的核心功能。

这里用 TestDirector 软件包中自带的演示项目——TestDirector_Demo 为例说明流程管理使用。

在 TD 登录页面中,显示默认的工程项目 TestDirector_Demo,直接单击"Login"按钮,进入测试流程管理的主界面。这里共显示 4 个标签:REQUIREMENTS(需求管理)、TESTPLAN(测试计划)、TEST LAB(测试执行)、DEFECTS(缺陷跟踪),默认显示为"缺陷跟踪"标签。

(1) REQUIREMENTS:测试管理第一步,定义哪些功能需要测试,哪些功能不需要测试。这一步是成功测试的基础。在需求管理模块中,所有需求都是用需求树(需求列表)表示的,可以对需求树中需求进行归类和排序,或自动生成需求报告和统计图表。需求管理模块可实现自动与测试计划相关联,将需求树中的需求自动导出到测试计划中。用 TD 实现需求管理,主要是新建需求、需求转换和需求统计三个步骤。

(2) TESTPLAN:设计完成测试需求后,下一步就需要对测试计划进行管理。在测试计划中,需要创建测试项,并为每个测试项编写测试步骤,即测试用例,包括操作步骤、输入数据、期望结果等,还可以在测试计划与需求之间建立连接。

除了创建功能测试项之外,还可以创建性能测试项,引入不同测试工具生成的测试脚本，如 WinRunner、QTP 等。测试计划管理主要是实现测试计划和测试用例的管理。

（3）TEST LAB：设计完成测试用例后，即可执行测试。执行测试是整个测试过程的核心。

测试执行模块就是对测试计划模块中静态的测试项执行过程。在执行过程中需要为测试项创建测试集进行测试，一个测试集可以包括多个测试项。选择 TEST LAB 可切换到测试执行界面。

（4）DEFECTS：从界面上看，缺陷管理是测试流程管理的最后一个环节，而实际上，缺陷管理贯穿于整个测试流程的始终。在项目进行当中，随时发现 bug 并随时提交。缺陷管理操作主要为添加缺陷、修改缺陷、查询缺陷、缺陷匹配、发送缺陷及缺陷统计报告等。

在 TD 中，缺陷管理的流程大致要经过几个状态转换：New（新建）→Open（打开）→Fixed（解决）→Closed（关闭）→Rejected（被拒绝）→Reopened（重新打开）。

TD 默认的初始状态为 New，然后由项目经理或 SQA 人员来检查是否是缺陷，若是，则修改优先级并修改状态为 open。

① 缺陷列表。进入缺陷管理界面，界面的主体部分为缺陷列表，双击某一条缺陷可以查看其详细信息。每个字段都有具体含义。

② 添加缺陷。选择和单击 Defects/Add Defect 菜单进行操作，输入缺陷的基本信息。

③ 查询缺陷。工具栏上有三项与查询缺陷有关的按钮（操作）。

● Set Filter/Sort：对缺陷列表进行过滤、排序。

● Clear Filter/Sort：恢复到初始状态。

● Refresh Filter/Sort：刷新显示结果。

④ 缺陷匹配。解决缺陷的重复提交问题。选择一条缺陷，然后单击工具栏上的"Find Similar Defects"按钮，自动查找与该条缺陷相类似的缺陷，并显示查询的结果。

⑤ 发送邮件通知。将缺陷通过发邮件的方式，通知相关人员。方法如下：选择一条缺陷，单击"Mail Defects"按钮，弹出发出邮件对话框并填写收件人地址、抄送地址、邮件主题、发送的缺陷、包含的组件等，并发送。

⑥ 统计报告。进行缺陷的统计，自动生成各种缺陷分布统计图，方便测试人员和项目经理了解缺陷的分布情况和缺陷数量的走势，为项目管理人员做决策提供有力的数据支撑。

统计报告分为两种：文字表格报告和图表统计报告。其中，后者更加直观，它又分为缺陷的分布图和缺陷的走势图。

10.8.2 TestManager 测试管理工具简介

1. Rational TestManager 测试管理工具

IBM Rational TestManager 也是测试业界知名的测试管理工具，可用于实现测试的计划、测试用例设计、测试用例实现、测试的实施以及测试结果的分析。它从一个独立的或全局的角度对各种测试活动进行有效管理和控制。TestManager 可以让测试者随时了解需求变更对于测试用例的影响，也可以对测试计划、测试设计、测试实现、测试执行和结果分析进行全方位的测试管理。Rational TestManager 可处理针对测试计划、执行和结果数据收集，甚至包括使用第三方的测试工具。使用 Rational TestManager，测试者可通过创建、维护或引用测试用例来组织测试计划,包括来自外部模块、需求变更请求和 Excel 电子表格的数据。

(1)获得需求变更对于测试的影响。Rational TestManager 一个主要功能就是通过自动跟踪整个项目的质量和需求状态来分析所造成的针对测试用例的影响,由此成为整个软件团队的项目状态的数据集散中心。

(2)让整个团队获得信息共享访问。QA 或者 QE 经理、商业分析师、软件开发者和测试者使用 Rational TestManager 都能较容易获得基于他们自己特定角度的测试结构数据,并且利用这些数据对于他们的工作进行决策。Rational TestManager 在整个项目生命周期内可为开发团队提供持续的、面向测试计划目标的状态和进度跟踪。

(3)独立性和集成性。Rational TestManager 在 Rational Suite TestStudio 中既可作为一个独立组件存在,也可配合 Rational TeamTest 和 Rational Robot 使用。作为一个集成的软件测试解决方案套件,Rational TestManager 可以和 Rational 的其他产品很好地连接,从而实现各种产品输入的即时跟踪。例如,Rational RequisitePro 需求组件、Rational Rose 系统分析模型与 Rational ClearQuest 需求变更。它的开发方式 API,可让测试者为不同输入类型制作接口程序的配件。

2. 调用和功能测试

TeamTest 是一种团队测试工具,用于功能、性能和质量的量化测试与管理,通过针对一致目标而进行的测试与报告来提高团队的生产力。它提供功能、分布式功能、客户/服务器应用调用、网页和 ERP 应用的自动化测试解决方案,通过跟踪和测试管理来降低团队开发和配置的风险。

(1)提高应用程序质量。Rational TeamTest 为开发中的项目提供了功能和性能的自动化、高效率以及可重复的测试,可以测试管理和跟踪能力。测试者不仅可以降低配置应用的风险,还可以减少测试用时,使得整个团队的生产力得到提高。

(2)重复功能性测试。Rational TeamTest 让测试者可以建立和维护强壮的、可重复的测试脚本功能、分布式功能、衰减、"冒烟"的系列测试,并可以集成在大多数开发环境当中,它使用了面向对象测试(OO Testing)技术。

(3)量化的性能测试。测试者可以设计并执行高度量化的性能测试来模拟现实世界中的真实情景。Rational TeamTest 可以不用编程就能建立复杂的用例场景,并且产生很有条理的报告,显示性能问题的根据所在。

(4)集成测试管理。Rational TestManager 是 Rational TeamTest 集成组件,是测试者的工作平台,以开放式的可扩展环境来管理相关测试工作。测试者使用 Rational TestManager 进行计划,可以设计、实现、执行以及升级功能测试和性能测试。Rational ClearQuest 负责根据相应的变更进行跟踪。

10.8.3 TestLink 测试管理工具简介

TestLink 用于进行测试过程中的管理,通过使用 TestLink 提供的功能,可以将测试过程从测试需求、测试设计到测试执行完整地管理起来,同时,它还提供了多种测试结果的统计和分析,使我们能够简单地开始测试工作和分析测试结果。而且,TestLink 可以关联多种 bug 跟踪系统,如 Bugzilla、Mantis、Jira 和 readme。

TestLink 是 sourceforge 的开放源代码项目之一,是基于 PHP 开发的、WEB 方式的测试管理系统,其功能可以分为两部分——管理和计划执行。

管理部分包括产品管理、用户管理、测试需求管理和测试用例管理。

计划执行部分包括测试计划并执行测试计划,最后显示相关的测试结果分析和测试报告。

1．TestLink 的主要功能

(1) 测试需求管理。

(2) 测试用例管理。

(3) 测试用例对测试需求的覆盖管理。

(4) 测试计划的制订。

(5) 测试用例的执行。

(6) 大量测试数据的度量和统计功能。

2．TestLink 的主要特色

(1) 支持多产品或多项目经理,按产品、项目来管理测试需求、计划、用例和执行等,项目之间保持独立性。

(2) 测试用例,不仅可以创建模块或测试套件,而且可以进行多层次分类,形成树状管理结构。

(3) 可以自定义字段和关键字,极大地提高了系统的适应性,可满足不同用户的需求。

(4) 同一项目可以制订不同的测试计划,可以将相同的测试用例分配给不同的测试计划,支持各种关键字条件过滤测试用例。

(5) 可以很容易地实现和多达 8 种流行的缺陷管理系统(如 Bugzilla、Mantis、Jira 和 readme 等)集成。

(6) 可设定测试经理、测试组长、测试设计师、资深测试人员和一般测试人员等不同角色,而且可自定义具有特定权限的角色。

(7) 测试结果可以导出多种格式,如 HTML、MS Excel、MS Word 和 Email 等形式的文件。

可以基于关键字搜索测试用例,测试用例也可以通用拷贝生成。

10.9　小结

本章主要介绍了以下几方面的内容。

(1) 测试管理在先,测试活动在后,即先有一套规范的测试过程;然后开展测试活动、收集相关测试数据,并进行分析且持续改进。

(2) 测试管理的内容有很多,可以从团队(测试小组)、过程、测试环境、方法、测试执行等多个层次进行。

(3) 测试策略和测试计划模板的选择,应根据项目的实际情况选择相应的模板,并不断完善后形成适合自己项目计划的模板。常见的测试计划模板有系统测试策略模板、系统测试计划模板、IEEE 829 测试计划模板。

（4）测试文档是整个测试活动中的重要文件。测试文档用于描述和记录测试活动的全过程。测试文档主要有测试计划文档、测试方案文档、测试用例文档、测试规程文档、测试报告文档等。

（5）测试团队的组建必须根据企业的具体情况和项目情况来确定。测试人员不仅需要良好的计算机技能还需要丰富的行业领域知识、良好的个人素养和团队协作能力。

（6）如何在整个生产期内建立和维护产品的完整性是配置管理的目的。配置管理的关键过程域的基本工作内容包括标识配置项、建立产品基线库、系统地控制对配置项的更改、产品配置状态报告和审核。

（7）项目的成本主要由项目的直接成本、管理费用和期间费用等构成。

（8）常用的测试管理工具有 TestDirector、TestManager、TestLink 等。

习题 10

一、选择题

1. 为了保证测试活动的可控性，必须在软件测试过程中进行软件测试配置管理。一般来说，软件测试配置管理中最基本的活动包括（　　）。

A. 配置项标识、配置项控制、配置状态报告、配置审计

B. 配置基线确立、配置项控制、配置报告、配置审计

C. 配置项标识、配置项变更、配置审计、配置跟踪

D. 配置项标识、配置项控制、配置状态报告、配置跟踪

2. 关于软件测试过程中的配置管理，（　　）是不正确的表述。

A. 测试活动的配置管理属于软件项目管理的一部分

B. 软件测试配置管理包括 4 项基本的活动：配置项变更控制、配置状态报告、配置审计和配置管理委员会的建立

C. 配置项变更控制要规定测试基线，并对每个基线进行描述

D. 配置状态报告要确认过程记录、跟踪问题报告、更改请求以及更改次序等

3. 在项目质量管理过程中，下面（　　）不属于项目质量管理过程。

A. 质量成本　　　　B. 质量计划　　　　C. 质量保证　　　　D. 质量控制

4. 在项目配置管理的基线变更管理中，下面（　　）不属于该变更管理。

A. 变更验证　　　　B. 变更申请　　　　C. 变更实施　　　　D. 变更批准

5. 在软件项目跟踪控制管理中，下面（　　）不是按时间属性分类的。

A. 定期评审　　　　B. 阶段评审　　　　C. 事件评审　　　　D. 计划评审

二、问答题

1. 测试管理的内容有哪些？

2. 为什么要进行测试计划？测试过程中的变更对测试计划会产生什么影响？

3. 软件生命周期各阶段测试交付的文档有哪些？

4. 组件测试团队需要做哪些工作？

5. 测试风险有哪些？应该如何处理？

参考文献

［1］宫云战. 软件测试教程［M］. 2 版. 北京:机械工业出版社,2016.

［2］Poul C. Jorgensen. Software Testing-A Craftsman's Approach［M］. 4th Edition. Florida:CRC Press,2008.

［3］Poul C. Jorgensen. 软件测试［M］. 4 版. 马琳,李海峰,译. 北京:机械工业出版社,2017.

［4］陈承欢. 软件测试任务驱动式教程［M］. 北京:人民邮电出版社,2014.

［5］朱少民. 软件测试方法和技术［M］. 3 版. 北京:清华大学出版社,2014.

［6］王丹丹. 软件测试方法和技术实践教程［M］. 北京:清华大学出版社,2017.

［7］王顺. 软件测试全程项目实战宝典［M］. 北京:清华大学出版社,2016.

［8］刘攀. 大数据测试技术［M］. 北京:人民邮电出版社,2018.

［9］郑炜,刘文兴,等. 软件测试［M］. 北京:人民邮电出版社,2017.

［10］陈英,王顺,等. 软件测试实验实训指南［M］. 北京:清华大学出版社,2018.

［11］兰景英. 软件测试实践教程［M］. 北京:清华大学出版社,2016.

［12］周元哲. 软件测试习题解析与实验指导［M］. 北京:清华大学出版社,2017.

［13］朱少民. 软件测试——基于问题驱动模式［M］. 北京:高等教育出版社,2017.

［14］范勇,兰景英,李绘卓. 软件测试技术［M］. 西安:西安电子科技大学出版社,2017.